Les entreprises
de la chimie en France
de 1860 à 1932

P.I.E. Peter Lang

Bruxelles · Bern · Berlin · Frankfurt am Main · New York · Oxford · Wien

Économie et Histoire

Fondée en 2007, la collection « Économie et Histoire » contribue à la diffusion des savoirs en économie et histoire économique. Les ouvrages concernent toutes les périodes depuis le Moyen Âge jusqu'à nos jours.

L'Institut de la gestion publique et du développement économique, assisté du Comité pour l'histoire économique et financière de la France, soutient la recherche au travers de cette collection qui a pour vocation de publier les travaux de chercheurs reconnus, de jeunes universitaires ou d'acteurs de la vie économique et financière.

Directeur de collection
Institut de la gestion publique et du développement économique
recherche.igpde@finances.gouv.fr

Jun Sakudo

Les entreprises
de la chimie en France
de 1860 à 1932

Traduit du japonais par Camille Ogawa

Préface de Jean-Pierre Daviet

Bibliographie complémentaire de Patrick Fridenson

« Économie et Histoire »
N° 5

© Version originale : *Furansu Kagaku-Kogyoshi-Kenkyu: Kobba to Kigyo*, Tokyo, Yuhikaku, 1995, traduit par Camille Ogawa. L'édition en français de cet ouvrage a été rendue possible par une souscription auprès de cent vingt-huit historiens japonais et la relecture attentive de Patrick Fridenson.

Illustration de couverture : *Le laboratoire de la Société Chimique du Rhône vers 1910 à Saint-Fons*. On remarquera la présence d'une femme au sein d'un personnel très largement masculin. © Rhône-Poulenc, Saint-Fons, avec l'aimable autorisation de Sanofi-Aventis.

© P.I.E. PETER LANG S.A.
Éditions scientifiques internationales
Bruxelles, 2011
1 avenue Maurice, 1050 Bruxelles, Belgique
info@peterlang.com ; www.peterlang.com

Imprimé en Allemagne

ISSN 1784-7761
ISBN 978-90-5201-768-6
D/2011/5678/55

Information bibliographique publiée par « Die Deutsche Nationalbibliothek »

« Die Deutsche Nationalbibliothek » répertorie cette publication dans la « Deutsche Nationalbibliografie » ; les données bibliographiques détaillées sont disponibles sur le site http://dnb.de.

Table des matières

Remerciements.. 9
Patrick Fridenson

Préface 11
Jean-Pierre Daviet

Introduction 17

PREMIÈRE PARTIE. L'INDUSTRIE CHIMIQUE EN FRANCE
À LA VEILLE DE LA PREMIÈRE GUERRE MONDIALE
Réflexions sur le « retard » de la France par rapport à l'Allemagne

CHAPITRE I. L'industrie chimique en France
à la veille de la Premiere Guerre mondiale 35

CHAPITRE II. Facteurs expliquant la supériorité
de l'industrie chimique allemande 57

CHAPITRE III. L'enseignement de la chimie en France
avant la Première Guerre mondiale.................................. 71

CHAPITRE IV. La loi de 1844 sur les brevets
et l'industrie française de la chimie organique 83

CHAPITRE V. La question du régime douanier français................ 101

DEUXIÈME PARTIE. LES ENTREPRISES FRANÇAISES DE PRODUITS
CHIMIQUES DE LA DEUXIÈME MOITIÉ DU XIXe SIÈCLE
À LA PREMIÈRE GUERRE MONDIALE
L'exemple de l'industrie chimique organique de synthèse

CHAPITRE VI. La Société anonyme des matières
colorantes et produits chimiques de Saint-Denis 121

CHAPITRE VII. La Société chimique des usines du Rhône 133

CHAPITRE VIII. Les Établissements Poulenc Frères 155

TROISIÈME PARTIE. LES RELATIONS ENTRE L'ÉTAT ET L'INDUSTRIE
CHIMIQUE EN FRANCE PENDANT L'ENTRE-DEUX-GUERRES

CHAPITRE IX. L'industrie chimique française
dans les années 1920 183

CHAPITRE X. Les relations entre l'État et l'industrie de l'azote
dans l'entre-deux-guerres 193

CHAPITRE XI. Les relations entre l'État et l'industrie
des colorants dans l'entre-deux-guerres 217

Conclusion
La réorganisation de l'industrie chimique française
des années 1920 247

Sources 257

Bibliographie 263

Bibliographie complémentaire 275
    Patrick Fridenson

Index 283

Tabula gratulatoria 289

Remerciements

La promesse que j'avais faite à Jun Sakudo peu avant sa mort foudroyante que son livre serait traduit en français a pu être tenue grâce à de multiples concours du côté japonais comme du côté français.

Takao Shiba (Université Kyoto Sangyo), avec le soutien du père de Jun Sakudo (à Osaka), a organisé une souscription nationale au Japon pour financer la traduction. Kazuhiko Yago (Université métropolitaine de Tokyo) a trouvé en Camille Ogawa, diplômée des Universités de Nanterre et Paris VII, une traductrice motivée et reconnue. J'ai relu de près son texte. Toshikatsu Nakajima (Université Rikkyo, à Tokyo) et Takashi Hotta (Université internationale d'Osaka) sont allés dans différents dépôts d'archives français rechercher les textes originaux des documents cités par Jun Sakudo. Kazuo Wada (Université de Tokyo) a reproduit des graphiques. Enfin l'éditeur japonais du livre, Yuhikaku, a renoncé à ses droits pour l'édition en langue française.

Maurice Lévy-Leboyer, qui avait dirigé la thèse de Jun Sakudo dont ce livre est issu, a apporté à cette initiative un soutien chaleureux et constant. Les secrétaires scientifiques successifs du Comité pour l'histoire économique et financière de la France, Alain Girard et Anne de Castelnau, ont mené à bien l'entreprise, et au sein du Comité le manuscrit en français a bénéficié du professionnalisme de Catherine Guillou et Garance Valin pour l'édition.

Jean-Pierre Daviet a écrit une préface originale pour l'édition française. Erik Langlinay, jeune historien français de l'industrie chimique, a relu les graphiques et les index, et a fait bénéficier le texte final de ses remarques avisées.

Ainsi les lecteurs non japonisants peuvent-ils accéder au travail irremplaçable d'un jeune historien trop tôt disparu.

Patrick Fridenson
École des Hautes Études en Sciences Sociales

Préface

Jun Sakudo nous a quittés dans la force de l'âge, sans avoir mené à bien tous les chantiers historiographiques qu'il entrevoyait. Comme bien d'autres dans la communauté des historiens, je m'honore d'avoir compté parmi ses amis français, et c'est avec plaisir que je réponds à la demande des éditeurs pour l'introduction de cet ouvrage qu'il nous laisse en forme d'étude générale. Compte tenu de nos travaux respectifs, nous avions d'ailleurs parlé à plusieurs reprises du sujet dont il est question. Je sais qu'il aimait le contact direct des archives, et qu'il a consacré beaucoup de temps et d'énergie pour aboutir à une synthèse qui tient compte à la fois de dépouillements inédits et de lectures de travaux existants remis en perspective.

Le sujet traité est ambitieux, rien d'autre qu'une sorte de mal de la chimie française[1], qui comporterait de nombreux aspects, les uns liés à la culture (méconnaissance de la science chimique, méfiance à l'égard de l'appliqué), les autres à l'économie industrielle (stratégies et structures d'une branche qui ne parvient pas à trouver sa voie originale). Néanmoins Jun Sakudo reste prudent et se garde bien de faire appel à une quelconque fatalité ou à la permanence d'un malaise. Il montre que les condamnations sans appel sont à réviser, que certaines initiatives étaient lucides, que des réussites ont pris place dans la durée étudiée (essentiellement fin du XIXe siècle, premier tiers du XXe siècle).

Le gros problème de la chimie, définie comme une science de la matière et de ses transformations, est qu'on ne sait pas quels sont ses contours précis : elle a quelque chose à voir avec le verre, la chaux et les ciments, les réfractaires, la métallurgie, les parfums, les médicaments et le vivant, les produits dits de droguerie. Elle livre des produits directement utilisables (engrais, désinfectants, insecticides, matières plastiques, explosifs), mais aussi des produits qui interviennent dans d'autres fabrications, textiles par exemple, colles et peintures, corps gras, plus récemment électronique, ce qui fait qu'elle ne crée pas totalement sa demande. Plus exactement elle l'a créée à chaque fois qu'elle a su remplacer des corps naturels par des combinaisons issues de réactions à l'échelle industrielle. En ce sens elle étend son domaine, jusqu'à

---

[1]   Voir *La chimie, ses industries et ses hommes, Culture technique*, n° 23, 1991.

connaître une croissance de 5 % par an de 1870 à 1913, donc supérieure à la croissance générale.

Sagement, Jun Sakudo a décidé de se limiter aux grosses fabrications de base, qui servent d'ailleurs à une chimie fine d'extraction de substances animales et végétales, ce qui laisse de côté de nombreuses petites entreprises plus ou moins spécialisées. Il montre que la France garde en 1913 un bon rang dans la grande industrie chimique minérale, y compris dans le nouveau domaine électrochimique, même si on peut apporter ici ou là des nuances à l'impression générale de prospérité. Le cœur de sa démonstration touche la nouvelle chimie organique de synthèse utilisant des dérivés du charbon (benzène, naphtalène, toluène, anthracène), produits à partir de cokeries ou d'usines à gaz. Alors que la grande industrie chimique minérale fait alors surtout appel à une science du génie chimique (amélioration des outillages), la chimie organique étudie des combinaisons de molécules par nitration, halogénation, oxydation en utilisant des catalyseurs. Le débouché est la fabrication de matières colorantes (l'aniline dérive du benzène, l'alizarine de l'anthracène, l'indigo du naphtalène) et de médicaments, antiseptiques, anesthésiques. La suprématie allemande en ce domaine est écrasante. Il faudrait ajouter que la France a déjà une industrie de textiles artificiels en 1913, mais ne sait pas fabriquer la pâte cellulosique qui sert de point de départ à la fabrication.

Jun Sakudo retient principalement des causes qui ont une relation avec le rôle des pouvoirs publics : formation des hommes, législation des brevets, droits de douane. Il existait un enseignement de la chimie à Polytechnique, à Centrale, aux Mines, au Conservatoire des arts et métiers[2] (quatre chaires à la fin du XIXe siècle) et dans d'autres institutions (rôle de Kuhlmann puis de Pasteur à Lille), mais on y formait des ingénieurs « généralistes » ayant une teinture de culture chimique et un sens des procédés plus que des chimistes à proprement parler. Cet enseignement était plutôt théorique, pas expérimental, et peu tourné vers la formation de futurs chercheurs. L'École de chimie de Mulhouse date de 1824, l'École supérieure de physique et chimie industrielle de la Ville de Paris de 1882 : l'État n'est pour rien dans ces créations. Même les instituts de chimie comme celui de Nancy en 1889-1890, de Lille en 1891 ou l'École de chimie de Bordeaux en 1891 doivent beaucoup à des initiatives locales. Il est donc vrai que la chimie n'a pas été suffisamment perçue comme un domaine scientifique à forte valeur intellectuelle, et que l'on n'a pas formé assez de chimistes selon le modèle de Liebig, fondé sur les travaux pratiques, la rapidité des analyses et les

---

[2]   Claudine Fontanon et André Grelon (dir.), *Les Professeurs du Conservatoire national des arts et métiers, 1794-1955*, Paris, INRP-CNAM, 1994.

procédures de recherche liées à des problèmes industriels[3], même si une nouvelle génération d'ingénieurs était incontestablement en train de monter en France entre 1910 et 1914. L'étude des brevets lors des procès de 1860-1863 est convaincante : les juges ont alors considéré que le brevet protégeait le mode général d'obtention d'un produit innovant, mais que le changement d'un agent par un autre dans le processus ne constituait pas réellement une nouveauté suffisante. Il y a eu alors fuite de cerveaux vers la Suisse. Il manque ici une étude de cas précis de procès à l'époque de la législation du nouveau Reich allemand, mais il ne fait pas de doute que cette législation était très favorable aux producteurs de la chimie organique, notamment pour tout ce qui concerne la charge de la preuve. L'analyse des tarifs douaniers est l'un des apports les plus décisifs pour la période d'avant 1914 : les tarifs de produits chimiques n'ont jamais été très protecteurs. L'un de leurs effets a été la création de filiales françaises de firmes allemandes et suisses de matières colorantes destinées à parachever ou conditionner une fabrication d'origine étrangère.

La conclusion de ces analyses est que la grande industrie chimique n'a pas constitué un groupe de pression qui aurait été à même d'informer et influencer les pouvoirs publics dans la période 1870-1914. Pourquoi ? Peut-être parce qu'on n'en voyait pas la nécessité, compte tenu d'un taux de croissance considéré comme bon. Peut-être aussi parce que l'image de la chimie n'était pas très bonne, compte tenu des pollutions et des pressions d'un monde paysan qui trouvait les engrais trop chers. Sans doute enfin parce que le monde des dirigeants de l'industrie chimique était très composite, beaucoup plus par exemple que le milieu électrique. C'est ici que les analyses de quelques firmes prennent toute leur valeur. Elles font discrètement allusion à des réflexions d'Alfred D. Chandler consacrées à l'Allemagne et à la Grande-Bretagne[4]. Le développement d'entreprises liées à ce qu'on appelle généralement la seconde industrialisation nécessitait un triple investissement qui fut inégal selon les pays : en technologie, en force de vente et en moyens humains d'encadrement. Jun Sakudo fournit des chiffres qui démontrent que les investissements en capital fixe de firmes innovantes étaient lourds financièrement, risqués, sujets à vifs débats internes, et nécessairement liés à une intervention des banques qui pouvait être pesante aux yeux de dirigeants de la vieille école. Et d'ailleurs il

---

[3] Bernadette Bensaude-Vincent et Isabelle Stangers, *Histoire de la chimie*, Paris, Éditions La Découverte, 2001.

[4] Alfred D. Chandler, *Organisation et performance des entreprises*, tome 2 : *La Grande-Bretagne 1880-1948*, tome 3 : *L'Allemagne 1880-1939*, Paris, Éditions d'organisation, 1993.

faut reconnaître que les banques n'ont pas toujours été perspicaces dans les choix stratégiques, parce qu'il s'agissait de paris à long terme, d'une demande qu'on avait du mal à anticiper, alors qu'il était plus simple de comprendre qu'une ville avait besoin de tramways et d'éclairage. Les Allemands savaient vendre en se préoccupant de conseils et d'assistance technico-commerciale aux clients, notamment les industriels du textile acheteurs de matières colorantes. Pour ce qui est de l'investissement en moyens humains, nous sommes en présence d'une réalité contrastée : l'ouvrage apporte des données précises sur le recrutement d'ingénieurs et de chimistes que nous qualifierions aujourd'hui de techniciens, le coût de vrais laboratoires de recherche, rares alors, mais non inexistants, les choix de recherche, et aussi sur l'évolution des styles de direction au travers de crises internes. On y voit les hésitations du capitalisme familial des pharmaciens (Poulenc), l'élimination des anciens dirigeants par la Société générale aux Usines du Rhône, les résultats honorables d'une prudente ténacité aux Produits chimiques de Saint-Denis, très loin néanmoins du modèle de Chandler par l'absence d'un vrai modèle de gestion.

Il est clair que la révolution vient de la guerre de 1914-1918. Le fait essentiel est que la chimie est perçue comme une industrie de la guerre moderne avec les nouveaux explosifs et les gaz de combat dans un premier temps, la notion ensuite de grandes politiques dites nationales. L'ancienne indifférence de l'État s'efface, et, pour rattraper le temps perdu, on passe au dirigisme. Les effets du conflit sont contrastés.

Dans le domaine des matières colorantes issues du charbon, dont les lignes de fabrication étaient reconvertibles rapidement en fabrications de guerre, la France parvient à se passer de la dépendance allemande, grâce à une politique efficace de récupération des sous-produits du charbon, et à la création d'une Compagnie nationale des matières colorantes qui est ensuite absorbée par Kuhlmann. Mais comme le textile n'est pas très prospère entre les deux guerres mondiales, la rentabilité est médiocre.

Dans le domaine de l'azote, les péripéties sont nombreuses, avec des querelles de procédés (Haber, Claude, Casale, sans compter les compromis entre plusieurs procédés), une solution lourdement étatique (l'ONIA à Toulouse), une production importante si on considère les tonnages de 1930, mais beaucoup d'effets pervers : surinvestissement, faibles débouchés compte tenu de la crise agricole des années 1930, clivages irrémédiables dans les milieux de la chimie (idéologiques, technologiques, financiers).

En chimie du chlore, on sort de la guerre en suréquipement, qui sera peu à peu résorbé par l'essor d'une grosse chimie chlorée organique. En chimie de la cellulose et en chimie du pétrole, les résultats sont mé-

diocres. Peu à peu, trois groupes de productions vont se révéler porteurs : une chimie de nouveaux médicaments[5], une chimie de matières
plastiques de synthèse, une chimie de spécialités à petits tonnages (par
exemple l'antigel des automobiles, des liquides de transmission, des
solvants, des produits pour la parfumerie). Dans ces conditions, une
grande fusion de la branche chimique aurait-elle présenté un intérêt ? La
question reste ouverte. La très grande entreprise conglomérale n'est pas
toujours la bonne solution. Kuhlmann a par exemple complètement
échoué dans les textiles artificiels, alors que l'entreprise était bonne pour
les matières colorantes. Rhône-Poulenc, issu d'une « petite » fusion de
1928 (Usines du Rhône et Poulenc), a prospéré au cours des années
1930 grâce aux produits pharmaceutiques, mais l'inclusion de Saint-
Gobain dans une « grande » fusion ne lui aurait pas apporté grand-
chose. La grande entreprise peut certes avoir de hautes ambitions en
recherche, comme le prouve la mise au point du polythène par ICI en
Grande-Bretagne. Mais, pour cela, il lui faut disposer d'outils de management adaptés, de structures souples, de bons dirigeants imprégnés à la
fois d'une culture du métier et d'un sens de la gestion. Quoi qu'il en
soit, l'étude critique des discussions avortées des années 1920, comme
toujours, révèle beaucoup sur les identités culturelles[6].

On saisit, grâce à un ouvrage clair comme celui-ci, quelles sont les
bonnes questions sur l'histoire de la chimie française et de ses innovations, ou plus largement sur le modèle national d'industrialisation. À
l'heure d'une certaine désindustrialisation de l'espace français et de la
globalisation des choix économiques, le temps de la sérénité semble
arrivé pour l'historien.

Jean-Pierre Daviet
Université de Caen

---

[5] Sophie Chauveau, *L'invention pharmaceutique : la pharmacie entre l'État et la
société au XXe siècle*, Paris, Sanofi-Synthélabo, 1999.

[6] Voir Youssef Cassis, François Crouzet, Terry Gourvish (eds.), *Management and
business in Britain and France : the age of corporate economy, 1850-1990*, Oxford,
Oxford University Press, 1995.

Notes de l'éditeur :

1. Les travaux dont le titre est marqué d'un astérisque (*) sont des études en japonais.

2. Les citations qui portent deux astérisques (**) sont des re-traductions de citations en japonais, citations traduites du français originairement par l'auteur. Ce sont les cas où, comme l'auteur est défunt, le texte original est introuvable.

Introduction

I. Les controverses successives sur le dynamisme de l'industrie dans la France contemporaine

« *Fluctuat nec mergitur* » (« Il est battu par les flots mais ne sombre pas ») – cette devise inscrite sur les armoiries de la Ville de Paris – est sans doute la formule qui décrit de la façon la plus juste l'histoire de la France. Sur le plan politique, depuis l'établissement du royaume des Francs par Clovis, ce pays a su se maintenir jusqu'à nos jours sur le devant de la scène internationale, sans jamais disparaître vraiment, bien qu'il ait risqué plus d'une fois d'être entraîné par les vents contraires de la récession et du déclin. Il en va de même pour son économie. Tel un voilier gardant le cap malgré la tempête, l'économie française a toujours conservé un certain niveau d'influence sur le reste du monde, malgré les nombreuses vicissitudes endurées. Pourtant, face à des marasmes répétés, graves et durables, les observateurs de l'économie française n'hésitèrent pas à réitérer des critiques qui étaient loin d'être tendres. Juste après la Seconde Guerre mondiale, la France connut une période difficile de reconversion et d'adaptation. Or les études sur le processus d'industrialisation de la France moderne étaient justement florissantes à cette époque : elles décrivaient une France « en stagnation » économiquement, « en retard » par rapport aux autres pays industrialisés, et la conjoncture ambiante n'était sans doute pas étrangère à cette analyse.

Ces « récessionnistes »[1], dans leur grande majorité des économistes anglo-saxons, expliquaient le manque de dynamisme de l'industrie

---

[1] Voici une liste des écrits les plus représentatifs de la thèse « récessionniste ». À noter cependant que R. Cameron deviendra plus tard le porte-drapeau du « révisionnisme ». S.B. Clough, « Retardative Factors in French Economic Development in the Nineteenth and Twentieth Centuries », *Journal of Economic History*, supplement 6, 1946, p. 91-102 ; D.S. Landes, « French Entrepreneurship and Industrial Growth in the Nineteenth Century », *Journal of Economic History*, 9, 1949, p. 45-61 ; *id.*, « French Business and the Businessman : A Social and Cultural Analysis », in E.M. Earle (ed.), *Modern France : Problems of the Third and Fourth Republics*, Princeton, 1951, p. 334-353 ; J.E. Sawyer, « The Entrepreneur and the Social Order, France and the United States », in W. Miller (ed.), *Men in Business*, Cambridge, 1952, p. 7-22 ; R.E. Cameron, « Economic Growth and Stagnation in France, 1815-1914 », *Journal of Modern History*, 30, 1958, p. 1-13 ; T. Kemp, « Structural Factors in the Retardation of French Economic Growth », *Kyklos*, 15, 1962, p. 325-350.

française par une insuffisance dans la maîtrise des éléments indispensables à une production industrielle digne de ce nom. Le manque de charbon, ressource naturelle d'une importance stratégique lors de la Première Révolution industrielle, était tout d'abord mis en avant. Dans un autre domaine, le maintien dans les campagnes de nouveaux agriculteurs du fait de la politique de démembrement limitait l'arrivée dans les villes d'une abondante main-d'œuvre industrielle, et cette survivance au XIXe siècle d'une importante population paysanne était considérée comme un frein à la création d'une forte demande en produits industriels, dont la consommation se répandait en premier lieu dans les villes. Certains analystes soulignaient également le handicap des entreprises pour se procurer les fonds nécessaires au développement de leurs activités, pour des raisons inhérentes au système financier français. De fait, l'économie française d'avant 1914 se caractérisait par des exportations abondantes de capitaux, qui auraient dû logiquement être réinvestis en France. Au lieu de cela, leur fuite à l'étranger empêchait l'économie de la métropole d'en bénéficier. Quatrième élément : les industriels eux-mêmes. Ils auraient constitué une entrave au développement économique par leur attitude trop prudente et conservatrice ; en d'autres termes, on les accusait de manquer d'esprit d'entreprise. Voilà en résumé la thèse de David Landes et John Sawyer (membres de l'école de Harvard). Notons cependant que ce n'étaient pas seulement des chercheurs étrangers qui virent dans la timidité et le manque de vision des industriels français une des raisons du marasme de la France. Des contemporains de l'entre-deux-guerres[2], de même qu'un historien économiste français[3] de l'après-guerre, appuyèrent cette thèse selon laquelle l'obstacle majeur au développement de l'économie française était l'attitude des chefs d'entreprise eux-mêmes, qui portaient les stigmates du marxisme honni.

Les « récessionnistes » soulignèrent bien d'autres facteurs entravant l'essor industriel de la France. Sawyer, par exemple, n'hésita pas à évoquer des causes sociales et politiques. Tout au long du XIXe siècle, des troubles politiques répétés provoquèrent inévitablement à plusieurs reprises des interruptions momentanées dans le processus d'industrialisation. Parmi ces crises, la guerre franco-prussienne de 1870 aurait eu un effet particulièrement dévastateur sur l'économie française de

---

[2] Pour une analyse du point de vue des chefs d'entreprise français entre 1914 et 1939, période où se développa notamment le syndicalisme, cf. I. Hirota, « Mouvement ouvrier et dirigisme d'État en France pendant l'entre-deux-guerres* », in T. Endô (dir.), *État et économie : études sur le dirigisme français**, Tokyo, Tôkyô Daigaku Shuppankai [Presses Universitaires de Tokyo], 1982.

[3] A. Sauvy, *Histoire économique de la France entre les deux guerres*, 3 vols., Paris, 1984.

l'époque. Dans leur ouvrage conjoint, Maurice Lévy-Leboyer et François Bourguignon[4] ont chiffré l'impact à 5 milliards de francs, coût des réparations que la France a été contrainte de payer à la Prusse, considérant cette somme comme une exportation nette de capitaux. Ils ont calculé que ce dédommagement était responsable d'une baisse de 17 % de la production de biens non agricoles en 1871, et d'un pourcentage encore très élevé au début des années 1880, de l'ordre de 7 %. Cependant ces chiffres ne prenaient pas en compte la cession de l'Alsace-Lorraine. Quand on sait que l'Alsace était la région la plus industrialisée de France pendant la Révolution industrielle et qu'elle formait les techniciens les plus novateurs, l'abandon de cette région au profit de l'Allemagne fut une perte inestimable pour la France. Nous reviendrons plus tard sur les répercussions sur l'industrie chimique, objet du présent ouvrage. Il suffit cependant, pour se rendre compte de l'étendue des pertes, d'inverser les calculs effectués par Ryoichi Koda[5] sur les avantages positifs que cette cession apporta par exemple au développement de la seule industrie mécanique en Allemagne. Cette réalité confirme l'analyse de Sawyer qui voyait dans les désordres politiques de la France du XIXe siècle des causes non négligeables de son retard industriel. À ceci Sawyer ajouta des raisons plus sociales, à savoir que les Français étaient, par tradition, fortement réfractaires au capitalisme. Dans un tel contexte, la croissance industrielle de la France ne pouvait qu'être faible.

Pourtant, dans la deuxième moitié des années 1970, la situation se renversa complètement. Les « révisionnistes »[6], pour la plupart des chercheurs anglo-saxons, entreprirent un complet réexamen des thèses jusque-là prédominantes. Pour reprendre l'expression de Colin Heywood[7], le « vilain petit canard » de l'industrie française se serait transformé en une nuit en un « superbe cygne blanc ». D'où provient ce retournement des paradigmes ? Dans les années 1960, la France enregis-

---

[4] M. Lévy-Leboyer et Fr. Bourguignon, *L'Économie française au XIXe siècle, Analyse macro-économique*, Paris, 1985, p. 236-239.

[5] R. Koda, *Les Débuts de l'industrie de la machine-outil en Allemagne**, Tokyo, Éditions Taga, 1994.

[6] Voici une liste des écrits les plus représentatifs de la thèse « révisionniste ». R. Roehl, « French Industrialization : A Reconsideration », *Explorations in Economic History*, 13, 1976, p. 233-281 ; P.K. O'Brien & C. Keyder, *Economic Growth in Britain and France, 1780-1914 : Two Paths to the Twentieth Century*, Londres, 1978 ; R.E. Cameron & C. Freedeman, « French Economic Growth : A Radical Revision », *Social Science History*, 7, 1983, p. 3-30 ; J.V. Nye, « Firm Size and Economic Backwardness : A New Look at the French Industrialization Debate », *Journal of Economic History*, 47, 1987, p. 649-669.

[7] C. Heywood, *The Development of the French Economy, 1750-1914*, Londres, 1992, p. 10.

tra les plus forts taux de croissance économique du monde occidental, à tel point qu'on parla de « miracle français ». Il est probable que cette conjoncture a favorisé le changement d'attitude des analystes. Mais l'essor de l'histoire économique quantitative[8] à partir des années 1960 y fut également pour quelque chose, car les performances de l'industrie française ont ainsi pu être évaluées de façon plus objective. Ainsi, il fut prouvé qu'à l'exception de quelques branches industrielles ou quelques périodes particulières, l'industrie française dans son ensemble avait connu un développement durable et positif depuis le XVIIIe siècle, et que le revenu par habitant, par exemple, avait enregistré des taux de croissance comparables à ceux du Royaume-Uni ou de l'Allemagne. L'ouvrage des économistes français J.-J. Carré, P. Dubois et Ed. Malinvaud[9] explique notamment que le formidable essor économique de l'après-guerre s'inscrivait dans un plus vaste contexte de tendance générale à la croissance, débutée avec l'euphorie économique des années 1896-1913. Cette affirmation devait avoir des répercussions non négligeables sur les études ultérieures. En d'autres termes, le « miracle français » n'aurait pas été une conséquence logique de la planification économique et de la politique d'économie mixte mises en place après la guerre, mais l'aboutissement naturel des améliorations apportées gra-duellement à l'économie française depuis la fin du XIXe siècle.

L'avènement en France des études positivistes à partir des années 1970, appliquées notamment à l'histoire de l'industrie française aux XIXe et XXe siècles, à l'histoire des entreprises et à l'histoire écono-mique régionale, explique également en grande partie cette révision des thèses jusque-là prédominantes sur l'industrie française. Suivant l'exemple de Jean Bouvier ou de François Caron qui publièrent d'impo-sants ouvrages étudiant avec précision l'histoire de grandes entreprises françaises[10] – et on pourrait également citer ici les travaux de Yasuo Gonjô sur la Banque de l'Indochine[11], une illustration représentative de ce nouveau courant de recherche sur l'histoire des entreprises –, des recherches se démarquant clairement des stéréotypes des « récession-

---

[8] Les résultats des recherches sur l'histoire quantitative appliquée à l'économie de la France ont été publiés régulièrement à partir de 1961 : J. Marczewski (dir.), *Histoire quantitative de l'économie française, Cahiers de l'Institut des sciences économiques appliquées*, 13 vols., 1961-1976.

[9] J.-J. Carré, P. Dubois et Ed. Malinvaud, *La Croissance française : un essai d'analyse économique causale de l'après-guerre*, Paris, 1972.

[10] J. Bouvier, *Le Crédit Lyonnais de 1863 à 1882 : les années de formation d'une banque de dépôt*, Paris, 1961 ; Fr. Caron, *Histoire de l'exploitation d'un grand ré-seau : la Compagnie de chemin de fer du Nord, 1846-1937*, Paris, 1973.

[11] Y. Gonjô, *Banque coloniale ou banque d'affaires. La Banque de l'Indochine sous la IIIe République*, Paris, 1993 (traduction d'un ouvrage japonais de 1985).

nistes » mirent en avant la grande diversité des entreprises françaises et dressèrent un tableau plus nuancé de l'attitude des industriels de l'époque. Parmi elles, les publications de M. Lévy-Leboyer eurent une influence non négligeable sur le développement florissant de la pensée révisionniste. Dès les années 1960, dans sa thèse de doctorat d'État et d'autres articles qu'il publia à cette époque[12], il expliqua que l'industrialisation « à la française » n'avait rien à envier au modèle britannique et qu'elle ne présentait aucun signe de retard. Ainsi, les facteurs mis en avant par les « récessionnistes » pour étayer leur thèse avaient-ils été tout simplement dictés par les conditions particulières inhérentes au marché français et par son système de production. En 1974, son célèbre article « Le patronat français a-t-il été malthusien ? »[13], en ouvrant le feu sur les thèses de Landes et Sawyer, fit date. Il y conclut que la stratégie adoptée par les entrepreneurs français, loin d'avoir été conservatrice et réfractaire aux idées nouvelles, avait été en fait la façon la plus rationnelle de réagir étant donné l'environnement économique. Rares furent les historiens français qui le contredirent, ainsi que Jean Bouvier l'écrira plus tard[14].

Par la suite, des études publiées par M. Lévy-Leboyer et trois autres historiens français[15] soulignèrent que le conservatisme des patrons français, accusés par l'école de Harvard de vouloir vivre de leurs rentes sans se soucier du développement de leurs entreprises (l'équivalent de la vie de hobereau [*gentry*] des Anglais), était loin d'être un phénomène généralisé. Au contraire, une des caractéristiques frappantes des entrepreneurs français de l'époque était que l'effet « Buddenbrook », du nom du roman social de Thomas Mann qui décrit le déclin d'une grande famille, n'avait jamais eu prise dans la plupart des grandes régions industrielles du pays (Alsace, Lorraine, Nord, etc.)[16], à l'exception peut-être de la Normandie. Maurice Lévy-Leboyer va d'ailleurs plus loin,

---

[12] M. Lévy-Leboyer, *Les Banques européennes et l'industrialisation internationale dans la première moitié du XIXe siècle*, Paris, 1964 ; *id.*, « Le processus de l'industrialisation : le cas de l'Angleterre et de la France », *Revue historique*, n° 239, 1968, p. 281-298.

[13] M. Lévy-Leboyer, « Le patronat français a-t-il été malthusien ? », *Le Mouvement Social*, n° 88, juillet-septembre 1974, p. 3-50.

[14] Fr. Bloch-Lainé et J. Bouvier, *La France restaurée, 1944-1954. Dialogue sur les choix d'une modernisation*, Paris, 1986, p. 37.

[15] Voir les articles de M. Lévy-Leboyer, M. Hau, J.-P. Hirsch et J.-P. Chaline in *Le Mouvement Social*, n° 132, juillet-septembre 1985, p. 3-56.

[16] Sur les particularités régionales de l'industrie française, cf. J. Sakudô, « Les caractéristiques de l'activité industrielle française au XIXe siècle : réflexions sur les conceptions des industriels en matière de gestion* », *Keiei-shigaku [Histoire des entreprises]*, vol. 25-4, 1991, p. 29-58.

arguant qu'un tissu industriel formé de petites et moyennes entreprises, comme c'était le cas en France à cette époque, n'était nullement la preuve d'un « retard ». D'ailleurs de récentes études positivistes[17] ont montré que l'industrie textile ou les minoteries dans les années 1860 n'avaient pas eu besoin d'aide pour rationaliser et développer leurs activités. Les débats qui portent aujourd'hui encore sur les groupements d'entreprises (*keiretsu*) au Japon ou les trusts américains confirment la justesse de l'argumentation de M. Lévy-Leboyer. Sans aller jusqu'à se faire l'apôtre à tous crins de la devise « Small is beautiful », il est incontestable que « Big is best » est loin d'être la panacée[18].

Ainsi, la généralisation des études positivistes à partir des années 1960 appliquées à la modernisation de l'industrie française modifia fortement l'image d'une industrie française « en retard » qu'avaient forgée les « récessionnistes ». Libérée du carcan des thèses sur le conservatisme et le retard français dans lequel les comparaisons avec le modèle britannique de la Première Révolution industrielle ou le modèle américain de la Deuxième Révolution industrielle l'avaient enfermée, la recherche sur l'industrie française connut un regain d'intérêt chez les historiens. Il faut s'en féliciter, puisque leurs publications entraînèrent une reconnaissance du dynamisme des entreprises françaises. Il ne faut pas pour autant tomber dans l'autre extrême et systématiquement nier certains points faibles que les récessionnistes avaient montrés du doigt, et qui expliquent que bien des entreprises françaises ne purent souvent pas garder leur position dominante face à une compétition internationale accrue. Se retrancher derrière une vision idyllique de l'économie française, comme l'ont fait certains révisionnistes, reviendrait à commettre la même erreur que par le passé. Dans le présent ouvrage, nous tenterons plutôt de comprendre quels obstacles se dressèrent devant les entreprises françaises, les empêchant d'être suffisamment compétitives pour rester au tout premier rang. Au-delà, nous aimerions analyser, à travers l'exemple concret de l'industrie chimique, comment certaines ont su surmonter les blocages pour reconquérir la première place perdue. Ce

---

[17] J.V. Nye, *art. cit.*

[18] M. Lévy-Leboyer, « Innovations and Business Strategies in 19th and 20th Century France », in E.C. Carter, II, R. Forster & J.N. Moody (eds.), *Entreprise and Entrepreneurs in Nineteenth- and Twentieth-Century France*, Baltimore-Londres, 1976, p. 87-135 ; *id.*, « La grande entreprise : un modèle français ? », in M. Lévy-Leboyer & J.-C. Casanova (dir.), *Entre l'État et le marché. L'économie française des années 1880 à nos jours*, Paris, 1991, p. 365-410. Sur le clivage entre les thèses des récessionnistes et celles des révisionnistes, cf. Y. Takeoka, « Au sujet de la croissance économique de la France au XIXe siècle* », *Kokumin Keizai Zasshi [Revue d'économie nationale]*, vol. 152, n° 5, 1985, p. 23-50 ; R.E. Cameron & C. Freedeman, *art. cit.* ; C. Heywood, *op. cit.*

faisant, nous espérons, à notre tour, contribuer à éclairer d'un jour nouveau le processus moderne d'industrialisation de l'économie française[19].

II. Problématique et méthodologie du présent ouvrage

L'histoire de l'industrie chimique en France, sujet du présent ouvrage, est un domaine qui n'a pratiquement pas attiré les historiens économistes jusqu'à présent, probablement parce que le rôle de la France dans le développement moderne de l'industrie chimique a été, dans l'ensemble, sous-estimé. Lors de la Première Révolution industrielle, c'est la Grande-Bretagne qui attira tous les regards, pour avoir su développer son industrie chimique parallèlement à l'essor fulgurant de son industrie textile. Les historiens économistes ou les historiens des sciences et techniques se penchèrent ensuite avec admiration sur les réalisations de l'Allemagne, lors de la Seconde Révolution industrielle, notamment dans le domaine de la chimie organique. Il est vrai que l'écrasante supériorité allemande de l'industrie chimique organique allemande à la veille de la Première Guerre mondiale ne laissait aucune place pour tout autre pays dans ce secteur, tellement elle était omniprésente. Cependant, si on étudie attentivement les tout premiers débuts de l'industrie chimique à l'échelle mondiale, on se rend vite compte que la France y joua un rôle pionnier aussi bien pour ce qui est de la chimie organique que de la chimie minérale – et que cette réalité ne doit rien au hasard. Commençons par les réalisations dans le domaine de la chimie minérale. C'est un chimiste français, Nicolas Leblanc, qui mit au point le procédé, qui porte son nom, de préparation du carbonate de sodium (soude) à la fin du XVIIIe siècle. C'est encore en France que l'on découvrit divers modes de fabrication de l'acide sulfurique et de ses dérivés. La France n'est pas seulement la patrie d'éminents chimistes qui, tel Lavoisier, marquèrent de façon décisive l'histoire de la chimie moderne, elle détenait jusqu'à la première moitié du XIXe siècle une place prédominante dans la production chimique mondiale, ainsi que le souligne le Britannique John Graham Smith[20], historien des sciences et

---

[19] L'ouvrage cité ci-dessous a notamment attiré l'attention en ce qu'il tentait de revisiter l'histoire économique contemporaine de la France, en se plaçant d'un point de vue similaire à celui de l'auteur du présent ouvrage. Il faut notamment retenir l'excellente préface de Jean Bouvier qui n'hésita pas à porter ouvertement un regard critique sur les querelles qui opposaient récessionnistes et révisionnistes, tout en développant une méthodologie nouvelle qui lui est propre. P. Fridenson & A. Straus (dir.), *Le Capitalisme français, XIXe-XXe siècles. Blocages et dynamismes d'une croissance*, Paris, 1987.

[20] J.G. Smith, *The Origins and Early Development of the Heavy Chemical Industry in France*, Oxford, 1979.

techniques. À l'époque, scientifiques et industriels entretenaient des relations très étroites. Saint-Gobain, qui fut une des premières entreprises à s'intéresser à l'industrie moderne du vitrage, s'orienta de façon décisive vers la chimie avec la nomination de Nicolas Clément-Désormes, chimiste de renom, au poste d'agent général à la fin des années 1820. D'autres chimistes réputés entrèrent à partir des années 1830 au Conseil d'administration de Saint-Gobain et jouèrent un rôle non négligeable dans la gestion et les choix stratégiques de l'entreprise[21]. Ce fut par exemple le cas de Gay-Lussac, dont le nom est resté dans l'histoire des sciences pour avoir énoncé la loi sur la dilatation des gaz et des vapeurs et pour avoir inventé la tour de récupération des produits nitreux dans la fabrication de l'acide sulfurique (appelée tour Gay-Lussac). Rappelons ici que le chimiste allemand Liebig étudia, lors d'un séjour à Paris, sous la direction de Gay-Lussac. À partir de la deuxième moitié du XIXe siècle, le centre industriel de la fabrication de la soude et de ses dérivés se déplaça progressivement vers la Grande-Bretagne, où se développait déjà la première industrie textile au monde. Cependant, ainsi que nous nous efforcerons de le démontrer dans le chapitre I, le niveau de l'industrie chimique minérale française jusqu'à la veille de la Première Guerre mondiale était dans l'ensemble tout à fait satisfaisant.

Par contre, la France qui avait joué un rôle de pionnier dans le développement de la chimie organique – tout comme l'Angleterre, autre berceau de cette science – se vit supplanter, à partir des années 1870, par l'Allemagne, qui occupa alors le terrain sans rival, tandis que l'industrie chimique organique française déclinait rapidement. Essayons d'expliquer les raisons de ce phénomène. Les historiens japonais Sachio Kaku et Akira Kudô ont publié de nombreuses études sur l'origine de l'essor économique de l'Allemagne, en analysant le phénomène sous différents angles[22]. Mais, à notre connaissance, il n'existe aucune étude sérieuse sur les raisons de la quasi-disparition de ce secteur en France. Le chapitre I de cet ouvrage s'efforcera donc également de combler cette lacune. Nous essaierons ensuite de comprendre comment l'industrie chimique française a réussi à redresser une situation qui apparaissait pourtant dramatique. On invoque souvent le rôle décisif de la Première Guerre mondiale dans ce retournement de situation. En effet, la guerre

---

[21]   J.-P. Daviet, *Un Destin international. La Compagnie de Saint-Gobain de 1830 à 1939*, Paris, 1988, chap. 2-3.

[22]   S. Kaku, *Introduction à l'histoire de l'industrie chimique allemande**, Kyoto, Éditions Minerva, 1986 ; A. Kudô, « Fondation et essor d'I. G. Farben (1), (2)* », *Tôkyô Daigaku Shakai Kagaku Kenkyû [Études de sciences sociales, Université de Tokyo]*, vol. 29, n° 5 et 6, 1978.

interrompit brusquement les importations de colorants dérivant du goudron de houille et de produits pharmaceutiques de synthèse en provenance d'Allemagne. Une production nationale s'imposait, que le gouvernement encouragea grâce à diverses mesures de soutien à l'industrie de la chimie organique qui put alors se développer à l'abri de la concurrence. Même après la guerre, le maintien de droits de douane élevés aurait permis de continuer à protéger le secteur[23]. Cette thèse largement répandue est-elle entièrement juste ? Nous tâcherons, tout au long du chapitre II, de mettre clairement en lumière les différents aspects qui ont permis de reconstruire le secteur industriel de la chimie organique, qui semblait être le maillon le plus faible de l'industrie française à la veille de la Première Guerre mondiale.

Une fois les deux points ci-dessus explicités du point de vue de l'historien de l'industrie chimique, il sera alors temps de définir la problématique sous un autre angle et de se placer dans le contexte plus large de l'histoire économique de la France, sans oublier de définir la méthodologie que nous adopterons. Le sujet qui nous intéresse plus particulièrement, ce sont les relations entre l'État et le secteur privé dans le processus qui a permis le développement de l'industrie chimique en France. En d'autres termes, nous chercherons à circonscrire notre analyse au rôle que chacune de ces deux entités a pu avoir pour contribuer à l'essor de cette industrie entre le milieu du XIXe siècle et l'entre-deux-guerres[24]. Nous avons déjà mis en lumière dans la première partie de cette introduction les deux thèses opposées des récessionnistes et des révisionnistes qui expliquent, chacune à sa façon, le rôle respectif de l'État et des entreprises dans le processus d'industrialisation. Pour simplifier, les premiers considèrent que les entreprises françaises, et plus particulièrement les patrons français, conservateurs, réticents au changement et acquis aux thèses malthusiennes, se seraient trop longtemps accommodés des droits de douane élevés et d'autres mesures protectionnistes et aides de l'État, avec pour conséquence une perte de compétitivité sur la scène internationale. On ne peut nier que depuis le Premier Empire, les droits de douane étaient élevés, protégeant ainsi la produc-

---

[23] Même un éminent chercheur au cœur des études sur l'histoire économique allemande comme H. Schröter analyse la situation de l'industrie chimique organique de la France avec cette thèse communément répandue, en allant jusqu'à affirmer qu'une grande partie de la production française de colorants pendant la guerre était fondée sur les anciennes implantations allemandes en France qui avaient été réquisitionnées pendant la guerre. Nous nous efforcerons de démontrer qu'il n'en était rien dans le chapitre XI du présent ouvrage. A. Kudô & T. Hara (eds.), *International Cartels in Business History*, Tokyo, 1992, p. 34.

[24] Sur les relations entre l'État et le secteur privé dans l'histoire économique de la France, cf. les articles rassemblés par T. Endô (dir.), *op. cit.*

tion nationale. À la veille du traité commercial de 1860 entre la France et l'Angleterre, un ardent opposant à la politique libre-échangiste comme Pouyer-Quertier[25], homme politique et propriétaire d'une filature de coton en Normandie, faisait beaucoup parler de lui. Mais il ne faut pas pour autant minimiser l'influence de partisans du libre-échange comme Motte[26], le patron du plus grand atelier textile du Nord, ou d'autres grands industriels alsaciens. Dans les faits, les exportations manufacturières alsaciennes (cotons imprimés, industrie lainière, etc.) s'envolèrent dans les années 1860, du fait d'une politique libre-échangiste[27]. De plus, les récentes études révisionnistes[28] apportent régulièrement de nouvelles découvertes factuelles démolissant la thèse généralement répandue sur le niveau élevé des droits de douane d'avant 1860 et la politique protectionniste d'après 1880, remettant en cause l'image d'une France réfractaire au libre-échange. Dans le chapitre V, nous traiterons également du problème des tarifs douaniers appliqués aux produits chimiques, et l'analyse devrait nous permettre d'énoncer, nous aussi, des doutes sur la thèse communément répandue concernant l'histoire économique contemporaine de la France.

Une étude plus nuancée de la politique de soutien à l'industrie nationale par le gouvernement français paraît également nécessaire. L'intervention de l'État est indéniable sous la Troisième République. Privilégiant la stabilité sociale, le gouvernement afficha sa volonté d'assister les entreprises et les industries périclitantes pour leur permettre de poursuivre leurs activités. On est autorisé alors à s'interroger sur les répercussions de telles mesures dirigistes : n'auraient-elles pas souvent freiné, voire entravé le développement de nouveaux secteurs industriels

---

[25] Sur les dirigeants d'entreprise de Normandie sous le Second Empire, à commencer par Pouyer-Quertier, cf. D. Barjot (dir.), *Les Patrons du Second Empire. Anjou, Normandie, Maine*, Paris, 1991.

[26] D'après les archives du ministère du Commerce justifiant les choix des personnes décorées de la Légion d'honneur dans les années 1860, on constate que les entrepreneurs qui l'ont reçue étaient retenus en priorité en fonction de leur soutien aux thèses libre-échangistes et que les patrons alsaciens étaient tout particulièrement appréciés à ce titre. A.N., F[12] 5155-5269, Légion d'honneur, Propositions individuelles, MM. Frits Koechlin, Isaac Koechlin, Daniel Koechlin, Nicolas Koechlin, Nicolas Schlumberger, Jean Schlumberger, Henri Schlumberger, J.-A. Schlumberger.

[27] M. Hau, *L'Industrialisation de l'Alsace (1803-1939)*, Strasbourg, 1987, p. 230-234.

[28] M.S. Smith, *Tariff Reform in France. 1860-1900. The Politics of Economic Interest*, Ithaca & Londres, 1980 ; J.V. Nye, « The Myth of Free-Trade Britain and Fortress France : Tariffs and Trade in the Nineteenth Century », *Journal of Economic History*, 51, 1991, p. 23-46.

et de nouvelles techniques ?[29] Rappelons également que l'État français, à cette époque, était particulièrement réticent à promouvoir la formation technique dans les entreprises ou à entamer les nécessaires réformes du système juridique régissant les entreprises. Or c'est justement sous la Troisième République que l'on assista à un développement sans précédent des nouvelles techniques et à la naissance de nombreuses nouvelles industries. Ainsi, on comprendra que, si on met de côté toute la première moitié du XIXe siècle, qui inclut le Premier Empire (c'est-à-dire pendant toute la période de la Première révolution industrielle), l'efficacité de la politique interventionniste de l'État français, en tout cas sous la Troisième République, est hautement discutable. Toute la première partie de cet ouvrage s'efforcera d'analyser les véritables rapports de force entre l'État et l'industrie chimique avant la Première Guerre mondiale, notamment dans la politique gouvernementale en matière de formation sur les techniques chimiques, de brevets et de régime tarifaire et douanier. Plus particulièrement, le rôle exact de l'État dans la quasi-disparition de l'industrie chimique organique française sera étudié, dans la mesure où ce secteur est représentatif des nouvelles industries qui virent le jour au tournant du siècle.

Il convient par ailleurs de vérifier ce qu'il en est de la réalité des entreprises françaises, que les récessionnistes ont si durement attaquées. Dans la deuxième partie du présent ouvrage, nous proposerons, en analysant les trois plus grandes entreprises françaises de chimie organique, d'examiner leur part de responsabilité dans la stagnation, voire la disparition, de leurs activités, puis dans le redémarrage de celles-ci. On peut d'ores et déjà annoncer ici la conclusion à laquelle nous aboutirons. La reprise de l'industrie chimique organique française, notamment dans le secteur des produits pharmaceutiques de synthèse, ne doit pratiquement rien à la politique gouvernementale. Elle est uniquement le fruit des efforts constants de l'industrie, alors que l'État soit refusait d'intervenir en sa faveur, soit intervenait de façon maladroite, voire nuisible. Mais il faut aussi reconnaître que l'intervention directe de l'État pendant la Première Guerre mondiale pour soutenir l'industrie chimique a incontestablement ouvert la voie à la renaissance qui s'enclencha au lendemain de l'armistice. Le contrôle de l'État sur les entreprises devint alors moins rigide et celles-ci purent prendre de nouveau des décisions de leur propre chef. Mais cette liberté retrouvée ne s'appliqua pas aux deux secteurs généralement considérés comme les deux poids lourds de l'industrie chimique, à savoir la production de l'azote et de ses dérivés

---

[29] Cf. M. Lévy-Leboyer, « Histoire économique et histoire de l'administration », in G. Thuillier et J. Tulard (dir.), *Histoire de l'administration française depuis 1800. Problèmes et méthodes*, Genève, 1975, p. 61-74.

et celle des colorants. Nous nous pencherons donc, dans la troisième partie de cet ouvrage, sur les rapports de force entre le gouvernement et les patrons de l'industrie chimique pour ces deux secteurs-clés, où se sont souvent affrontés les intérêts privés et le dirigisme d'État.

Voilà comment nous comptons articuler notre analyse des responsabilités de l'État et du secteur privé dans le déclin et le redécollage de l'industrie chimique organique française, ainsi que de leurs relations. La période étudiée s'étalera des années 1860, alors que l'industrie de la chimie organique était à son apogée, à l'entre-deux-guerres. Nous avertissons cependant nos lecteurs que nous ne traiterons pas ici de la période de la Grande Dépression et du Front populaire, afin de pouvoir nous appesantir de façon plus détaillée sur la période qui précède. L'évolution de l'industrie chimique française dans les années 1930 et après la Seconde Guerre mondiale fera l'objet d'un autre ouvrage.

Il convient également de présenter dans cette introduction la méthodologie retenue pour le présent ouvrage. Dans la première partie, pour élaborer une vue d'ensemble de la situation de l'industrie chimique française dans le contexte international à la veille de la Première Guerre mondiale, nous nous appuierons essentiellement sur les rapports et mémoires réunis par le ministère du Commerce pendant le conflit en vue de la publication du *Rapport général sur l'industrie française*. On examinera plus particulièrement les raisons de l'écart flagrant avec l'Allemagne dans le secteur de la chimie organique en procédant à une analyse mettant en lumière les obstacles structurels provenant du système de formation français, de son régime douanier et de son système d'enregistrement des brevets, afin de montrer que les entreprises n'étaient pas nécessairement à l'origine de leur propre « retard ». Dans la deuxième partie, nous prendrons l'exemple des trois entreprises les plus représentatives de l'industrie chimique organique française, dont nous analyserons les activités pour dresser un tableau de l'évolution de ce secteur, passant du déclin au renouveau, en mettant l'accent sur la part jouée par les dirigeants de l'époque, sans pour autant négliger le rôle de détonateur qu'eut la Première Guerre mondiale dans ce nouveau départ. Nous espérons, à travers ces deux premières parties, identifier clairement le rôle dévolu à l'État et celui dévolu au secteur privé dans l'état retardataire, puis l'envol de l'industrie chimique française. La troisième partie poursuivra l'éclairage des rôles respectifs de l'État et du patronat, mais portera sur la période suivante, c'est-à-dire sur l'entre-deux-guerres, et sur les deux secteurs-clés de cette industrie : la production d'azote et celle des colorants dérivés du goudron de houille. Nous souhaitons que cette analyse apporte des éléments constructifs, sous l'angle du positivisme, au débat en cours sur les relations entre l'État et le monde économique dans la France contemporaine.

Nous terminerons cette introduction par un rapide aperçu de l'état des études sur l'histoire de l'industrie chimique française.

Tout d'abord, au Japon, il n'existe, à notre connaissance, pas d'autres travaux portant sur le sujet en dehors des nôtres. Cela ne signifie pas pour autant que les recherches sur l'histoire contemporaine de l'industrialisation et de l'industrie françaises y soient sous-représentées. Teruaki Endô et Haruhiko Hattori[30] ont en effet amorcé un passionnant débat sur le modèle de développement de l'industrie française du coton pendant la Révolution industrielle, repris par la suite par d'autres études positivistes de haut niveau, appliquées à d'autres branches industrielles. Il convient ici de citer les travaux de Yasuo Gonjô sur l'histoire des banques coloniales[31], ceux de Hiroshi Nakayama, de Yôichirô Nakagawa et de Masanori Chiba sur l'histoire des marchés financiers[32], ceux de Hiroyoshi Oomori sur l'histoire de la sidérurgie en Lorraine[33], ceux de Toshikatsu Nakajima sur l'histoire de l'industrie mécanique[34], ceux de Terushi Hara, de Toshihiro Tanaka et de Kensaku Tsugita sur l'histoire

---

[30] T. Endô, « Historique de la Révolution industrielle en France* », in K. Takahashi (dir.), *Études sur la Révolution industrielle**, Tokyo, Iwanami Shoten, 1965, p. 149-167 ; H. Hattori, *Études sur la Révolution industrielle en France**, Tokyo, Miraisha, 1965.

[31] Y. Gonjô, *op. cit.*

[32] H. Nakayama, « Le marché financier de Paris à la fin du XIXᵉ siècle et au début du XXᵉ siècle : sur la structure dualiste de la Bourse », *Bulletin de la Société franco-japonaise d'études économiques*, n° 9, 1985, p. 19-40 ; *id.*, « Le fonctionnement du marché parisien à la fin du XIXᵉ siècle et au début du XXᵉ siècle », *Tôhô Gakuen Daigaku Tanki Daigaku-bu Kiyô [Bulletin de la Petite École, Université Tôhô-Gakuen]*, n° 5, 1986, p. 35-65 ; *id.*, « L'Emprunt russe pour les investisseurs français de 1888 à 1913* », *Roshia-shi Kenkyû [Études sur l'histoire russe]*, n° 44, 1986, p. 57-76 ; Y. Nakagawa, *Études sur l'histoire financière de la France : l'absence d'un marché financier en expansion**, Tokyo, Éditions de l'Université Chûô, 1994 ; M. Chiba, « La politique financière des banques françaises à la fin du XIXᵉ siècle et l'opposition de la société : analyse des débats à l'Assemblée Nationale sur la reconduction des privilèges accordés au secteur bancaire en 1897* », *Tochi Seido Shigaku [Histoire agraire]*, n° 98, 1983 ; *id.*, « La politique du taux de l'escompte des banques françaises entre 1873 et 1913* », *Tochi Seido Shigaku*, n° 136, 1992, p. 19-36.

[33] H. Omori, « La mutation structurelle de l'industrie sidérurgique en France entre 1800 et 1914 : l'exemple de la Lorraine* », *Shakai Keizai Shigaku [Histoire économique et sociale]*, n° 2, vol. 2, 1986, p. 35-71 ; *id.*, « Naissance et croissance de ce qu'on a appelé "la grosse métallurgie" (1)-(3) : analyse de l'industrie sidérurgique française à la Belle Époque* », *Keizai-kei [Le système économique]*, Université Kantô-Gakuin, n° 147, 148 et 150, 1986-1987.

[34] T. Nakajima, « L'essor de l'industrie mécanique parisienne à la fin du XIXᵉ siècle et au début du XXᵉ siècle* », *Tochi Seido Shigaku*, n° 111, 1986, p. 38-55 ; *id.*, « Les machines françaises aux Expositions internationales, 1851-1911 », *KSU Economic and Business Review*, Université Kyoto-Sangyo, n° 14, 1987, p. 23-45.

des chemins de fer[35], ceux de Takehiko Matsubara sur l'histoire de l'industrie de la soie[36], ceux de Kazufumi Koga sur l'histoire de l'industrie du coton et de la sidérurgie[37], ou encore ceux de Takashi Hotta sur l'histoire de l'industrie pétrolière française[38]. Toutes ces recherches, dont la liste ci-dessus est loin d'être exhaustive, ne le cèdent en rien en qualité à celles poursuivies en France sur le sujet. Mentionnons également les précieuses contributions de Daijirô Fujimura sur la gestion de l'entreprise Schneider[39] et celles de Isao Hirota sur les restructurations industrielles[40], deux sujets qui sont plus directement liés à notre étude. Nous nous sommes beaucoup inspirés de ces nombreuses

---

[35] T. Hara, *Le Capitalisme français : formation et développement**, Tokyo, Nihon Keizai Hyôron-sha, 1986 ; T. Tanaka, « Les Intérêts anglais dans les sociétés de chemins de fer sous la Monarchie de Juillet* », *Keizai-gaku Ronshû [Débats d'études économiques]*, Université de Fukuoka, vol. 21, n° 1, 1976 ; *id.*, « Réflexions sur le groupe des dirigeants des sociétés de chemins de fer sous la Monarchie de Juillet et son contrôle véritable : études de base pour l'analyse des capitaux français et anglais* », *Keiei-shigaku*, vol. 14, n° 2, 1979 ; K. Tsugita, « La construction du réseau ferré français au XIXe siècle I, II* », *Osaka Daigaku Keizai-gaku [Études économiques, Université d'Osaka]*, vol. 22, n° 1 et 2, 1972.

[36] T. Matsubara, « Le développement de l'industrie moderne de la soierie en France* », *Keizaigaku Ronshû*, Université de Fukuoka, vol. 17, n° 2, 1972 ; *id.*, « La systématisation de la mécanisation dans l'industrie de la soierie en France* », in Kôbe Daigaku Seiyô Keizaishi Kenkyûshitsu [Institut d'histoire économique occidentale, Université de Kobé], *Vie quotidienne et économie face au progrès en Europe**, Kyoto, Kôyô Shobo, 1984, p. 133-151 ; *id.*, « Les débouchés pour l'industrie moderne de la soierie en France : un marché demandeur, 1870-1914* », *Kokumin Keizai Zasshi*, vol. 152, n° 5, 1985.

[37] K. Koga, *Analyse historique de l'industrie française contemporaine**, Tokyo, Gakubun-sha, 1983 ; *id.*, *Études sur l'histoire économique de la France au XXe siècle**, Tokyo, Dôbunkan, 1988.

[38] T. Hotta, *L'Industrie du pétrole en France des origines à 1934*, thèse de doctorat d'histoire, Université de Paris X-Nanterre, 1990.

[39] D. Fujimura, « Stratégie des dirigeants de l'entreprise Schneider et organigramme de l'encadrement (1913) : structure de la gestion d'une grande entreprise à la française* », *Keiei-shigaku*, vol. 17, n° 4, 1983, p. 1-30 ; *id.*, « Dynamique de croissance et organisation de la direction dans l'entreprise Schneider (1913)* », *Keiei-shigaku*, vol. 19, n° 2, 1985, p. 1-37 ; *id.*, « Réflexions historiques et comparatives sur l'organisation des entreprises françaises à la fin du XIXe siècle au début du XXe siècle* », *Keiei-shigaku*, vol. 23, n° 4, 1989, p. 24-54 ; *id.*, « Schneider et Cie et son plan d'organisation administrative de 1913 : analyse et interprétation », *Histoire, économie et société*, avril-juin 1991, p. 269-276.

[40] I. Hirota, *art. cit.* ; *id.*, « La restructuration de l'économie française après la Première Guerre mondiale : le *Rapport général sur l'industrie française* du ministère du Commerce et les autres sources* », *Keizai-gaku Ronshû [Débats d'études économiques]*, Université de Tokyo, vol. 50, n° 4, 1985 ; *id.*, *Aux origines de la France d'aujourd'hui : économie et société dans l'entre-deux-guerres**, Tokyo, Tôkyô Daigaku Shuppankai, 1994.

et intéressantes publications en japonais qui ont fourni la toile de fond à notre analyse de l'industrie chimique française.

En Occident, les études historiques sur l'industrie chimique française ne sont pas non plus très nombreuses. Les publications de Ludwig F. Haber[41] ont longtemps été considérées comme une source précieuse d'informations pour les chercheurs dans ce domaine, mais, ses travaux étant essentiellement concentrés sur la situation en Angleterre et en Allemagne, ses affirmations sur la France sont malheureusement souvent inexactes. Même en France, si la recherche était très active dans ce domaine particulier de l'industrie avant la Seconde Guerre mondiale[42], force est de constater que le sujet n'intéresse plus aussi systématiquement les universitaires depuis la guerre. Il faut cependant citer une exception notable, la thèse de Robert Richeux, soutenue en 1958[43], qui porte sur le développement de l'industrie chimique française entre 1850 et 1957, mais qui se contente d'être une accumulation de données statistiques, sans analyse poussée. Par ailleurs, les chiffres avancés ne sont pas entièrement fiables. Par contre, on constate depuis une vingtaine d'années, l'apparition de travaux de recherche sur des branches industrielles spécifiques ou sur des entreprises particulières. Citons entre autres les contributions de Henri Morsel sur l'industrie électrochimique[44], celles d'André Thépot et de Jean-Pierre Daviet sur les entreprises Saint-Gobain et Kuhlmann[45], ou encore celles de Pierre Cayez sur la société Progil[46]. La publication en 1988 notamment de l'abondante thèse d'État de J.-P. Daviet sur l'histoire de la Compagnie de Saint-Gobain mérite une mention spéciale. Pierre Cayez a également publié la

---

[41] L. F. Haber, *The Chemical Industry during the Nineteenth Century*, Oxford, 1958 ; *id.*, *The Chemical Industry, 1900-1930*, Oxford, 1971.

[42] Sur les différentes publications d'avant-guerre sur l'industrie chimique en France, cf. la liste des sources imprimées à la fin du présent ouvrage.

[43] R. Richeux, *L'Industrie chimique en France : structure et production – 1850-1957*, thèse de doctorat de sciences économiques, Université de Paris, 1958.

[44] H. Morsel, « Les industries électrotechniques dans les Alpes françaises du Nord de 1869 à 1921 », in P. Léon, F. Crouzet, R. Gascon (dir.), *L'Industrialisation en Europe au XIXe siècle : cartographie et typologie*, Paris, 1972, p. 557-592 ; *id.*, « Contribution à l'histoire des ententes industrielles (à partir d'un exemple, l'industrie des chlorates) », *Revue d'histoire économique et sociale*, n° 1, 1976, p. 118-129.

[45] A. Thépot, « Frédéric Kuhlmann, industriel et notable du Nord, 1803-1881 », *Revue du Nord*, 1985, p. 527-546 ; J.-P. Daviet, *Un Destin international. La Compagnie de Saint-Gobain de 1830 à 1939*, Paris, 1988 ; *id.*, *Une Multinationale à la française, Saint-Gobain, 1665-1989*, Paris, 1989.

[46] P. Cayez, « La Naissance de la société Progil (1918-1925) », in *Villes et campagnes, XVe-XXe siècles*, Lyon, 1977.

même année une histoire de Rhône-Poulenc[47]. Outre ces publications universitaires, il existe d'autres études dans lesquelles des acteurs proposent une approche différente de celles des historiens et des économistes, sur les grands moments des entreprises Kuhlmann et Rhône-Poulenc[48]. Le présent ouvrage se veut une étude positiviste fondée sur des documents rassemblés par nos soins, mais nous ne pouvons pas nier que nombre de travaux cités ci-dessus ont influencé notre analyse. Les différentes publications de J.-P. Daviet notamment ont été une précieuse source d'inspiration. Nous avons d'ailleurs cru comprendre qu'il envisageait de préparer un livre traitant de façon plus systémique de l'industrie chimique en France. Cette éventualité nous a décidé à publier le présent ouvrage, qui, nous l'espérons, apportera sa pierre à l'édifice de la recherche dans ce domaine, même si nous nous attendons à des reproches justifiés pour l'avoir écrit trop rapidement.

---

[47] P. Cayez, *Rhône-Poulenc, 1895-1975. Contribution à l'étude d'un groupe industriel*, Paris, 1988.

[48] C.-J. Gignoux, *Histoire d'une entreprise française*, Paris, 1955 ; J.-E. Léger, *Une grande entreprise dans la chimie française, Kuhlmann, 1825-1982*, Paris, 1988 ; Fr. Quarré, *Rhône-Poulenc, ma vie*, Paris, 1988.

PREMIÈRE PARTIE

L'INDUSTRIE CHIMIQUE EN FRANCE À LA VEILLE DE LA PREMIÈRE GUERRE MONDIALE

Réflexions sur le « retard » de la France par rapport à l'Allemagne

CHAPITRE I

L'industrie chimique en France
à la veille de la Première Guerre mondiale

I. Introduction

Au moment où éclate la Première Guerre mondiale, la France, obligée de faire face à une Allemagne dont la capacité de production était supérieure à la sienne, procéda à un certain nombre d'études et d'enquêtes, afin de connaître la réalité de l'écart entre les deux pays. Citons l'ouvrage le plus représentatif de ces publications, *Les Méthodes allemandes d'expansion économique* (1915) de l'historien économiste de renom Henri Hauser[1], qui devait par la suite inspirer de nombreux rapports et essais publiés pendant la guerre sur la différence économique avec l'Allemagne. Nous nous appuierons pour le présent chapitre essentiellement sur les données incluses dans le *Rapport général sur l'industrie française* du ministère du Commerce (également connu sous le nom de « rapport Clémentel »)[2], qui dresse un tableau de la capacité de production des principales industries françaises à la veille de la Première Guerre mondiale et des efforts accomplis pendant la guerre, afin de définir les orientations industrielles à poursuivre par les entreprises françaises au lendemain du conflit. On devine que les recommandations tenaient compte de la situation de l'industrie allemande, avec laquelle la France entrait en concurrence directe[3].

---

[1]   H. Hauser, *Les Méthodes allemandes d'expansion économique*, Paris, Armand Colin, 1915.

[2]   A.N., F[12] 8045-8062, Comité consultatif des arts et manufactures : rapports, mémoires, études réunis en vue de la publication d'un *Rapport général sur l'industrie française*, 1917-1920 ; Ministère du Commerce, *Rapport général sur l'industrie française, sa situation et son avenir*, 3 vols., Paris, 1919. Pour une analyse plus détaillée du rapport ci-dessus : K. Koga, *Analyse...*, *op. cit.*, chap. 2 ; *id.*, *Études...*, *op. cit.*, chap. 1 ; I. Hirota, « Restructuration... », art. cit.

[3]   L'Office des produits chimiques et pharmaceutiques, créé en octobre 1914 par le gouvernement français, joua un rôle essentiel dans la collecte d'informations sur l'industrie chimique française pendant la Première Guerre mondiale. Organe directement dépendant du ministère du Commerce, il eut pour mission première d'évaluer les stocks de produits chimiques, les quantités produites et de les répartir en fonction des besoins. Il fut également chargé de promouvoir le redressement de l'industrie

Les différentes sections du présent chapitre étudieront donc la place de l'industrie chimique française dans le monde à la veille de la Première Guerre mondiale, en se fondant principalement sur le rapport Clémentel, mais avant d'entrer dans le vif du sujet, il convient de donner quelques commentaires sur la nature de ce document. Kazufumi Koga[4] a déjà expliqué en détail la manière dont il a été rédigé : de nombreux rapporteurs spécialistes du sujet, placés sous l'autorité du Comité consultatif des arts et manufactures, enquêtèrent minutieusement sur le niveau de la production industrielle française à la veille de la Grande Guerre, pour ses secteurs les plus importants, dont la chimie, entreprenant ainsi une précieuse étude comparative fondée à la fois sur des données statistiques françaises et étrangères. Les chiffres publiés ne sont cependant pas tous absolument fiables. Par exemple, nous disposons aujourd'hui d'évaluations plus précises sur la production d'acide sulfurique ou de superphosphates de chaux d'après des données fournies par les principales entreprises du secteur ou leurs associations professionnelles. Dans ces cas-là, il serait sans doute préférable d'utiliser ces chiffres. Cependant, ces corrections ne sont nécessaires que pour un nombre réduit de productions, et il s'avérerait par ailleurs pratiquement impossible de vérifier les chiffres concernant les autres pays que la France. Nous avons donc pris le parti de nous référer uniquement aux chiffres du rapport Clémentel, sachant pertinemment qu'il s'agit d'estimations approximatives, considérant cependant que les légers écarts que l'on pourrait constater ne modifieraient pas de façon radicale le tableau général que nous tentons de dresser dans ce chapitre sur la place de l'industrie chimique française dans le monde à la veille de la Première Guerre mondiale.

II. L'industrie chimique française replacée dans le contexte international des échanges commerciaux de l'époque

Examinons les grandes tendances de l'industrie chimique française au cours des 20 années qui ont précédé la Première Guerre mondiale, en suivant tout d'abord les variations des ventes de produits chimiques, tant à l'exportation qu'à l'importation. La figure 1-1 résume le montant des

---

chimique française, notamment organique. Pour ce faire, il fut amené à établir des rapports précis sur l'état de la production française dans les différentes branches de l'industrie chimique française. Voir le chapitre XI du présent ouvrage pour une analyse plus détaillée des activités de cet organisme. A.N., F[12] 7708, Décret sur la création de l'Office des produits chimiques et pharmaceutiques, à Bordeaux, le 17 octobre 1917.

[4] K. Koga, *Analyse...*, *op. cit.*, p. 140-141.

exportations et des importations dans les cinq principaux pays entre 1893 et 1913[5]. On constate que les échanges français furent en constante augmentation pendant toute cette période, avec notamment une progression remarquable des exportations, de l'ordre de 93 % entre 1903 et 1913. Cependant, ces volumes sont nettement inférieurs à ceux de l'Allemagne, tant en quantité qu'en rythme de croissance, creusant ainsi d'année en année l'écart entre les deux pays. Il convient également de noter l'accroissement sensible des volumes d'échanges commerciaux des États-Unis, notamment pour les exportations qui sont multipliées par 3,75 entre 1893 et 1913, se rapprochant ainsi rapidement du niveau de la France. La bonne santé du développement économique des États-Unis se reflète dans ces chiffres. Pour résumer donc, l'essor de l'industrie chimique française fut constant au niveau commercial pendant les 20 années précédant la Grande Guerre, et ses exportations enregistrèrent une poussée sensible, mais cela ne suffit pas pour réduire l'écart avec l'Allemagne, qui ne fit que s'agrandir. Parallèlement, la France se fit rapidement rattraper par les États-Unis.

L'augmentation des volumes d'échanges de la France mérite donc une analyse plus détaillée, notamment entre 1903 et 1913, que nous illustrons ici par les figures 1-2 et 1-3 qui présentent la provenance et la destination des importations et des exportations françaises, ainsi que par le tableau 1-1 qui calcule l'évolution des volumes d'échanges par pays. Le premier point à noter est, qu'en dehors de l'Allemagne, les exportations françaises de produits chimiques dépassaient les importations pour toutes les destinations, et enregistraient des augmentations de volume partout, et plus particulièrement avec les États-Unis, l'Italie et la Belgique, pays avec lesquels les exportations françaises croissaient bien plus rapidement que les importations. On comprendra que ces marchés étaient particulièrement importants pour l'industrie chimique française de l'époque. Deuxièmement, il convient de noter que les colonies françaises représentaient également un marché prometteur. Enfin, le phénomène était inversé avec l'Allemagne, dont les exportations en France augmentaient à un rythme qui dépassait largement celles de ses importations de France. La section suivante va donc s'efforcer de comprendre les raisons de l'infériorité de la France par rapport à l'Allemagne, en se

---

[5] Les chiffres des échanges commerciaux entre les cinq principaux pays indiqués dans ce graphique ont été revus et corrigés pour correspondre à la classification statistique française. En effet, la définition française des « produits chimiques » de l'époque ne comprenait pas les produits pétroliers raffinés, qui connaissaient pourtant alors un essor fulgurant aux États-Unis. Chaque pays ayant une définition qui lui était propre de ce qu'était un « produit chimique », on comprendra que ces statistiques sont sujettes à caution. Cependant on peut considérer que la tendance générale correspond dans l'ensemble à la réalité.

penchant notamment sur la structure de la production chimique française, comparée au reste du monde.

Fig. 1-1. Évolution des exportations et des importations de produits chimiques dans les 5 principaux pays (1893-1913)

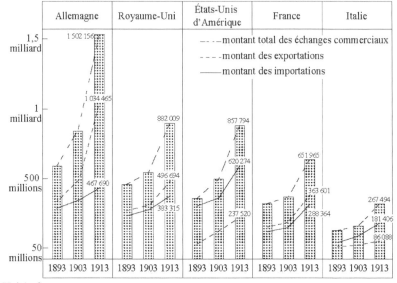

Unité : francs

Source : Ministère du Commerce, *Rapport général sur l'industrie française, sa situation et son avenir*, t. II, Paris, 1919, p. 4.

Tableau 1-1. Progression du montant total des échanges commerciaux de produits chimiques avec la France, par pays (1903-1913)

Pays	Progression des exportations (A)	Progression des importations (B)	(A)-(B)
Allemagne	29 800	47 000	-17 200
Belgique	23 500	16 100	7 400
Royaume-Uni	12 200	9 000	3 200
États-Unis d'Amérique	9 300	1 000	8 300
Suisse	7 800	1 200	6 600
Italie	6 800	-1 100	7 900
Pays-Bas	5 300	2 200	3 100
Espagne	400	-1 600	2 000
Portugal	100	100	0
Empire austro-hongrois	-400	-400	0

Unité : mille francs

Source : tableau réalisé à partir des données publiées dans : Ministère du Commerce, *op. cit.*, p. 5-10.

Fig. 1-2. Provenance des importations françaises de produits chimiques (1903-1913)

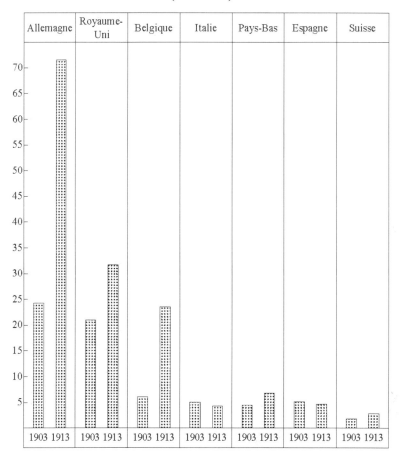

Unité : millions de francs

Source : Ministère du Commerce, *op. cit.*, p. 6-7.

**Fig. 1-3. Destination des exportations françaises de produits chimiques
(1903-1913)**

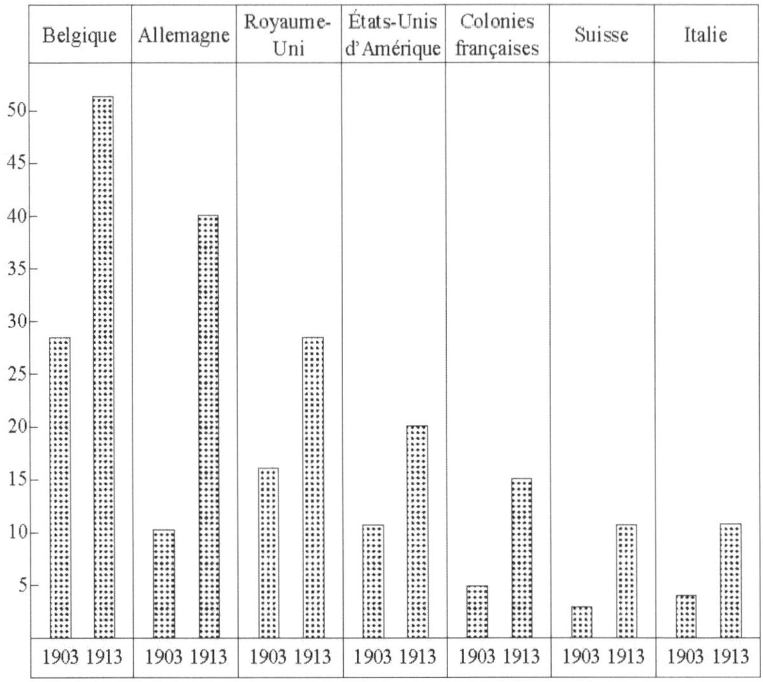

	Belgique	Allemagne	Royaume-Uni	États-Unis d'Amérique	Colonies françaises	Suisse	Italie

| | 1903 1913 | 1903 1913 | 1903 1913 | 1903 1913 | 1903 1913 | 1903 1913 | 1903 1913 |

Unité : millions de francs

Source : Ministère du Commerce, *op. cit.*, p. 8.

III. La place de la chimie minérale française dans le monde

L'industrie française de la chimie minérale se maintint à un niveau satisfaisant à la veille de la Première Guerre mondiale, comme nous allons le voir. Les deux productions principales de ce secteur sont traditionnellement l'acide sulfurique et la soude. Le tableau 1-2 propose tout d'abord une comparaison internationale pour l'acide sulfurique : la France se place en 4e position, derrière les États-Unis, l'Allemagne et le Royaume-Uni, mais sa production était le double de celle de l'Italie qui arrivait juste derrière elle en 5e position. Un rapport de l'Exposition universelle de 1900[6] fait état d'une production française de 869 500 tonnes d'acide sulfurique, ce qui signifie qu'elle enregistra une hausse

---

[6] *Exposition universelle internationale de 1900 à Paris, Rapports du jury international : Groupe XIV, Industrie chimique*, t. II, Paris, 1900, p. 13.

de 38 % entre 1900 et 1913. Pour ce qui est de la soude, le tableau 1-3 en résume les exportations françaises, britanniques et allemandes en 1913. Sachant que la France n'importa que 7 622 tonnes de soude brute ou pure, 734 tonnes de soude caustique et 153 tonnes de bicarbonate de sodium la même année[7], on peut en déduire qu'elle était exportatrice nette de soude[8]. Elle se plaçait au deuxième rang derrière l'Angleterre, premier pays producteur de soude de l'époque, et ses exportations étaient légèrement plus importantes que celles de l'Allemagne. Les destinations des exportations sont indiquées, pour chacun des 3 pays, dans le tableau 1-4 : on constate que, si le Royaume-Uni commerçait essentiellement avec ses colonies, l'Asie (Chine et Japon notamment), et l'Amérique du Sud, la France et l'Allemagne étaient en concurrence pour gagner les marchés européens comme la Belgique, la Suisse et l'Italie.

On ne peut cependant pas passer sous silence les activités de la société belge MM. Solvay et Cie. En 1913, sur une production mondiale de soude estimée approximativement à 3 millions de tonnes, 2 millions étaient fabriqués soit par des usines directement gérées par Solvay, soit par des sociétés qui avaient acheté à Solvay la licence de son brevet[9] pour développer cette production dans leur pays. Même au Royaume-Uni, qui dominait sans conteste ce marché, Brunner, Mond & Co. avait, avant toute autre entreprise, acquis les droits d'exploitation du procédé Solvay en Angleterre, ce qui lui avait permis de devenir le plus grand producteur de soude dans son pays[10]. La France, qui fut pourtant la patrie du chimiste Leblanc, inventeur d'un procédé de préparation du carbonate de sodium, fut soumise aux mêmes lois du marché. On peut attribuer cette réussite de l'entreprise belge aussi bien au démarrage rapide de sa production dans son usine de Couillet en Belgique qu'à la construction d'une usine en Lorraine à Dombasle qui réalisa en 1872, pour la première fois au monde, la production industrielle du bicarbonate de sodium à l'ammoniaque. Toujours est-il que s'engagea pendant quelques années une rude compétition avec les entreprises françaises qui continuaient à exploiter le procédé Leblanc pour la préparation de la soude. Le tableau 1-5 montre que la victoire revint à Solvay, dont le

---

[7] Ministère du Commerce, *op. cit.*, t. II, p. 61-62.

[8] À titre de comparaison, notons qu'en 1900 les exportations de la France pour ces trois catégories de produits sodés étaient respectivement de 42 839 tonnes, 16 149 tonnes et 117 tonnes. Exception faite de la soude caustique, les exportations de produits à base de soude connurent donc un essor fulgurant. *Exposition universelle...*, *op. cit.*, p. 18.

[9] Ministère du Commerce, *op. cit.*, p. 59.

[10] L.F. Haber, *The Chemical Industry during the Nineteenth Century, op. cit.* ; W.J. Reader, *Imperial Chemical Industries : A History, Volume One, The Forerunners 1870-1926*, Londres, 1970, chap. 6.

procédé domina progressivement le marché français, tout comme cela avait été le cas en Angleterre. Au tournant du siècle, le procédé Leblanc connaissait ainsi ses dernières heures. Même la Compagnie de Saint-Gobain, qui en avait été le plus ardent défenseur, mit fin à son utilisation dans son usine principale de Chauny en 1903 et ne cessa dès lors de diminuer petit à petit la part de ce procédé sur le reste de ses sites industriels.

Dans les faits, dès les années 1880, les entreprises chimiques françaises commencèrent à utiliser la préparation du bicarbonate de sodium à l'ammoniaque pour leur production de soude. Juste avant la guerre, avec le rachat des Soudières de la Meurthe, Saint-Gobain s'engagea définitivement dans la généralisation de l'utilisation du procédé belge, abandonnant l'espoir de détrôner Solvay de sa place prépondérante[11]. En 1913, sur les 440 647 tonnes de soude que produisit la France (sulfate de soude et soude caustique exclus), 275 000 tonnes l'avaient été par le procédé Solvay[12]. Ainsi, quelle que soit l'interprétation qu'on en donne, le marché de la soude était indéniablement régenté par la société Solvay à la veille de la Première Guerre mondiale. Mais cela ne changeait rien au fait que la production nationale française dépassait alors largement les besoins du marché national.

Passons à une analyse internationale comparative de la production de superphosphates de chaux, l'engrais chimique le plus important à l'époque. Le tableau 1-6 donne les chiffres pour chaque pays en 1915 : on constate que la France se situait en deuxième position, derrière les États-Unis, mais si l'on rapporte la production au nombre d'habitants, elle détenait alors la première place[13]. En 1913, la production française d'acide sulfurique à 52-55 degrés Baumé avoisinait 1 160 000 tonnes, dont 950 000 tonnes, soit 82 %, étaient ensuite utilisées pour la fabrication de superphosphates[14]. Ceci permit à la France de s'assurer une place prépondérante stable sur ce marché. Elle tarda par contre à développer d'autres types d'engrais chimiques. Par exemple, en 1913, alors que le pays consommait 75 975 tonnes d'engrais azotés, il n'en produisit que

---

[11]   J.-P. Daviet, *Un Destin...*, *op. cit.*, chap. 5-6.

[12]   Ministère du Commerce, *op. cit.*, p. 63.

[13]   D'après les calculs effectués par E. Grandmougin, la production de superphosphates de chaux par habitant en France, aux États-Unis, en Allemagne et au Royaume-Uni à la veille de la Première Guerre mondiale était respectivement de 48 kg, 32 kg, 26 kg et 19 kg. À titre informatif, d'après *International Historical Statistics* de B.R. Mitchell (Londres, 1981-1983, 3 vols.), les populations américaine et française (Alsace et Lorraine exclues) s'élevaient respectivement à 91 972 000 (1910) et 39 192 000 personnes (1911). Cf. E. Grandmougin, *L'Essor des industries chimiques en France*, 2e édition, Paris, 1919, p. 284.

[14]   Ministère du Commerce, *op. cit.*, p. 32.

21 425, ce qui l'obligeait à dépendre d'importations[15]. De même pour les engrais potassés, dont plus de 90 % des 151 300 tonnes consommées en France devaient être importées (138 000 tonnes)[16]. Il convient cependant de reconnaître que la part de ces engrais restait encore négligeable, et la France se mit à produire et à consommer à une plus grande échelle des engrais azotés après la Première Guerre mondiale. On peut donc conclure que la production française d'engrais chimiques avant la guerre se maintenait à un niveau tout à fait acceptable.

L'industrie électrochimique française, qui avait connu un remarquable essor à la fin du XIXe siècle[17], poursuivit progressivement son développement après le tournant du siècle. Le tableau 1-7 résume la consommation d'électricité d'origine hydraulique dans les différents pays industrialisés entre 1911 et 1916, montrant que l'utilisation de la « houille blanche » en France était relativement généralisée. Il est intéressant de noter que des pays comme la France et l'Italie, qui disposaient de ressources hydrauliques importantes dans les Alpes par exemple, firent très tôt le choix de ce type d'énergie, contrairement à l'Allemagne et le Royaume-Uni qui préférèrent massivement utiliser la houille. Sur les 900 000 CV d'électricité d'origine hydraulique consommés en France, 124 900 (soit 14 %) étaient utilisés par l'ensemble de l'industrie électrochimique nationale. Mais c'était dans les Alpes qu'était concentrée l'hydroélectricité, et 17 % de cette production alpine, soit 110 750 CV, étaient consommés par les industries électrochimiques implantées dans cette même région[18]. À titre de référence, l'utilisation de l'électricité d'origine hydraulique dans l'électrométallurgie, notamment appliquée à l'aluminium, équivalait à 276 120 CV (31 % de la production nationale) ou 256 770 CV (soit 39 % de la production alpine)[19]. Ces chiffres prouvent combien ces deux industries représentaient un marché important pour l'hydroélectricité.

Attardons-nous maintenant sur les principaux produits issus de l'industrie électrochimique – à l'exception des produits sodés que nous avons déjà vus plus haut –, pour essayer de situer le rang de la France dans le paysage mondial pour chacun d'entre eux. Les données sur le chlorate de sodium et le chlorate de potasse, disponibles pour les différents pays d'Europe, ont été réunies dans le tableau 1-8, et montrent que

---

[15] *Ibid.*, p. 115.

[16] *Ibid.*, p. 110.

[17] Sur les débuts de l'industrie électrochimique en France dans les Alpes, H. Morsel, « Les Industries électrotechniques… », art. cit.

[18] A.N., F^{12} 8048, Rapport de M. Louis Marlio au Comité consultatif des arts et manufactures, 1917, p. 2.

[19] *Ibid.*, p. 2.

la France excellait dans cette production. Ces deux produits avaient le ratio à l'exportation le plus élevé de tous les produits chimiques français, avec 811 tonnes de chlorate de sodium et 924,2 tonnes de chlorate de potasse vendues à l'étranger[20]. La production industrielle de carbure de calcium démarra avec la découverte en 1892 par le chimiste français Henri Moissan[21] du four électrique permettant sa fabrication, et devint également une branche non négligeable de l'industrie chimique française. Le carbure de calcium fut utilisé dans la production de la cyanamide calcique, dont la France était en 1913 le 5e producteur, avec 19 500 tonnes, soit 7,3 % des 266 000 tonnes fabriquées à travers le monde, derrière le Canada (79 000 tonnes), l'Allemagne (60 000 tonnes), les États-Unis (48 000 tonnes) et l'Italie (32 500 tonnes)[22]. L'acétylène, également produit à partir du carbure de calcium, n'avait à l'origine que des applications dans l'éclairage, mais entre la fin du XIXe siècle et le début du XXe siècle, plusieurs découvertes lui apportèrent de nouveaux débouchés. Tout d'abord, Georges Claude mit au point le procédé de la dissolution de l'acétylène, ainsi que celui de la liquéfaction de l'air. On doit ensuite à un autre Français, Charles Picard, la découverte du chalumeau oxyacétylénique, permettant de développer une nouvelle technique de soudure à l'acétylène[23]. Ces progrès ouvrirent la voie à de nouveaux marchés pour l'industrie de l'acétylène[24]. Dès 1902, la société L'Air Liquide fut créée dans ce nouveau secteur des gaz industriels, et développa très vite avec succès ses activités dans le monde entier.

Le tableau que nous venons de dresser montre que l'industrie chimique minérale à la veille de la Première Guerre mondiale se maintenait à un niveau satisfaisant. Cela ne signifie pas pour autant qu'elle n'était pas confrontée à divers problèmes. À l'époque où l'industrie chimique moderne en était encore à ses balbutiements, au XVIIIe siècle et au

---

[20] Ministère du Commerce, *op. cit.*, p. 69. Le chlorate de potasse était à l'époque essentiellement utilisé dans la production d'allumettes et de feux d'artifice, tandis que le chlorate de sodium servait dans la fabrication d'explosifs comme le perchlorate, employé sur les sites de construction. Les deux principales destinations des exportations de chlorate de potasse étaient les Indes britanniques (282,2 tonnes) et le Japon (120,7 tonnes). *Ibid.*, p. 67-69. La production de chlorure de chaux (décolorants, eau de Javel, etc.), était également importante à cette époque. En 1913, la France en exportait 11 359 tonnes (contre 11 tonnes seulement importées), essentiellement vers le marché européen : l'Espagne (3 222,9 tonnes), la Belgique (3 148,9 tonnes), le Royaume-Uni (1 088,8 tonnes), etc. *Ibid.*, p. 65-69.

[21] Prix Nobel de chimie en 1906.

[22] *Ibid.*, p. 40-41.

[23] Sur Moissan, Claude, Picard et leurs découvertes, cf. Société L'Air Liquide, *Cinquantenaire de la Société L'Air Liquide, octobre 1902-octobre 1952*, 1952 ; *id.*, *Centenaire de la naissance de G. Claude*, 1970.

[24] A.N., F[12] 8048, Rapport de M. Louis Marlio…, *op. cit.*, p. 32.

début du XIXe siècle, les découvertes des chimistes français dominaient largement le monde, mais avec la révolution technique, ce sont l'Allemagne et l'Angleterre qui progressivement prirent les rênes de ce secteur. Ainsi, les entreprises – ou les branches industrielles – qui tardèrent à importer de ces deux pays les technologies nouvelles[25] se retrouvèrent rapidement incapables de faire face, leurs activités étant limitées par des techniques largement dépassées. Pour ne prendre qu'un exemple, nous citerons la mise au point à la fin du XIXe siècle par la société allemande BASF du procédé de contact, un nouveau procédé de fabrication par catalyse de l'acide sulfurique, permettant une plus grande pureté. Cette nouvelle qualité devint par la suite incontournable pour la production d'acide sulfurique en phase gazeuse, dont les débouchés dans l'industrie chimique organique allaient grandissant. À la veille de la Première Guerre mondiale, la France n'en fabriquait que 500 tonnes par mois, ce qui l'obligea à multiplier par 40 ses capacités industrielles dans ce secteur avec l'éclatement de la guerre[26]. Mais ceci n'est qu'un exemple parmi bien d'autres.

Outre un appareil de production relativement vétuste, l'industrie chimique minérale française se laissa aussi distancer par l'Allemagne sur les prix. Dans de nombreux rapports scientifiques, revues économiques ou enquêtes, publiés pendant la Première Guerre mondiale, on citait souvent les propos d'un directeur d'une grande entreprise chimique allemande qui expliquait que l'Allemagne produisait en quantité abondante nombre de produits chimiques comme l'acide sulfurique à des prix très concurrentiels, et que cela constituait un avantage décisif pour l'essor de la chimie organique. Or la situation en France était exactement à l'inverse, comme l'illustre l'épisode que nous rapportons ci-après. Lors de l'Assemblée générale des actionnaires de la Société chimique des usines du Rhône (SCUR) de 1898, le président du conseil d'administration fut interpellé par un actionnaire qui demanda s'il était vrai, comme le prétendait la rumeur, qu'une usine de fabrication d'acide sulfurique allait être construite.

> Mais nous avons pu affirmer très nettement ce que nous déclarons de nouveau ici, que notre société est absolument étrangère à l'affaire dont il est

---

[25] Les comptes rendus et procès-verbaux du Conseil d'administration de la Compagnie de Saint-Gobain, la plus grande entreprise chimique française de l'époque, rapportent des discussions fréquentes sur la nécessité ou non d'introduire les nouvelles techniques étrangères dans l'entreprise, montrant qu'il s'agissait là d'un sujet qui intéressait au plus haut point les parties concernées. Archives Saint-Gobain, Boîte n° 4, P.-V. et Minutes du Conseil d'administration : Affaires générales, Glaces et produits chimiques, 1905 et 1913 à 1915 ; Archives Saint-Gobain, Boîtes n° 34 à 40, Notes d'information : Produits chimiques, 1907-1931.

[26] A.N., F¹² 8048, Rapport de M. Lindet au Comité consultatif des arts et manufactures.

question. Nous ajoutons toutefois que nous attendons avec beaucoup d'intérêt ce qui surviendra à ce sujet, espérant que ce pourra être pour notre société une occasion d'avoir à bien meilleur compte les acides nécessaires à nos fabrications qu'il nous faut acheter 100 % au-dessus de ce que paient nos concurrents allemands, conséquence d'une monopolisation fort préjudiciable au développement de notre industrie[27].

Ces propos dénonçaient la hausse des prix des produits chimiques de base comme l'acide sulfurique, imposée par un cartel de fournisseurs formés autour de Saint-Gobain.

Ainsi, à la veille de la Première Guerre mondiale, la France déplorait son « retard » face à l'Allemagne, même dans le secteur de la chimie minérale, mais sans vraiment s'attaquer aux racines du mal, alors que l'écart commençait déjà à se creuser. Parallèlement, l'essor fulgurant de cette même industrie aux États-Unis allait faire dégringoler la France au 4e rang mondial, du moins en volume, pendant les 10 années précédant le conflit. Lors de l'Exposition universelle de 1900, la France faisait incontestablement partie des « 3 puissances chimiques » de la planète, avec l'Allemagne et l'Angleterre. Mais la montée en puissance des États-Unis dans les 10 années qui suivirent allait changer le rapport de force. La France fut dépassée, et l'Angleterre talonnée. Pour reprendre l'exemple de l'acide sulfurique, les États-Unis en étaient déjà le 2e producteur mondial en 1900, derrière l'Angleterre. En 1913, les États-Unis dominaient sans conteste le marché, loin devant l'Allemagne désormais reléguée au 2e rang. L'avertissement d'un membre du jury international de l'Exposition universelle de 1900, section « industrie chimique », était bien fondé : « Ce serait donc une fâcheuse illusion de croire que les peuples qui ont été les créateurs et les inspirateurs de ce mouvement industriel dont le XIXe siècle a été le témoin puissent conserver, sans de nouveaux efforts, la place qu'ils ont conquise à force d'initiative et de travail »[28].

---

[27] A.N., 65AQ P297, Compte rendu de l'Assemblée générale des actionnaires de la Société chimique des usines du Rhône, 16 mai 1898.

[28] Exposition universelle internationale de 1900…, *op. cit.*, p. 15 (Introduction).

**Tableau 1-2. Production d'acide sulfurique dans les principaux pays
à la veille de la Première Guerre mondiale**

Pays	Production d'acide sulfurique
États-Unis	3 400
Allemagne	1 650
Royaume-Uni	1 600
France	1 200
Italie	600
Empire austro-hongrois	440
Belgique	350
Russie	225
Japon	80
Pays-Bas	50

Unité : millier de tonnes

Note : Les chiffres indiqués dans le tableau ci-dessus sont une moyenne annuelle sur quelques années précédant la Première Guerre mondiale. Pour les 5 premiers pays, à l'exception de l'Allemagne, ils apparaissent légèrement supérieurs à ceux que l'on trouve dans d'autres sources statistiques, probablement parce que la conversion en H_2SO_4 pur n'a pas été effectuée au moment d'établir ces chiffres. Il convient cependant de noter que l'ordre des pays producteurs d'acide sulfurique est rigoureusement le même dans les autres sources. Quant au chiffre avancé pour le Japon, il est clairement en dessous de la réalité, et correspond à la production nipponne du début des années 1900. B.R. Mitchell (ed.), *International Historical Statistics*, Londres, 1981-1983, 3 vols. ; L.F. Haber, *The chemical industry during the nineteenth century*, Oxford, 1958 ; *id.*, *The chemical industry, 1900-1930*, Oxford, 1971. Pour les chiffres français, cf. J.-P. Daviet, *La Compagnie de Saint-Gobain de 1830 à 1939, une entreprise française à rayonnement international*, thèse de doctorat d'État, Université de Paris I, 1981, t. IV, p. 1286-1288. Sur la situation japonaise, cf. *Statistiques économiques à long terme 10 : Industries minières et manufacturières**, Tokyo, Tôyô Keizai Shinpô-sha, 1972.

Source : Ministère du Commerce, *op. cit.*, p. 31.

**Tableau 1-3. Exportations de produits sodés par la France,
le Royaume-Uni et l'Allemagne en 1913**

Produit ⟍ Pays	France	Royaume-Uni	Allemagne
Soude brute, soude pure	82 746	159 740	71 289
Soude caustique	13 437	76 106	13 030
Bicarbonate de sodium	1 809	25 376	1 869
Total	97 992	261 222	86 188

Unité : tonne

Source : tableau réalisé à partir des données publiées dans : Ministère du Commerce, *op. cit.*, p. 60-63.

Tableau 1-4. Répartition par pays destinataires des produits sodés exportés par la France, le Royaume-Uni et l'Allemagne (1913)

Produit \ Pays	France		Royaume-Uni		Allemagne	
Soude brute, Soude pure	Belgique	43 547	Japon	32 066	Suisse	15 000
	Pays-Bas	13 716	Chine	33 980	Belgique	13 000
	Italie	9 903	Amérique du Sud	18 000	Suède	10 700
	Suisse	8 743	Italie	8 500	Italie	8 500
	Colonies françaises	4 385				
	Divers	2 452	Divers	77 194	Divers	24 089
Soude caustique	Belgique	6 793	Colonies britanniques	16 000	Essentiellement en Suisse et en Italie	
	Pays-Bas	2 847	Amérique du Sud	13 000		
	Suisse	2 671	Japon	11 100		
	Italie	680	Italie	9 500		
	Divers	446	Divers	26 506		
Bicarbonate de sodium	Pays-Bas	905	Colonies britanniques	12 800	Données non connues	
	Belgique	642	Japon	4 300		
	Colonies françaises	122				
	Divers	140	Divers	8 700		

Unité : tonne

Source : tableau réalisé à partir des données publiées dans : Ministère du Commerce, *Rapport général sur l'industrie française, sa situation et son avenir*, t. II, Paris, 1919, p. 62-63.

Tableau 1-5. Évolution de la production de soude en France, par procédé de fabrication (1853-1913)

Année	Procédé Leblanc	Procédé Solvay	Procédé par électrolyse	Total
1853	45 000	–	–	45 000
1874	56 000	17 000	–	73 000
1893	27 000	120 000	–	147 000
1913	900	440 200	5 000	446 100

Unité : tonne

Source : tableau réalisé à partir des données publiées dans : Archives nationales, F^{12} 8796, Conseil national économique, Rapport sur les industries chimiques, octobre 1932, p. 44.

Tableau 1-6. Production de superphosphate de chaux en 1915 par pays

Pays	Volume de production
États-Unis	3 420 080
France	1 920 000
Allemagne-Luxembourg	1 818 700
Italie	972 000
Royaume-Uni-Irlande	820 000
Belgique	450 000
Espagne	225 000
Suède	184 259
Portugal	126 000
Danemark	90 000
Australie	36 827

Unité : tonne

Source : Ministère du Commerce, *op. cit.*, p. 101.

Tableau 1-7. Consommation d'électricité d'origine hydraulique (1911-1916), par pays

Pays	Consommation d'électricité d'origine hydraulique	Année de référence
États-Unis	5 000 000	1914
Canada	1 103 000	1911
Italie	956 000	1911
Norvège	920 000	1911
France	900 000	1916
Suède	850 000	1915
Autriche	515 000	1911
Suisse	510 340	1914
Allemagne	445 000	1911
Espagne	307 000	1911
Royaume-Uni	80 000	1911

Unité : cheval-vapeur (CV)

Source : Archives nationales, F[12] 8048, Rapport de M. Louis Marlio au Comité consultatif des arts et manufactures, 1917, p. 1.

**Tableau 1-8. Production de chlorate de sodium
et de chlorate de potasse en 1913, par pays**

Produit Pays	Chlorate de sodium	Chlorate de potasse
France	1 377	5 517
Royaume-Uni	192	3 328
Suède	395	1 270
Suisse	210	197
Allemagne	–	253
Russie	–	1 783
Autriche	–	797
Italie	–	600
Total	2 174	13 745

Unité : tonne

Sources : Archives nationales, F[12] 8048, doc. cit., p. 18 ; Ministère du Commerce, *op. cit.*, p. 66.

Tableau 1-9. Production de carbure de calcium en 1911, par pays

Pays	Production
Norvège	52 000
États-Unis	50 000
France	32 000
Suisse	30 000
Empire austro-hongrois	23 000
Italie	23 000
Espagne	18 000
Canada	16 000
Autres pays	12 000

Unité : tonne

Note : Ces chiffres n'incluent pas le carbure de calcium utilisé dans la fabrication du cyanamide calcique.

Source : Archives nationales, F[12] 8048, doc. cit., p. 34.

IV. La place de la chimie organique française dans le monde

Si on se penche désormais sur le secteur de la chimie organique, le « retard » de la France sur l'Allemagne était encore plus frappant. À l'époque, les colorants dérivés du goudron de houille formaient la plus importante production de ce secteur. En 1913, la consommation française était de 9 000 tonnes, mais elle devait en importer 2 095, dont la grande majorité d'Allemagne, comme le montre le tableau 1-10. La même année, elle réussit cependant à en exporter 415,9 tonnes, ce qui signifie que la production nationale tournait autour de 7 320 tonnes. Le problème était moins la quantité que la réalité de cette production. En 1913, 11 ou 12 usines travaillaient dans ce secteur sur tout le territoire français. Parmi elles, seule la Société anonyme des matières colorantes et produits chimiques de Saint-Denis (S.A. Saint-Denis), fabriquait elle-même des produits intermédiaires. Pour les autres, 4 ou 5 produisaient difficilement de l'acide sulfurique à partir de matières premières et de grands intermédiaires importés d'Allemagne, les 6 autres usines étaient des filiales de fabrication d'entreprises allemandes ou suisse (1 usine)[29]. On estime que la S.A. Saint-Denis ne fournissait que 8 % des besoins du marché intérieur[30], ce qui signifie que, dans la réalité, plus de 90 % du marché était contrôlé par la production allemande (ou suisse), soit sous la forme d'importations directes, soit sous la forme d'une production locale par des filiales allemandes ou des usines françaises qui s'approvisionnaient en Allemagne pour leur matière première – une situation humiliante pour l'industrie française !

Il convient cependant de souligner que cette suprématie allemande ne valait pas seulement pour la France. Le tableau 1-11 liste les pays vers lesquels l'Allemagne exportait ses colorants dérivés du goudron de houille (y compris les grands intermédiaires) en 1913. On constate que le marché français était loin d'être le débouché le plus important pour les exportations allemandes. Les trois premières places revenaient à la Chine, aux États-Unis et au Royaume-Uni. D'après le secrétaire général du Syndicat national des matières colorantes[31], la consommation mondiale de colorants synthétiques s'élevait en 1913 à 150 000 tonnes, et correspondait à un chiffre d'affaires de 400 millions de francs, dont on estimait que 340 millions (soit 85 %) revenaient à l'Allemagne et 25 millions (6,6 %) à la Suisse. Les productions française et britannique ne dépassaient pas l'équivalent de 5 millions de francs chacune, soit moins de 1 % de la consommation mondiale[32]. Aussi l'industrie allemande des matières colorantes avait-elle réussi à dominer sans partage le marché mondial.

---

[29] Ministère du Commerce, *op. cit.*, p. 206.

[30] J. Gérard (ed.), *Dix ans d'efforts scientifiques et industriels*, t. II, Paris, 1926, p. 2782.

[31] J. Gérard (ed.), *op. cit.*, t. I, p. 1312.

[32] Les chiffres que nous citons ici ne sont pas entièrement fiables, mais 85 % n'est pas un pourcentage exagéré pour évaluer la suprématie allemande sur le marché mondial. Des données gouvernementales françaises publiées pendant la guerre suggèrent que si l'on incluait la production des entreprises allemandes implantées à l'étranger, 90 % de la consommation mondiale était alimentée par l'Allemagne. A.N., F[12] 7708, Projet de loi tendant à la ratification du contrat conclu le 11 septembre 1916 entre le ministre de la Guerre et le Syndicat national des matières colorantes.

Ceci dit, la situation de l'industrie chimique française était préoccupante, même comparée à celle du Royaume-Uni. En effet, contrairement à l'Angleterre qui s'était rapidement lancée dans la distillation du charbon, la France dépendait entièrement des importations pour son approvisionnement en matière première (produits dérivés de la distillation de la houille) ou en sous-produits hydrocarbonés, ayant subi une transformation intermédiaire supplémentaire. Le tableau 1-12 présente les principales exportations et importations françaises aussi bien pour les produits issus de la distillation de la houille que pour leurs dérivés : la France achetait les premiers en Allemagne à hauteur de 44,7 % et en Angleterre à hauteur de 33,9 %, tandis qu'elle dépendait presque exclusivement de l'Allemagne pour les grands intermédiaires (92 %). Cette situation pouvait s'expliquer en partie par le fait que la production française de coke métallurgique, servant au chauffage des hauts fourneaux, était insignifiante par rapport à ce qui était produit outre-Rhin et outre-Manche. Mais cela ne suffit pas pour expliquer tout. En 1913, la France avait également pris du retard dans la récupération des produits dérivés de la distillation de la houille, pourtant facile à recueillir dans les fours à coke et les usines à gaz. Dans une récente étude, Michael Porter[33] rappelle qu'il n'est pas rare que des conditions de production *a priori* inférieures engendrent une position dominante, grâce à la nécessité d'innover pour rester compétitif. Pourtant, dans le cas présent, ce n'est pas en France, pauvre en ressources naturelles de charbon, qu'on investit massivement pour disposer de produits hydrocarbonés, mais en Allemagne, où le charbon était abondant. À la veille de la Première Guerre mondiale, l'Allemagne avait en effet généralisé presque à 100 % les fours à coke permettant de récupérer les dérivés hydrocarbonés, tandis qu'en France, sur 4 265 fours à coke installés, seuls 2 340 (55 %) étaient équipés de récupérateurs[34]. Il fallut par ailleurs le décret de 1915 imposant à l'industrie gazière d'extraire le benzène et le toluène pour que celle-ci s'intéresse à ces dérivés, de même qu'à l'élimination du benzol dans le gaz d'éclairage : « une sage mesure qui faisait l'objet de débats depuis vingt ans ! »[35]. Ainsi l'industrie française des colorants était, à la veille de la Grande Guerre, particulièrement fragilisée du fait qu'elle n'avait pas entrepris de s'assurer par elle-même un approvisionnement fiable en matières premières.

Quant au secteur de la chimie organique de synthèse (produits pharmaceutiques, parfums de synthèse, produits photographiques), on ne dispose que de données fragmentaires, en bien moins grande quantité

---

[33] M.E. Porter, *L'avantage concurrentiel des nations*, Paris, 1993.

[34] Ministère du Commerce, *op. cit.*, p. 192-193.

[35] R. Fisch, *Les Industries chimiques de la région lyonnaise*, Mâcon, 1923, p. 25-28.

que pour les matières colorantes. D'après le rapport Clémentel, la France ne fabriquait que 10 % de sa demande, les 90 % restants provenant de l'étranger, pour l'essentiel d'Allemagne[36]. Notons que l'industrie pharmaceutique en particulier, qui prenait à cette époque de plus en plus de poids, était pourtant déjà représentée par deux entreprises françaises qui commençaient à faire parler d'elles, la SCUR et la Société anonyme les Établissements Poulenc Frères, mais le gouvernement tardait à reconnaître leur existence juridique[37].

Tableau 1-10. Importations et exportations françaises des colorants dérivés de goudron de houille en 1913, par pays

Produit	Importations		Exportations	
	Pays	Volume	Pays	Volume
Acide picrique			Suisse	3,8
			Allemagne	0,7
	Allemagne	0,3	Colonies et protectorats français	0,2
			Autres pays	1,2
	Sous-total	0,3	Sous-total	5,9
Alizarine synthétique	Allemagne	345,9		
	Royaume-Uni	3,9		
	Sous-total	349,8		
Autres produits	Allemagne	1 480,2	Belgique	22,2
	Suisse	186,1	Espagne	18,4
	Royaume-Uni	39,5	Royaume-Uni	18,3
	Belgique	20,9	Allemagne	15,9
	Pays-Bas	14	Japon	10,2
	Espagne	0,6	Suisse	8,9
	Algérie	0,5	Italie	7,8
			États-Unis	7,2
			Indes britanniques	1,5
			Colonies et protectorats français	294
			Autres pays	10,1
	Sous-total	1 745,1	Sous-total	410
	Total	2 095,2	Total	415,9

Unité : tonne
Source : Ministère du Commerce, *op. cit.*, p. 202.

---

[36] Ministère du Commerce, *op. cit.*, p. 210. Comme nous le verrons aux chapitres VII et VIII, il apparaît clairement que le rapport Clémentel avait largement sous-estimé l'essor de l'industrie pharmaceutique de synthèse à la veille de la Première Guerre mondiale.

[37] Ce problème sera repris en détail dans les chapitres VII et VIII du présent ouvrage. Dans l'immédiat, cf. R. Fabre & G. Dilleman, *Histoire de la Pharmacie*, Paris, 1963.

Tableau 1-11. Exportations allemandes de matières colorantes dérivées du goudron de houille en 1913, par destination

Pays	Volume
Chine	29 821 (23)
États-Unis	24 004 (19,2)
Royaume-Uni	16 066 (13)
Empire austro-hongrois	8 787 (7,2)
Colonies britanniques	8 510 (7)
Italie	6 392 (5,1)
Russie	4 813 (3,8)
Japon	4 674 (3,7)
Suisse	3 733 (3,1)
France	2 920 (2,4)
Pays-Bas	2 547 (2,1)
Indonésie néerlandaise	1 783 (1,4)
Suède	1 076 (0,9)
Espagne	909 (0,7)
Autres pays	9 420 (7,4)
Total	125 455 (100,0)

Unités : tonne, (%)

Note : Les chiffres de ce tableau incluent les exportations de certains produits intermédiaires comme l'aniline. Pour des informations plus complètes sur les exportations allemandes de matières colorantes, cf. Y. Kaku, *Introduction à l'histoire de l'industrie chimique allemande**, Kyoto, Éditions Minerva, 1986, p. 160-170 ; A. Kudô, « Politique d'I. G. Farben envers le Japon : matières colorantes* », *Shakai Kagaku Kiyô [Bulletin des sciences sociales]*, Université de Tokyo, n° 36, 1987, p. 95-101.

Source : Ministère du Commerce, *op. cit.*, p. 204.

Tableau 1-12. Importations et exportations françaises de matières premières à base de goudron de houille et de grands intermédiaires dérivés du goudron de houille, en 1913

	Importations		Exportations	
	Pays	Volume	Pays	Volume
Matières premières à base de goudron de houille (benzol, benzène, toluène, xylène, mazout, naphtalène, anthracène, phénol, crésol, etc.)	Allemagne	38 400,8	Belgique	5 149
	Royaume-Uni	29 559,8	Allemagne	1 031,8
	Belgique	16 451	Suisse	217,2
	États-Unis	750,2	Pays-Bas	177,3
	Espagne	490,1	Autres pays	435,4
	Suisse	348,4	Colonies françaises	885,1
	Pays-Bas	212,2		
	Autres pays	12,3		
	Total	86 227,8	Total	7 895,8

Grands intermédiaires dérivés du goudron de houille (nitrobenzène, nitrotoluène, aniline, xylidine	Allemagne	3 533,8	Suisse	107,1
Acide sulfanilique, éthylaniline, naphtylamine	Suisse	107,6	Allemagne	52,6
Acide phtalique	Belgique	90	Espagne	49,5
	Royaume-Uni	68,2	États-Unis	27
	Autriche-Hongrie	9	Japon	12,2
	Autres pays	11,7	Italie	10,4
			Autres pays	28,6
			Colonies françaises	13,7
	Total	3 820,3	Total	301,1

Source : Ministère du Commerce, *op. cit.*, p. 199.

V. Synthèse

Ce chapitre vient donc de dresser un tableau de la place de l'industrie chimique française dans le monde à la veille de la Première Guerre mondiale. Il en ressort que, dans le secteur de la chimie organique, le retard de la France par rapport à l'Allemagne était flagrant, ce qui explique en grande partie le déséquilibre commercial entre les deux pays, que les figures 1-2 et 1-3 au début de ce chapitre ont mis en évidence. Dans le secteur de la chimie minérale, où la France semblait avoir réussi à maintenir un niveau de développement honorable, l'Allemagne restait pourtant difficile à détrôner, et cet état de fait n'était pas sans rapport avec l'essor fulgurant de sa chimie organique. Par exemple, en généralisant l'utilisation du procédé de contact pour fabriquer de l'acide sulfurique, l'Allemagne nourrissait la demande en acide sulfurique en phase gazeuse, et par là même favorisait l'envol de la chimie organique. En d'autres termes, les innovations dans le secteur de la chimie minérale entraînaient le développement de la chimie organique. Il convient cependant de rappeler, pour relativiser les choses, que la production française d'acide sulfurique en phase gazeuse s'élevait, en 1913, à 6 000 tonnes et suffisait largement à répondre aux besoins nationaux[38].

Soulevons, pour terminer, une importante question. Pourquoi la France, berceau de l'industrie chimique moderne, s'est-elle retrouvée en position d'être considérée comme « en retard » par rapport à

---

[38] A.N., F[12] 8796, Conseil national économique, Rapport sur les industries chimiques, octobre 1932, p. 36.

l'Allemagne ? Quels ont été les facteurs qui ont joué en sa défaveur ? Nous nous efforcerons, dans le chapitre suivant, de répondre à cette interrogation en essayant de comprendre l'analyse que l'industrie chimique française faisait elle-même, à l'époque, de la santé florissante de sa concurrente outre-Rhin. Pour ce faire, nous nous appuierons essentiellement sur le rapport d'une enquête effectuée par le Syndicat général des produits chimiques[39] pendant la Première Guerre mondiale.

---

[39] Syndicat général des produits chimiques, *L'Industrie chimique et les droits de douane. Résultats de l'enquête ouverte sur les modifications à apporter au régime douanier français*, Paris, 1918. L'objectif de cette enquête sur l'industrie chimique était, comme l'indique le sous-titre, de définir le niveau de droits de douane pour chaque produit, afin de favoriser l'industrie chimique française au lendemain de la guerre.

CHAPITRE II

Facteurs expliquant la supériorité de l'industrie chimique allemande

I. Introduction

Ainsi que nous l'avons dit au début du chapitre I, la France cherchait à comprendre les raisons de la supériorité allemande, notamment les facteurs pouvant expliquer l'écart qui se creusait entre les capacités de production des deux pays. Ce débat fut particulièrement vif pendant la Première Guerre mondiale, alors que la France devait affronter militairement son voisin. Les arguments principaux s'inspiraient pour la plupart d'un ouvrage[1] et de conférences[2] faits par Henri Hauser, spécialiste des études comparatives franco-allemandes. Le rapport de l'enquête effectuée par le Syndicat général des produits chimiques sur lequel nous nous appuierons pour le présent chapitre s'inscrit dans ce contexte, et déploie une argumentation qui applique presque point par point les thèses de Hauser. En effet, l'industrie chimique servait souvent de référence quand il s'agissait de comparer l'Allemagne et la France, et Hauser ne fit pas exception, mais il faut bien reconnaître que cette approche paraît toute naturelle quand on connaît l'importance stratégique d'une telle industrie dans une économie de guerre, surtout si, comme c'était le cas, la suprématie écrasante allemande était avérée dans ledit domaine.

Ce chapitre se penchera donc sur la façon dont l'industrie chimique française analysait la supériorité allemande, en se fondant sur le rapport de l'enquête effectuée par le Syndicat général des produits chimiques (ci-après abrégé en « Étude sur l'industrie chimique »), publié en 1918. Mais ce n'est pas avec le déclenchement de la guerre que les Français, en tout cas une partie de l'intelligentsia française, se rendirent tout à coup compte de la bonne santé de l'industrie chimique allemande. Celle-ci était évidente au moins depuis la fin du XIXe siècle, et il ne fait aucun

---

[1] H. Hauser, *op. cit.* Pour un contenu plus détaillé de cet ouvrage et sur son importance historique, cf. I. Hirota, *Aux origines…, op. cit.*, chapitre II, section II.

[2] Compte rendu d'un discours de H. Hauser dans le *Bulletin de la Société d'encouragement pour l'industrie nationale*, mai-juin 1915.

doute que les Français en avaient pris progressivement la mesure. C'est pourquoi il nous paraît utile, avant d'entrer dans le vif du sujet, de nous pencher sur cette évolution des consciences dans le monde des chimistes français, en regardant de près notamment les rapports des membres des jurys des quatre expositions universelles qui se tinrent à Paris entre 1867 et 1900. Ce sera l'objet de la section suivante.

II. L'industrie chimique allemande telle que la France la perçoit avant la Première Guerre mondiale

Au moment où s'ouvrit l'Exposition universelle de 1867, la France et l'Angleterre régnaient sans partage sur l'industrie chimique mondiale. Cette suprématie ne concernait pas seulement le secteur traditionnel de la chimie minérale (la production d'acide sulfurique et de soude) : les deux pays dominaient également la recherche et les avancées dans la chimie organique, secteur prometteur qui venait de voir le jour et se développait à un rythme soutenu. On peut dire que l'industrie chimique française était à son apogée, une situation que le jury de la section « Chimie » ne manqua pas de souligner. Les progrès fulgurants accomplis par l'industrie allemande ne passèrent pas inaperçus pour autant, et le jury tenta d'expliquer ce prodigieux essor par plusieurs facteurs. Nous reviendrons dans le chapitre suivant sur le sujet de la formation des chimistes, qui faisait déjà l'objet d'un vif débat à cette époque. De façon plus générale, on avançait comme raisons aux progrès de l'Allemagne la faiblesse des salaires et la quasi-inexistence d'un système d'enregistrement des brevets outre-Rhin[3], en s'appuyant sur la thèse largement répandue que l'Allemagne bénéficiait ici des avantages d'un pays encore peu développé économiquement parlant. L'analyse était simple : l'industrie allemande n'avait pas encore dépassé le stade de la copie des techniques industrielles britanniques ou françaises.

Mais on assista à un renversement de situation au moment de l'Exposition universelle de 1878. L'Allemagne se distingua tout particulièrement dans le secteur des colorants dérivés du goudron de houille, où elle était désormais le premier producteur mondial[4], et le développement de son industrie chimique minérale attira également l'attention. En

---

[3] *Exposition universelle internationale de 1867 à Paris, Rapports du jury international : Classe 44*, Paris, 1867 (Rapport 1867), Section VI et VII.

[4] La production allemande de colorants dérivés du goudron de houille au moment de l'Exposition universelle de 1878 était estimée entre 50 et 60 000 de tonnes, alors que le Royaume-Uni, la Suisse et la Belgique n'en produisaient pas plus de 11 000, 4 000 et 4 à 5 000 tonnes respectivement (estimations). *Exposition universelle internationale de 1878 à Paris, Rapports du jury international : Produits chimiques et pharmaceutiques (Rapport 1878)*, Paris, 1878, p. 115.

outre, C. Lauth, président du jury de la section « Chimie », souligna que la France était en train de prendre du retard sur l'Allemagne dans le secteur de la chimie organique, et avança de nombreuses propositions en vue de rattraper ce retard. Nous reviendrons plus en détail sur le contenu des propositions faites par Lauth dans le chapitre suivant. Contentons-nous ici de dire que son rapport était le premier discours officiel à reconnaître la supériorité de l'industrie allemande dans des secteurs-clés de la chimie, notamment la chimie organique de synthèse.

Ainsi, dès la fin des années 1870, des chimistes français de renom comme Lauth commencèrent à mettre en exergue la force de l'industrie chimique allemande, mais cette perception se généralisa de façon plus aiguë dans les années 1880 à 1900, ainsi que le montrent nombre de rapports et d'études publiés pendant cette période[5]. Le rapport du professeur Albin Haller[6], président du jury international pour la section « Chimie » à l'Exposition universelle de 1900, a notamment valeur de document de référence sur le sujet, dans la mesure où il s'y livrait à une analyse approfondie du niveau de l'industrie chimique dans les principaux pays du monde. Il n'hésitait pas à critiquer sévèrement l'état peu satisfaisant de l'industrie chimique française, tout en énumérant en détail et sous différents angles les facteurs qui avaient permis à l'Allemagne de se hisser au premier rang mondial de la production chimique. Ce rapport n'eut pas simplement le mérite d'attirer l'attention des élites françaises de 1900 sur la situation de son industrie chimique, il devait également influencer fortement le débat qui s'instaura pendant la Première Guerre mondiale sur les moyens de reconstruire cette industrie, alors que le conflit lui avait redonné un second souffle. Pour avoir amorcé le débat, ce document garde une incontestable valeur historique.

Voici donc, grosso modo, l'évolution de la perception qu'avaient les chimistes de renom avant la Première Guerre mondiale, mais qu'en était-il des industriels, ceux qui prenaient les décisions stratégiques dans les entreprises chimiques ? Au moins pour le secteur de la chimie organique de synthèse, personne ne remettait en cause la suprématie allemande. À partir de la fin du XIXe siècle, le modèle allemand était celui qui servait de référence pour les patrons français. Prenons l'exemple de

---

[5]   Cf. *Exposition universelle internationale de 1889 à Paris, Rapports du jury international : Classe 45, Produits chimiques et pharmaceutiques (Rapport 1889)*, Paris, 1889 ; *Exposition universelle internationale de 1900 à Paris, Rapports du jury international : Groupe XIV, Industrie chimique (Rapport 1900)*, t. I, Paris, 1900 ; E. Fleurent, *Les Grandes Industries chimiques à l'Exposition universelle de 1900*, Extrait des *Annales du Conservatoire des arts et métiers*, 3e série, t. III.

[6]   *Rapport 1900*, Introduction.

la Société chimique des usines du Rhône (SCUR)[7] qui se retrouva exposée de plein fouet à la compétition acharnée qui s'engageait avec l'Allemagne. Fondée en 1895, la SCUR s'était fait un nom dans la chimie minérale, avec une production de colorants synthétiques, de produits pharmaceutiques, d'édulcorants comme la saccharine, ou de parfums synthétiques, mais elle fut obligée de se tourner vers la concurrence allemande pour s'approvisionner en grands intermédiaires qui servaient de matière première à sa production. Afin de réduire cette dépendance, la direction soumit à son conseil d'administration en 1897 un projet d'agrandissement de ses installations industrielles (nécessitant une augmentation de capital de l'ordre de 3 millions de francs) pour fabriquer les produits intermédiaires nécessaires. Malheureusement, le capital venant juste d'être augmenté l'année précédente, et les résultats de la firme étant encore décevants, le projet fut rejeté : deux administrateurs sur les cinq que comptait le Conseil mirent leur veto. Prosper Monnet[8], défenseur du plan de développement de l'entreprise, essaya de convaincre les opposants en avançant les arguments suivants :

> Vous savez bien que le remarquable essor des sociétés allemandes Bayer et Hoechst qui travaillent, comme nous, dans le secteur de la chimie trouve son origine dans la production en interne des matières premières[9]. Permettez-moi de vous rappeler un fait historique. Il y a une vingtaine d'années, un directeur de Hoechst s'est donné la mort : il était en désaccord avec le conseil d'administration, considérant que Hoechst devait offrir des dividendes bien plus importants que 5 à 6 %. La firme allemande était alors dans une période transitoire, comme la SCUR aujourd'hui. Or, quelques années après cette affaire, Hoechst a été en mesure d'offrir un rendement plus important, qui s'est maintenu pendant plusieurs années autour de 15 %. Et voilà que depuis deux ou trois ans, elle offre à ses actionnaires des dividendes de l'ordre de 28 % ![10].

Que les propos ci-dessus reposent ou non sur une vérité historique, l'important n'est pas là. À chaque fois que la SCUR devait débattre d'investissements importants à long terme, soit au sein de son conseil d'administration, soit au sein de son assemblée générale des actionnaires, l'exemple de l'Allemagne ressortait inéluctablement tel un leitmotiv. Ce serait cependant une erreur de croire que l'exemple de la

---

[7] Pour plus de détails sur la Société chimique des usines du Rhône, voir le chapitre VII du présent ouvrage.

[8] Prosper Monnet fut le premier chimiste à s'intéresser à la fabrication industrielle de l'aniline en France, et un des protagonistes de l'affaire de la fuchsine, comme nous le verrons dans le chapitre IV.

[9] « Matières premières » se réfère ici aux grands intermédiaires.

[10] Archives Rhône-Poulenc, P.-V. du Conseil d'administration de la Société chimique des usines du Rhône, séance du 17 novembre 1897.

Société chimique des usines du Rhône valait pour toutes les autres entreprises chimiques françaises. Même les Établissements Poulenc Frères, dont l'activité principale était la pharmacie et qui avaient donc, à ce titre, une production commune avec la SCUR, ne cherchèrent pas, quant à eux, aussi systématiquement à suivre le modèle allemand[11]. Cette attitude pouvait s'expliquer en partie par le fait que leurs produits n'entraient que peu en concurrence directe avec les fabrications allemandes. On peut donc facilement imaginer que les entreprises qui n'étaient nullement concernées par la concurrence allemande ne s'inquiétèrent guère de sa suprématie. On continuait à agir comme par le passé, se laissant bercer par la douce musique des bonnes vieilles habitudes[12].

Ainsi, à la veille de la Première Guerre mondiale, l'intérêt pour l'industrie chimique allemande restait circonscrit à quelques spécialistes et dirigeants d'entreprises du secteur chimique, ce qui laisse à penser que la France n'était sans doute pas clairement consciente de la place réelle de son industrie chimique dans le monde. En ce sens, « l'Étude sur l'industrie chimique », qui fera l'objet de la section suivante, fut un événement d'importance dans la mesure où ce fut le premier document élaboré par l'industrie elle-même permettant de saisir la réalité de la chimie française. Nous verrons aussi que cette étude critiqua ouvertement l'organisation de l'industrie nationale, par le biais d'une comparaison avec l'Allemagne, et préconisa de s'attaquer à une restructuration générale d'envergure. Jusque-là, il n'existait en France aucune approche globale de l'industrie chimique, ce qui empêcha même l'État de prendre des mesures efficaces et appropriées, ne serait-ce que dans le domaine des régimes douaniers[13]. Cette enquête sur l'industrie chimique, dont l'objectif premier était de faire des propositions pour modifier les taux des tarifs douaniers, eut un rôle important en ce qu'elle rallia toute l'industrie autour de préoccupations communes. Dans la réalité, ce rapport eut non seulement des retombées importantes sur l'opinion publique[14], mais influença également de façon non négligeable la poli-

---

[11] Archives Rhône-Poulenc, P.-V. du Conseil d'administration des Établissements Poulenc Frères, 1900-1914 ; A.N., 65AQ P269, Comptes rendus de l'Assemblée générale, 1900-1914.

[12] Archives de la Banque Paribas, 474, n° 10, Communication de M. Victor Cambon, P.-V. de la séance du 30 juillet 1915 de la Société des ingénieurs civils de France.

[13] Sur la politique douanière, voir le chapitre V du présent ouvrage.

[14] La presse économique de l'époque passa en revue de façon assez détaillée le contenu de l'Étude sur l'industrie chimique, et ce rapport fut régulièrement cité à chaque fois qu'il était question de débattre de la restructuration de l'industrie chimique française.

tique industrielle du gouvernement français au lendemain de la guerre[15].
Nous diviserons l'analyse de « l'Étude sur l'industrie chimique » en
5 points qui nous paraissent avoir été les principaux facteurs expliquant
la supériorité de l'industrie chimique allemande de l'époque. Les deux
premiers éléments nous apparaissant comme particulièrement importants dans la comparaison entre les deux pays, nous nous permettrons,
pour ces deux points, d'étoffer nos commentaires de références à
d'autres sources historiques de l'époque.

III. Les facteurs de la réussite chimique allemande

A. Organisation et utilisation des connaissances scientifiques

Sachio Kaku[16] a clairement montré que les principales entreprises
chimiques allemandes avaient mis en place des structures internes de
recherche, bien avant leurs concurrentes étrangères, permettant ainsi à
de nombreux chercheurs de mettre au point rapidement de nouveaux
produits ou de constamment améliorer les procédés existants. On ne
trouvera personne pour nier le fait que ces investissements systéma-
tiques et à grande échelle en faveur de la recherche et du développement
aient été un élément décisif permettant à l'industrie chimique allemande
de surpasser toutes ses rivales. Mais le rôle des chimistes allemands ne
se limita pas à celui de chercheurs : très tôt, ils furent impliqués dans la
chaîne de production et les réseaux commerciaux. Ainsi, c'étaient
souvent des chimistes qui donnaient leurs directives directement aux
chefs d'atelier ou qui étaient choisis pour diriger les comptoirs allemands sur les marchés étrangers. Avec ce système spécifique qui faisait
du chimiste également un commercial, l'industrie allemande mit en
avant des hommes qui non seulement connaissaient parfaitement la
composition des produits qu'elle vendait, mais étaient aussi capables de
conseiller de façon très précise leurs clients sur leurs modes d'emploi :
une stratégie commerciale gagnante ! En France, ce type de structure
était plus l'exception que la règle. De plus, rares étaient les entreprises
qui avaient développé en interne une division de R&D, qui aurait permis
de cultiver la recherche scientifique fondamentale[17].

---

[15] A.N., F[12] 7711, Projet de loi tendant à modifier le Tableau A annexé à la loi de
janvier 1892 (Produits chimiques) ; A.N., F[12] 7711, Rapport de la Commission des
mesures douanières de l'Office des produits chimiques et pharmaceutiques.

[16] S. Kaku, *op. cit.*, chapitre IV.

[17] Syndicat général des produits chimiques, *L'Industrie chimique et les droits de
douane. Résultats de l'enquête ouverte par le Syndicat général des produits chimiques sur les modifications à apporter au régime douanier français*, Paris, 1918,
p. 11-12 et 22.

Ainsi, la capacité à organiser la recherche scientifique faisait-elle cruellement défaut à la France, phénomène que le professeur Haller avait déjà déploré dans son rapport du jury de l'Exposition universelle de 1900. D'après lui[18], les patrons d'entreprises chimiques en France ne prenaient pas suffisamment la mesure du rôle essentiel des découvertes scientifiques dans leurs activités, et se contentaient de les gérer comme autrefois, sans tenir compte des changements dans l'environnement économique. Une telle politique ne laissait guère de place à l'amélioration des procédés de fabrication ou à la mise au point de nouveaux produits. Et même en admettant que la direction fût consciente du rôle essentiel que jouait le chimiste dans son entreprise, la tâche de ce dernier était souvent rendue difficile par la rivalité traditionnelle avec les chefs d'atelier[19]. Mais ce fut sur le front commercial que les élites se rendirent le plus clairement compte de la différence flagrante d'organisation entre la France et l'Allemagne. Les chimistes allemands, en se faisant les représentants de commerce des produits qu'ils avaient eux-mêmes mis au point, gagnaient la confiance de leur clientèle, tandis que les vendeurs français, connaissant mal la composition des produits qu'ils vendaient, étaient souvent incapables de donner des conseils utiles à leurs clients.

Précurseurs, en quelque sorte, des ingénieurs commerciaux, les chimistes allemands et leurs méthodes de vente retinrent l'attention des Français au moment où les débats sur la restructuration de l'industrie chimique battaient leur plein, c'est-à-dire pendant la Première Guerre mondiale, en s'inspirant des travaux d'études comparatives entre la France et l'Allemagne de Henri Hauser[20]. Par exemple, dans sa séance du 30 juillet 1915, la Société des ingénieurs civils de France mentionna la différence entre les industries chimiques allemande et française, et souligna tout particulièrement le rôle essentiel joué par les commerciaux allemands et leur haut niveau de connaissances scientifiques pour s'assurer une clientèle fidèle, y compris sur le marché français[21]. Dans un autre rapport, rédigé à la demande de la banque Paribas par Émile Fleurent, un des chimistes les plus réputés de l'époque, professeur au

---

[18] *Rapport 1900*, Introduction, p. 72-73.

[19] Le professeur Haller est le fondateur de l'Institut de chimie (créé en 1890) de l'Université de Nancy, le centre français de formation et de recherche en chimie appliquée le mieux structuré de l'époque. Fort de cette expérience qui l'avait conduit à former de nombreux chimistes français, il était sans doute la personne la mieux placée pour connaître la situation réelle des chimistes en France.

[20] H. Hauser, discours cité, p. 1-7.

[21] Archives Banque Paribas, 474, n° 10, P.-V. de la séance du 30 juillet 1915 de la Société des ingénieurs civils de France.

Conservatoire national des arts et métiers de Paris[22], l'auteur insista sur l'efficacité de la stratégie commerciale des entreprises allemandes qui n'hésitaient pas à utiliser leurs chimistes au service de leur réseau de vente. Fleurent expliqua en effet que l'atout des entreprises chimiques allemandes était non seulement de disposer de vendeurs maîtrisant parfaitement la composition et le mode d'emploi des produits vendus, mais encore de pouvoir offrir un service supplémentaire, allant de l'amélioration des procédés de fabrication à la réparation du matériel. Cette force leur permit d'asseoir aisément leurs ventes sur le marché français. Face à ce dynamisme commercial, les entreprises françaises n'étaient pas en mesure de rivaliser tant sur leur propre territoire que sur les marchés extérieurs.

Ainsi, la redoutable capacité des entreprises chimiques allemandes à tirer le meilleur parti de leurs connaissances scientifiques fut un atout décisif que les intellectuels français commencèrent doucement à percevoir comme une menace. Il convient ici de noter qu'à l'arrière-plan de cet écart scientifique entre les deux pays se profilaient des différences profondes entre deux systèmes d'enseignement technique de la chimie, indispensable base pour assurer le renouvellement des générations de scientifiques de haut niveau. Nous y reviendrons dans le chapitre suivant.

B. Capacités d'association (cartels, union patronale)

Quand l'Allemagne fut confrontée à un risque de surproduction, les industriels n'hésitèrent pas à se constituer rapidement en groupements d'intérêts communs (cartels), et à signer des accords pour limiter la production et maintenir les prix en fonction de la demande. Ce système permit soit d'écouler tous les produits à travers un unique réseau de vente, soit de vendre librement ses produits à condition de respecter le prix minimum fixé par la convention. Dans les deux cas, si un industriel transgressait les règles de l'accord, il devait, soit s'acquitter d'une forte amende, soit accepter de voir ses quotas de vente largement revus à la baisse. Ce système de cartellisation à l'allemande avait une caractéristique notoire, celle de réussir à faire pression sur la politique douanière et à pratiquer le « dumping » si nécessaire, en se présentant comme un consortium uni. Prenons l'exemple de l'acide formique. Ce produit de fabrication allemande était utilisé en grande quantité dans la fabrication de teintures par l'industrie lainière du Nord de la France (Lille, Roubaix). Le prix de vente était officiellement de 120 francs pour 100 kg. Une fois que le fournisseur allemand s'était assuré la clientèle d'une

---

[22] Archives Banque Paribas, 598, n° 22, Note du professeur E. Fleurent sur le projet de création en France d'une industrie de matières colorantes, 2 février 1916.

entreprise française, il baissait son prix à 100 francs, puis à 90 francs. Mais au moment où un produit équivalent de fabrication française apparaissait sur le marché, le cartel baissait de nouveau subitement son prix de vente à 60 francs. Ce faisant, les entreprises allemandes éliminaient la concurrence étrangère ou l'invitaient à limiter sa production en acceptant de rejoindre le cartel et ses conditions. « L'Étude sur l'industrie chimique » fait état de nombreux cas de ce genre – notamment pour le permanganate de potassium, l'acide tartrique, les colorants et les produits pharmaceutiques[23].

En France, par contre, on assista à un mouvement contraire, où l'individualisme excessif empêcha toute tentative d'organisation de l'industrie. La formation d'un puissant consortium industriel à l'image de son voisin outre-Rhin y était inimaginable. On a souvent expliqué cette situation par l'existence de l'article 419 du Code pénal de 1810[24]. Mais le rapport du Syndicat général des produits chimiques réfuta cette thèse.

> On a souvent dit que c'était la crainte de l'article 419 du Code pénal, relatif à l'accaparement, qui avait entravé en France le développement des comptoirs de vente. Nous croyons plutôt que l'absence de groupement dans notre pays est imputable à la crainte de tant d'industriels de perdre ne fût-ce qu'une faible partie de leur liberté ou de leur autonomie. Et ce qui le prouverait, c'est qu'il existe ou a existé des comptoirs et ententes de prix… [celui des fers et larges plats, des soudières, de l'acide sulfurique, des superphosphates, pour ne parler que des principaux.][25]

---

23 Syndicat général des produits chimiques, *op. cit.*, p. 14-16.

24 L'article 419 du Code Pénal est cité non seulement dans différentes publications, mais également dans de nombreux autres documents – rapports internes de divers organismes ou pétitions des Chambres régionales de commerce… Sur ce sujet, cf. T. Hara, *op. cit.*, chapitre I.

25 Un « comptoir » est l'équivalent allemand du « Syndikat » allemand, c'est-à-dire un groupement d'entreprises disposant d'un réseau de vente en commun. Ce système est donc une forme de monopole plus poussée qu'un simple cartel (ou « entente » en français). Cf. T. Hara, *op. cit.*, chapitre II.

Syndicat général des produits chimiques, *op. cit.*, p. 25. Il ne faut cependant pas tomber dans l'autre extrême et négliger l'influence de l'article 419 du Code pénal, comme l'a souligné Terushi Hara. On ne peut en effet nier que ce texte de loi, qui avait alors près d'un siècle d'existence, avait eu le temps de forger l'esprit des entrepreneurs et d'influencer leur comportement. Ceci dit, il est vrai que plus d'un patron prit prétexte de cet article de loi pour ne pas se lancer dans l'aventure de l'association.

La capacité des entreprises allemandes à se fédérer – ce que le professeur Haller appelle « l'esprit d'association »[26] – se retrouva également dans la formation de puissantes organisations patronales.

Dans le secteur de la chimie, l'Association pour la protection des intérêts de l'industrie chimique allemande[27] fut créée en 1877, avec un triple rôle : se protéger contre les attaques extérieures, comme l'explique éloquemment l'intitulé de l'organisme, arbitrer les éventuels intérêts conflictuels au sein de l'industrie, et enfin recueillir et diffuser toutes sortes d'informations utiles à l'industrie chimique dans son ensemble[28]. D'autre part, l'Union centrale des industriels allemands[29] fut créée en 1876 comme organisation couvrant toutes les industries et devint rapidement un groupe de pression puissant capable d'influencer la politique du gouvernement central[30].

En France, la première confédération patronale – la CGPF – date de l'après-guerre (1919), et elle n'aurait sans doute pas vu le jour si tôt sans la forte initiative d'Étienne Clémentel, à l'époque ministre du Commerce[31]. La situation était à peu près la même pour l'industrie chimique. Il existait bien avant la Première Guerre mondiale des groupements d'entreprises travaillant dans la même branche de l'industrie chimique, ou un syndicat général de ces groupements, mais on peut difficilement dire qu'ils aient eu une véritable influence sur la politique économique du pays, par exemple en matière douanière. Il faudra attendre l'après-guerre pour voir apparaître le premier organisme réellement capable de jouer ce rôle, à savoir la création de l'Union des industries chimiques[32] en 1921.

C. Système financier

Quand il s'agissait de partir à la conquête de nouveaux marchés étrangers, les industriels allemands se servaient d'une arme commerciale

---

[26] *Rapport 1900*, Introduction, p. 25-29.

[27] Verein zur Wahrung der Interessen der chemischen Industrie Deutschlands. Sur le rôle de cette association, fondée en 1877, dans l'établissement du projet de loi impériale sur les brevets, adopté la même année, cf. T. Kimoto, *Études sur l'histoire de la gestion des entreprises allemandes modernes**, Tokyo, Senbundô, 1984, Suppléments 1 et 2.

[28] *Rapport 1900*, Introduction, p. 26-27.

[29] Zentralverband Deutscher Industrieller. Cf. S. Kaku, *op. cit.*, p. 32.

[30] Syndicat général des produits chimiques, *op. cit.*, p. 21-22.

[31] R.F. Kuisel, *Le capitalisme et l'État en France. Modernisation et dirigisme en France*, Paris, 1984, p. 62-63.

[32] A.N., F[12] 8796, Conseil national économique, Rapport sur les industries chimiques, octobre 1932, p. 28-29.

efficace : l'octroi de crédits à long terme à leurs clients. Ce fut notamment le cas en faveur des pays d'Amérique du Sud, pour lesquels les crédits pouvaient atteindre deux ans. Cette formule n'était possible que dans la mesure où les banques allemandes ne refusaient pas d'escompter ces traites à long terme. Elles-mêmes les réescomptaient à travers leur réseau de succursales implantées à l'étranger, qui leur servaient également de sources d'information sur la solvabilité du client. Les entreprises françaises, quant à elles, ne pouvaient pas offrir des facilités de paiement à plus de 90 jours, et se retrouvaient donc dans une position défavorable pour lutter contre la concurrence allemande sur les marchés internationaux[33].

D. L'intervention de l'État dans l'économie

La tutelle protectrice qu'exerçait l'État allemand sur son industrie prenait des formes multiples. Tout d'abord, l'État gérait certains secteurs comme un chef d'entreprise, en sa qualité par exemple de propriétaire de chemins de fer ou de mines, et exerçait sur ces industries une influence directe ou indirecte loin d'être négligeable. Par exemple, le gouvernement accordait des réductions pour le transport ferroviaire des produits des entreprises allemandes exportatrices, tandis qu'il facturait plus cher les entreprises étrangères opérant en Allemagne, favorisant ainsi les exportations nationales et limitant les importations concurrentes. D'autre part, en tant que propriétaire de mines de potasse, l'État allemand prit l'initiative de former un cartel dans ce secteur.

Par ailleurs, la compétitivité des entreprises allemandes fut renforcée par de nombreuses autres mesures publiques : un régime douanier protectionniste, l'octroi de subventions à l'exportation ou encore des investissements massifs pour le développement des infrastructures, notamment dans le domaine des transports.

Un autre aspect qui mérite d'être mentionné est l'aide que l'État allemand fournit aux entreprises désireuses d'internationaliser leurs activités, à travers une utilisation astucieuse de ses consulats à l'étranger[34]. Nous avons souligné précédemment combien les chimistes allemands avaient joué un rôle actif dans le développement des activités commerciales internationales de leurs entreprises, et il convient ici de souligner que les consulats – plus précisément les attachés commerciaux en poste dans les chancelleries – apportèrent localement un soutien important aux commerciaux du secteur privé. En échange, les consulats

---

[33] Syndicat général des produits chimiques, *op. cit.*, p. 16.

[34] Sur l'importance des rapports consulaires, analysés du point de vue de l'histoire économique, cf. S. Tsunoyama, *Culture du pessimisme, culture de l'optimisme**, Tokyo, Dôbunkan, 1987.

recevaient une bienveillante protection de leur gouvernement, notamment en matière diplomatique et militaire. « Bien payés, secondés par des employés nombreux et soigneusement choisis, les agents consulaires allemands défendent les intérêts de leurs nationaux avec un zèle, pour ne pas dire une âpreté, qui n'apparaît guère chez ceux des autres puissances. »[35]

E. *Ressources naturelles*

L'abondance de ressources naturelles dans son sous-sol est présentée par l'Étude comme ayant également contribué à l'essor industriel de l'Allemagne. Le charbon et la potasse étaient des matières premières importantes pour l'industrie chimique. La houille était en effet la base de la fabrication de colorants et de produits pharmaceutiques de synthèse. Pouvoir bénéficier d'une quantité importante de houille à des prix abordables – la France payait en effet 8 francs plus cher que l'Allemagne la tonne de houille – ne peut qu'avoir été un atout pour ces deux secteurs de l'industrie chimique. D'autre part, à la veille de la Première Guerre mondiale, l'Allemagne était en situation de quasi-monopole pour l'exploitation des gisements de potasse[36], à tel point que toutes les industries agricoles du monde dépendaient d'importations en provenance d'Allemagne pour leurs engrais à base de potassium[37].

IV. Synthèse

Voici donc les facteurs que « l'Étude sur l'industrie chimique » soulignait comme ayant favorisé le développement industriel de l'Allemagne et contribué à établir sa suprématie. L'un d'entre eux paraît pourtant clairement hors de propos. Il s'agit de l'abondance de ressources naturelles dans le sous-sol allemand. En effet, cette affirmation ne tient pas compte d'une autre réalité, à savoir que la grande majorité des matières premières utilisées dans l'industrie chimique organique allemande au moment de son essor fulgurant était importée[38]. D'autre part, il serait plus juste de dire que les facteurs 3 et 4 contribuèrent à

---

[35] Syndicat général des produits chimiques, *op. cit.*, p. 16-22.

[36] En dehors de l'Allemagne, seuls les États-Unis et l'Espagne possédaient des gisements de potasse, mais à la veille de la Première Guerre mondiale, les gisements espagnols venaient tout juste de commencer à être exploités. *Ibid.*, p. 23.

[37] *Ibid.*, p. 23-24.

[38] Sachio Kaku a mis en évidence que l'Allemagne s'était assuré par elle-même les matières premières nécessaires à son industrie chimique organique à partir des années 1880. Cf. S. Kaku, *op. cit.*, p. 78-83. Or c'est dans les années 1860 qu'elle édifia les bases de ce secteur, et, à l'époque, elle importait d'Angleterre et de France la benzine et l'aniline qui lui servaient de matières premières.

renforcer la position dominante que l'industrie allemande s'était elle-même forgée dans l'arène internationale, plutôt que de les considérer comme ayant directement soutenu le développement industriel de l'Allemagne. Enfin, il convient également de nuancer, au cas par cas, les accusations de tarifs douaniers préférentiels ou de « dumping ». Par exemple, on attribua en France l'échec retentissant de la S.A. Saint-Denis à produire industriellement de l'alizarine de synthèse à l'agressive politique de prix cassés des entreprises allemandes, mais si on avait fait au préalable une analyse plus juste du marché intérieur allemand, ainsi que nous le montrerons dans le chapitre VI, on ne serait probablement pas arrivé à la même conclusion.

Par contre, les deux premiers facteurs étaient déjà considérés par les chimistes et les industriels de l'époque comme les principaux responsables du dynamisme allemand, et c'est certainement là qu'il faut trouver les explications à la suprématie de l'industrie allemande. Les mesures douanières doivent moins être analysées comme un des modes d'intervention de l'État que comme une résultante de « l'esprit d'association » des industriels, qui permit de dégager une politique uniforme en trouvant les compromis nécessaires entre des intérêts parfois divergents.

À l'inverse, on ne peut que constater le contraste flagrant avec une France où l'industrie était incapable d'organiser ses connaissances scientifiques et de se fédérer. Alors, d'où provient tout d'abord cette absence d'organisation du monde scientifique ? Le rapport du Syndicat général des produits chimiques ne mentionnait que le problème du manque de chimistes sur le marché, en se plaçant du point de vue de la demande. Il aurait pourtant été utile de s'attarder sur le « retard » de la France dans la formation technique et scientifique de ses chimistes, c'est-à-dire en se plaçant du point de vue de l'offre. Deuxièmement, dans quelle mesure le manque d'esprit d'association entrava-t-il le développement de l'industrie chimique française ? Il est clair que l'absence d'union l'empêcha de faire valoir ses intérêts auprès de l'État pour que ce dernier applique une politique tarifaire et douanière en sa faveur. Il faut également mentionner la fameuse loi sur les brevets de 1844, dont on continua à s'accommoder alors qu'elle était notoirement inique. Il est d'ailleurs surprenant que « l'Étude sur l'industrie chimique » n'évoque nulle part ce problème, mais cela ne signifie pas pour autant que le Syndicat général des produits chimiques n'était pas conscient des graves conséquences que cette législation pouvait entraîner. De fait, la réforme de la loi sur les brevets était un sujet qui revint souvent dans les discussions sur la reconstruction de l'industrie chimique qui eurent lieu tout au long de la Première Guerre mondiale. On suppose que les rapporteurs de « l'Étude sur l'industrie chimique », dont l'objectif premier était de faire des propositions de modification du régime douanier, préférèrent s'en tenir à ce sujet déjà complexe et éviter celui des brevets. Mais, quoi qu'il en soit, ce texte de loi, datant de 1844, qui avait fait l'objet de maintes critiques tout au long de la deuxième moitié du XIXe siècle, était encore en vigueur pendant la Première Guerre mondiale, et en partie responsable de la réticence des industriels français à s'unir.

Nous venons ainsi de soulever trois problèmes – la formation technique et scientifique des chimistes, la législation française sur les brevets et le régime douanier – qui découlent des facteurs 1 et 2 mis en avant dans « l'Étude sur l'industrie chimique ». Or, comme nous allons le démontrer dans les pages qui suivent, ces trois éléments jouèrent un rôle non négligeable dans le déclin, voire la disparition de l'industrie chimique organique française, qui s'amorça dès les années 1870, et contribuèrent donc clairement à engendrer le « retard » de l'industrie française face à son homologue outre-Rhin. Nous nous proposons donc de nous pencher plus en détail sur chacun de ces trois éléments dans les chapitres III à V.

CHAPITRE III

L'enseignement de la chimie en France avant la Première Guerre mondiale

I. Introduction

Ainsi que nous venons de le voir dans le chapitre précédent, le système d'enseignement de la chimie en Allemagne attira l'attention d'un certain nombre d'intellectuels français dès l'Exposition universelle de 1867, qui le considéraient comme un facteur essentiel ayant contribué à la réussite du développement industriel chimique de ce pays. Le rapport du jury de 1867 souligna en effet qu'en Allemagne :

> Grâce à la multiplication des universités, des institutions polytechniques, des écoles industrielles, professionnelles (*Realschulen* et *Gewerbeschulen*), les fabriques de produits chimiques peuvent recruter chaque année leur personnel dirigeant parmi une foule de jeunes chimistes qui joignent à des notions théoriques étendues l'habitude des manipulations chimiques et des connaissances pratiques sérieuses. Il est bien rare de retrouver au même degré cette réunion précieuse dans les élèves sortant du petit nombre d'établissements plus ou moins analogues que possèdent la France et l'Angleterre. Nous ne doutons pas qu'il faille attribuer, dans une large mesure, les succès remportés par les fabricants de produits chimiques de la Confédération du Nord à l'excellence de l'éducation chimique[1].

Ainsi, dès 1867, alors que le niveau de l'industrie chimique allemande était encore loin derrière celui de la France ou du Royaume-Uni, il est intéressant de noter que le système éducatif allemand recevait les éloges du jury de l'Exposition universelle, et qu'on le considérait comme un élément important permettant d'aboutir à une rapide industrialisation du secteur chimique de l'Allemagne.

Dans le présent chapitre, nous examinerons d'abord, en nous appuyant sur le rapport du jury de l'Exposition universelle de 1878, les difficultés que rencontra l'enseignement de la chimie en France au milieu du XIXe siècle, notamment par rapport au système allemand, et quelles furent les tentatives de réformes engagées avant le tournant du

---

[1] *Rapport 1867*, p. 298-299.

siècle. Il convient cependant de signaler que l'enseignement général des sciences et techniques en France n'était pas dans son ensemble systématiquement en retard par rapport au modèle d'outre-Rhin. Hideyuki Takahashi[2] a très bien expliqué que l'enseignement des sciences et techniques prussien s'inspirait non pas du modèle britannique, où l'industrie était la plus développée d'Europe à l'époque, mais du modèle élitiste français des grandes écoles, dont la plus prestigieuse était alors l'École polytechnique. Or l'enseignement de la chimie ne faisait pas exception à la règle. Depuis la fin du XVIIIe siècle et la grande époque de Lavoisier, cet établissement était considéré en France comme le plus grand centre d'enseignement et de recherche en chimie moderne, et avait formé les plus grands chimistes du monde. Même le chimiste allemand de renom Liebig, qui fut un des premiers dans son pays à tenter de construire les bases d'un système d'enseignement « à l'allemande » de la chimie en créant des laboratoires de chimie pour les étudiants à l'Université de Giessen, avait été formé en France, notamment dans le laboratoire de Gay-Lussac où il avait fait ses premières armes. Pourtant, un demi-siècle plus tard, la situation était totalement renversée, nous allons le voir dans ce qui suit.

II. La réforme de l'enseignement de la chimie en France avant la Première Guerre mondiale (1) : création de l'École de physique et de chimie industrielle de Paris

Nous avons déjà souligné la valeur historique du rapport rédigé par Lauth, en tant que président du jury de la section « Chimie » de l'Exposition universelle de 1878, sur l'état de l'industrie chimique dans le monde. Or c'est dans le domaine de l'enseignement de la chimie industrielle qu'il ressentait le plus intensément la nécessité urgente de réformes en France, comme on peut le constater à la lecture de son rapport. Il soulignait notamment que dans le système éducatif français, il n'y avait pas de place, en tout cas à Paris, pour des études appliquées de chimie en laboratoire sous la direction de professeurs de chimie, et déplorait que le rôle des professeurs d'université se bornât à donner aux étudiants un certain nombre de conférences *ex cathedra* et à leur apprendre à passer les examens nécessaires pour décrocher un doctorat. En d'autres termes, le cursus universitaire de l'époque n'incluait aucun enseignement pratique, directement applicable dans l'industrie. Or cet état de fait n'était pas simplement l'apanage des universités : des éta-

---

[2]   H. Takahashi, *Histoire de la politique industrielle de l'Allemagne moderne : les mesures en faveur de l'amélioration de la formation industrielle en Prusse au XIXe siècle et P.C.W. Beuth**, Tokyo, Yûhikaku, 1986, p. 109-111.

blissements d'enseignement supérieur spécialisés dans les sciences comme l'École centrale des arts et manufactures, le Conservatoire national des arts et métiers ou l'École des arts et métiers se désintéressaient complètement de l'enseignement de la chimie appliquée[3]. En revanche, la formation scientifique pratique dans le secteur de la chimie était déjà fermement ancrée dans la tradition éducative allemande au milieu du XIXe siècle, mais son origine remonte à 1825, date à laquelle fut créé le premier laboratoire à la disposition des étudiants à l'Université de Giessen[4]. L'écart flagrant du niveau industriel de la chimie organique de synthèse entre les deux pays au profit de l'Allemagne dans les années 1870 est généralement attribué à cette différence profonde dans les deux systèmes éducatifs.

Dans le rapport du jury de 1878, on peut lire dans son intégralité la lettre de Lauth adressée au ministre du Commerce et de l'Agriculture de l'époque, dans laquelle il fit des propositions intéressantes pour la réforme de l'enseignement de la chimie en France. Il demanda la création à Paris d'une école nationale de chimie qui aurait pour objectif clairement affiché la formation pratique des chimistes sur le modèle allemand. Le cursus sur trois ans devait comprendre à la fois un enseignement théorique classique sous forme de conférences et de cours *ex cathedra* et des travaux dirigés en laboratoire, au terme duquel un diplôme d'« ingénieur-chimiste »[5] serait décerné aux étudiants qui auraient réussi leurs examens[6]. Cette proposition de Lauth visait donc à établir un établissement de formation des chimistes qui inclurait à la fois des connaissances pratiques de type académique et des compétences pratiques – une formule généralisée en Allemagne dès les années 1860.

Le rapport du jury de l'Exposition universelle de 1889 prouve que les efforts de Lauth finirent par porter leurs fruits. Le conseil municipal

---

[3] *Rapport 1878*, p. 24-26.

[4] S. Kaku, *op. cit.*, p. 197-98 ; L.F. Haber, *The Chemical Industry during the Nineteenth Century, op. cit.*, chapitre V. D'après Sachio Kaku, le tout premier exemple de laboratoire pour étudiants remonterait en Allemagne à 1809 à l'Université de Göttingen. Cependant le laboratoire expérimental mis en place par Liebig à l'Université de Giessen est incontestablement la première structure qui servit de modèle et de référence à la création du système d'enseignement de la chimie « à l'allemande » qui se généralisa par la suite.

[5] À l'époque, le titre de « chimiste » était loin d'avoir le même prestige que celui d'« ingénieur ». La proposition de Lauth essaie de trouver une solution qui prend en compte le contexte social de la France d'alors. Cependant, il n'était pas si facile de changer les mentalités, qui, si l'on en croit Matagrin, n'avaient que peu évolué en la matière, même après la Première Guerre mondiale. Cf. A. Matagrin, *L'Industrie des produits chimiques et ses travailleurs*, Paris, 1925, chapitre X.

[6] *Rapport 1878*, p. 26.

de Paris avait en effet manifesté son intérêt pour le projet, ce qui aboutit à la création en août 1882 de l'École de physique et de chimie industrielle de Paris. Notons cependant que la proposition d'une école nationale de chimie ne retint pas l'attention du gouvernement. Georges Claude, physicien et chimiste de renom qui fut formé dans cet établissement, rapporta plus tard dans son autobiographie *Ma vie et mes inventions*[7] que le jour où Lauth comprit que le gouvernement ne répondrait pas favorablement à sa requête, il décida de proposer au Conseil de Paris, dont il était un élu, de reprendre l'idée à son compte et de créer une école de physique et de chimie qui serait gérée par la Ville de Paris. C'est ainsi que le projet fut finalement accepté[8]. On comprend donc que, sans l'initiative appuyée de Lauth, cette école n'aurait jamais vu le jour.

L'École de physique et de chimie industrielle de Paris commença à sélectionner une trentaine de jeunes gens de 15 à 19 ans, pour leur offrir une formation de chimiste pendant trois ans. La première année et demie, ils recevaient un tronc commun d'enseignement général de physique et de chimie, et ce n'est qu'après qu'ils choisissaient leur spécialité – physique ou chimie – pour la deuxième moitié de leurs études, axées essentiellement sur un enseignement pratique expérimental. Ils passaient alors la grande majorité de leur temps dans des laboratoires, où ils suivaient les instructions d'un professeur ou d'un de ses assistants[9]. La partie théorique de l'enseignement était aussi une nouveauté en France, car c'était la première fois que l'on proposait une formation globale à la fois en physique et en chimie. Les récents progrès de la science avaient en effet mis en évidence la nécessité de former des scientifiques versés dans ces deux matières[10]. Georges Claude, à qui l'on doit de nombreuses découvertes dans le domaine de la physico-chimie, comme le procédé de fabrication de l'air liquide ou la solidification de l'azote, fut un exemple typique de ces jeunes chercheurs qui bénéficièrent de cette nouvelle formation appliquée polyvalente. Diplômé en 1889, il devait retrouver en 1899 Paul Delorme, son ancien condisciple à l'École de physique et de chimie industrielle de Paris, chez Thomson-Houston. Avec son aide et son soutien financier, il créa la société L'Air Liquide, entreprise qui connut par la suite un développement mondial sans précédent. Or cette société n'aurait sans doute jamais vu le jour si Georges Claude, jeune homme sans fortune, n'avait pas pu bénéficier d'une bourse de 50 francs par mois que lui accorda la Ville de Paris pour poursuivre ses études à l'École de physique et de chimie indus-

---

[7] G. Claude, *Ma vie et mes inventions*, Paris, 1950.

[8] *Ibid.*, p. 15.

[9] *Rapport 1889*, p. 30.

[10] G. Claude, *op. cit.*, p. 14-15

trielle de Paris[11]. Quoi qu'il en soit, ce résultat montre que les anciens élèves de l'école contribuaient activement au développement de l'industrie chimique française, répondant ainsi aux espoirs de Lauth. Il convient de saluer ici le choix des enseignants, tous de très haut niveau. Pour ne donner qu'un exemple, Pierre Curie, futur prix Nobel de physique, fut chargé des travaux pratiques au moment de la création de l'école, puis nommé professeur titulaire à partir de 1895. C'est dans le modeste laboratoire que l'école mettait à sa disposition qu'il poursuivit inlassablement avec son épouse, Marie Curie, ses recherches et c'est là qu'ils découvrirent et isolèrent le radium – la suite est une histoire désormais célèbre.

III. La réforme de l'enseignement de la chimie en France (2) : généralisation à l'ensemble du pays

La réforme de l'enseignement de la chimie lancée à Paris grâce à l'inflexible détermination de Lauth se poursuivit dans la plupart des grandes villes industrielles françaises, à des degrés variés. Ainsi, une école de sciences appliquées fut créée à Nantes en 1883 par la municipalité, où l'on proposait des cours de chimie générale et de chimie analytique. À Bordeaux, une école supérieure de commerce et d'industrie vit le jour en 1874, à l'initiative conjointe de l'Association pour la promotion des sciences et de la chambre de commerce. On organisa également à Bordeaux des séances publiques d'initiation à la physique et à la chimie industrielle. L'École industrielle du Nord et l'École des sciences appliquées furent respectivement fondées à Lille en 1872 et à Lens en 1875, grâce au concours de l'Association des industries et de la chambre de commerce locale. Des cours de chimie industrielle étaient inclus dans le programme de ces deux établissements. En 1885, ce fut au tour du

---

[11] Georges Claude expliqua à Paul Delorme qu'il poursuivait des recherches en vue d'une fabrication industrielle de l'air liquide et lui demanda s'il pouvait se charger de constituer un syndicat pour soutenir le projet. Acceptant la requête, Delorme fonda l'organisme le 2 mai 1899. Malheureusement, Claude eut du mal à surmonter un certain nombre d'obstacles d'ordre technique pour mettre au point le procédé de fabrication industrielle. Il lui fallut 5 ans avant de réussir. Si Delorme n'avait pas pu lui assurer de façon continue les fonds nécessaires pour couvrir les dépenses de recherche pendant toute cette période, les travaux de Claude n'auraient pu aboutir. L'École de physique et de chimie industrielle de Paris contribua ainsi, de façon indirecte, à la naissance de la société L'Air Liquide, devenue aujourd'hui une entreprise qui déploie ses activités dans le monde entier, considérée comme un des fleurons de l'industrie chimique française. Archives L'Air Liquide, Discours de M. Georges Claude à l'occasion du vingt-cinquième anniversaire de l'entreprise, le 13 octobre 1927, *Centenaire de la naissance de Georges Claude*, 1970 ; A. Rosset, « Les petits débuts d'une grande société : L'Air Liquide », *Histoire, informations et documents*, mai 1970, p. 122-126.

département de Meurthe-et-Moselle de créer une école de chimie[12]. C'est ainsi que dans les années 1870 et 1880, des instituts de formation technique virent le jour dans les principales villes de France pour répondre à la demande des industriels, souvent d'ailleurs sous l'impulsion de groupements d'industriels ou des chambres de commerce. Mais c'est sans surprise Lyon, berceau français de l'industrie chimique de synthèse, qui accueillit des établissements techniques entièrement consacrés à l'enseignement de la chimie, capables de rivaliser avec l'École de physique et de chimie industrielle de Paris.

Dans les années 1880, Lyon offrait un enseignement de la chimie en trois étapes. Tout d'abord, l'École technique de La Martinière, fondée en 1826, inculquait à des jeunes de 12-13 ans des connaissances scientifiques de base nécessaires pour pouvoir travailler dans l'industrie. Elle forma de nombreux chimistes actifs à Lyon dans les années 1850-1860 : parmi les plus célèbres, citons François-Emmanuel Verguin qui découvrit en 1859 le procédé de fabrication industrielle de la fuchsine, ou Philippe Guinon qui fut le premier au monde à pouvoir utiliser l'acide picrique dans les colorants. La réputation de cet établissement d'enseignement scientifique visionnaire ciblant de jeunes adolescents dépassait largement les frontières de l'Hexagone – jusqu'au Japon où Katsutarô Inabata, un des futurs pionniers de l'industrie nationale des colorants, fit très tôt connaître le nom de cet établissement français pour y avoir été élève dans les années 1880[13]. L'étape suivante de la formation chimique était assurée par l'École centrale industrielle de Lyon, fondée en 1857[14]. On y enseignait la physique et la chimie aussi bien de façon théorique que pratique, matières auxquelles s'ajoutaient des cours de mathématiques et des rudiments de mécanique. Alors que La Martinière visait à former des cadres intermédiaires pour l'industrie, niveau chef d'atelier, l'École centrale industrielle de Lyon préparait les futurs industriels et cadres dirigeants d'entreprises[15]. Ces deux établissements avaient été

---

[12] *Rapport 1889*, p. 26-28.

[13] Katsutarô Inabata, après avoir terminé le cursus de l'École technique de La Martinière, étudia les techniques des colorants sous la direction du professeur Raulin à l'Université de Lyon. On peut en déduire qu'il suivit la meilleure filière de formation chimique qui existait dans la France de l'époque. Cf. K. Takanashi, *Biographie de Katsutarô Inabata**, Osaka, Inabata Denki Hensan-kai [Comité de publication de la biographie d'Inabata], 1938, p. 164-179. Pour plus de détails sur la vie estudiantine de Inabata à Lyon, cf. Y. Tamura, *Récits de Kyotoïtes en France**, Tokyo, Shinchôsha, 1984.

[14] Cf. P. Cayez, *Crises et croissance de l'industrie lyonnaise, 1850-1900*, Lyon, 1980, p. 176-180.

[15] « Il s'agit, précisait le conseil d'administration de l'école, pour la bourgeoisie lyonnaise de puiser parmi les classes populaires les éléments les mieux doués pour en

fondés à la suite d'initiatives privées – par exemple, ce fut une donation du militaire Martin qui permit d'édifier l'École de La Martinière. Enfin, l'Université de Lyon accueillit en 1883 dans sa faculté des sciences l'École de chimie industrielle, grâce à l'entremise du professeur Raulin. L'enseignement dispensé était réservé à une élite : seuls 14 étudiants étaient admis chaque année, et ils commençaient par recevoir une formation en chimie minérale. Les 9 meilleurs élèves étaient ensuite autorisés à passer en deuxième année, avec, au programme pour la partie théorique, des cours de chimie organique. De 8h30 à 11h45, puis de 14h à 18h, quand il n'y avait pas de cours théoriques, les étudiants passaient leur temps à faire de la recherche en laboratoire. Un tel accent mis sur les travaux pratiques était une caractéristique de l'école que l'on ne retrouvait dans aucun autre établissement d'enseignement supérieur de l'époque[16]. On peut dire que la conception de Lauth trouvait à Lyon sa forme la plus accomplie.

Si l'on en croit le rapport du jury de l'Exposition universelle de 1900, l'Université de Nancy avait également entrepris une réforme importante de l'enseignement de la chimie dans les années 1890. En effet, le premier laboratoire de chimie de relative importance y fut créé en 1890, pouvant accueillir en même temps 120 étudiants auxquels on dispensait un enseignement à la fois théorique et pratique. La direction du laboratoire fut confiée au célèbre professeur Haller, rapporteur du jury pour la section « Chimie » à l'Exposition universelle de 1900. Grâce à une souscription publique de 500 000 francs, l'Université de Nancy fut en mesure de construire un laboratoire de physicochimie et d'électrochimie, auquel fut annexé un centre expérimental des colorants et teintures. À la fin des années 1890, la réforme de l'enseignement de la chimie se poursuivit rapidement, notamment à Paris et à Lyon. Tout d'abord, l'Université de Paris accueillit en 1896 un laboratoire de chimie appliquée, dont la direction fut confiée au professeur Friedel. En 1898, l'Université de Lyon, de son côté, finança sur ses propres deniers (1,5 million de francs) un laboratoire indépendant de chimie[17].

Ainsi, entre 1880 et 1900, la réforme de l'enseignement de la chimie suivit son cours, dans le sens qu'avait proposé Lauth en 1878, comblant progressivement l'écart qui s'était formé entre l'enseignement tradition-nel de la chimie et les besoins d'une industrie en plein essor. Les écoles ou instituts délivrant des diplômes d'ingénieurs-chimistes dans les

---

faire des agents d'exécution » – cité par P. Cayez, *Métiers Jacquard et hauts four-neaux aux origines de l'industrie lyonnaise*, Lyon, 1978, p. 249.

[16] *Rapport 1889*, p. 28-29.

[17] *Rapport 1890*, Introduction, p. 86-87 ; A.N., F[12] 8796, Conseil National Économique, Rapport de M. Fleurent sur les industries chimiques, 15 octobre 1932, p. 8.

années 1920 étaient au nombre de 20, si l'on inclut l'École de chimie de Mulhouse, située en Alsace rendue à la France après la Grande Guerre. On atteint ainsi un niveau qui, quantitativement, paraissait désormais satisfaisant[18]. Cependant, comparé à l'Allemagne, l'enseignement de la chimie en France comportait encore de nombreuses lacunes. Tout d'abord, à l'exception des établissements spécialisés mentionnés plus haut, les universités, pour la plupart, n'avaient pas entrepris de réformes en profondeur de leurs programmes, continuant à attacher trop d'importance aux sciences pures et à faire l'impasse sur l'électrochimie et la physicochimie, deux domaines où le développement industriel connaissait pourtant un essor remarqué. Il en allait de même pour les grandes écoles, considérées comme la voie royale en matière d'études supérieures, à tel point que la plus réputée d'entre elles, l'École normale supérieure, n'enseignait que les sciences mathématiques et les théories sur lesquelles celles-ci étaient fondées. Les sciences expérimentales, quant à elles, ne bénéficiaient pas de structures bien établies dans le système éducatif français. Pour comprendre cet état de fait, il convient de rappeler que les jeunes diplômés de l'École normale supérieure se voyaient offrir des postes de professeurs d'université, de hauts fonctionnaires et de grands commis de l'État : pas étonnant dans ces conditions que l'on négligeât les sciences expérimentales[19] ! Notons, d'autre part, que tous les pays industrialisés, à l'exception de l'Allemagne, entreprenaient de vastes réformes de leur enseignement technique à cette époque. La Suisse fut la première à suivre l'exemple de l'Allemagne, en mettant sur pied une structure d'enseignement de la chimie mettant l'accent sur les travaux pratiques, suivie par l'Angleterre et les États-Unis qui s'efforcèrent à la fin du XIXe siècle de renforcer leurs établissements d'enseignement de la chimie. Même la Russie, nouvellement industrialisée, ouvrait l'un après l'autre des laboratoires et des centres expérimentaux offrant une formation chimique, grâce à des initiatives conjointes du gouvernement, des autorités locales et du secteur privé[20].

---

[18] *Ibid.*, p. 11. Dans les années 1920, le problème se situait plutôt au niveau de la qualité des diplômes décernés, beaucoup ne correspondant qu'à des compétences médiocres. Le contenu des programmes d'enseignement et les critères d'attribution du diplôme d'ingénieur-chimiste faisaient d'ailleurs l'objet d'un vif débat. *Ibid.*, p. 11-22.

[19] *Rapport 1900*, Introduction, p. 80-82.

[20] *Ibid.*, p. 55-66. Sur les différents systèmes d'enseignement de la chimie au début du XXe siècle, cf. L.F. Haber, *The Chemical Industry, 1900-1930*, *op. cit.*, chapitre III. Il convient cependant de corriger l'assertion suivante concernant la France : « les améliorations furent le fruit des efforts du gouvernement français, alors que les pressions des intellectuels n'aboutirent guère » (*ibid.*). Dans le domaine de l'enseignement de la chimie, ce fut au contraire l'absence totale de politique gouvernementale qui était à l'origine des problèmes. Ainsi que nous venons de le voir, des savants comme Lauth

En d'autres termes, à la veille de la Première Guerre mondiale, l'enseignement technique et pratique de la chimie, répondant parfaitement aux besoins de l'industrie, n'était plus l'apanage de l'Allemagne, et ne pouvait donc pas être considéré comme l'unique élément expliquant la supériorité compétitive de l'Allemagne.

IV. Synthèse

Nous venons donc d'étudier l'évolution de l'enseignement de la chimie en France dans la deuxième moitié du XIXe siècle, à travers les rapports des jurys des quatre expositions universelles qui se tinrent à Paris pendant cette période. Plusieurs points méritent d'être relevés. Tout d'abord, la formation qui était proposée en France dans les années 1860 et 1870 était loin de pouvoir répondre aux besoins en chimistes d'une industrie dynamique. L'Allemagne, au contraire, disposait déjà à cette époque d'un système de formation bien rôdé, qui mettait l'accent sur les travaux pratiques, avec notamment le laboratoire estudiantin de l'université de Giessen, créé dès 1825. Cette avance permit à l'Allemagne de développer de façon spectaculaire son industrie chimique organique de synthèse. L.F. Haber[21] rappelle par exemple qu'en Allemagne, la fabrication expérimentale de colorants à base de goudron de houille touchait déjà à sa fin dans les années 1860, et que l'on démarrait des productions industrielles plus poussées comme l'alizarine de synthèse (procédé découvert en 1868)[22]. Quand Verguin ou Guinon, formés à l'École technique de La Martinière à Lyon, débutèrent leurs recherches sur les colorants synthétiques, le stade expérimental était déjà dépassé dans l'industrie. À partir des années 1870, les chimistes allemands récoltaient donc les premiers les fruits d'une formation qui avait su très tôt allier connaissances théoriques avancées en matière de chimie pure et capacité d'adaptation pratique au milieu industriel. Ce n'était pas que la France manquait de chimistes de talent, c'est que son système éducatif n'avait pas réussi à former les nouvelles générations de techniciens.

---

ont, dès la deuxième moitié du XIXe siècle, appelé les réformes de leurs vœux, et c'est à leur initiative, ou à celle de groupements d'industriels, de chambres de commerce ou de collectivités locales qu'elles ont pu être réalisées.

[21] L.F. Haber, *op. cit.*

[22] Des travaux menés conjointement par plusieurs organismes du secteur privé ou des cercles académiques, soulignèrent l'importance de maîtriser le procédé de synthèse de l'alizarine. Pourtant la France n'y prêta qu'une attention distraite. Certes des études étaient en cours, mais la France étant un pays producteur de garance naturelle, l'industrie tardait à produire son équivalent synthétique, l'alizarine. *Rapport 1900*, Introduction, p. 76 ; A.N., F^{12} 8796, Conseil National Économique, Rapport sur les industries chimiques, octobre 1932, p. 31-32.

Deuxièmement, il convient de souligner l'importance du mouvement de réformes entreprises à partir des années 1880 dans les différentes villes industrielles de l'Hexagone pour mettre son enseignement de la chimie en conformité avec les besoins de l'industrie. François Caron estime en effet que cette vague de réformes de l'éducation scientifique en France dans la deuxième moitié du XIXe siècle eut des retombées positives non négligeables. « Il n'est pas douteux que l'industrialisation intensive de la France dans les années 1906-1930, et même dans les années 1950 et 1960, n'aurait pas été concevable sans ces innovations pédagogiques »[23]. De même, Charles R. Day, qui a étudié l'histoire de l'enseignement des sciences et techniques en France, organisé principalement autour de l'École des arts et métiers, souligne également le rôle essentiel joué par ces écoles de sciences appliquées[24]. Celles-ci formèrent nombre de jeunes techniciens talentueux qui se retrouvèrent en première ligne sur les sites de production et qui contribuèrent largement, par là même, au développement industriel de la France tout au long du XXe siècle, y compris pendant la Première Guerre mondiale. Ce constat s'applique également pour l'enseignement de la chimie. Ainsi, les initiatives et les réformes engagées avec la création par exemple de l'École de physique et de chimie industrielle de Paris, ou des établissements à Lyon ou à Nancy que nous venons de voir, ne peuvent pas avoir été sans conséquences sur le développement de l'industrie chimique française au XXe siècle. Cela dit, le système n'était pas sans défaut, situation qui perdura longtemps et que déplorèrent aussi bien le professeur Haller à l'Exposition universelle de 1900 que le chimiste Grandmougin[25] avant la Première Guerre mondiale ou encore le professeur Fleurent[26] pendant l'entre-deux-guerres. Certaines des lacunes soulignées par tous ces chimistes sont encore à l'ordre du jour dans la France contemporaine et continuent à faire l'objet de débats sur l'enseignement de la chimie[27].

---

[23] F. Caron, *Histoire économique de la France : XIXe-XXe siècles*, Paris, 1981, p. 47.

[24] Ch.R. Day, *Les Écoles d'arts et métiers : l'Enseignement technique en France, XIXe-XXe siècles*, Paris, 1992, p. 349-360. Sur l'enseignement technique en France au XIXe siècle, cf. également T. Nakajima, « Progrès technique et formation professionnelle dans l'industrie mécanique parisienne au XIXe siècle* », *Shakai Keizai Shigaku*, vol. 52, n° 2, 1987, p. 62-79.

[25] E. Grandmougin, *L'Enseignement de la chimie industrielle en France*, Paris, 1917.

[26] A.N., F¹² 8796, Conseil National Économique, Rapport de M. Fleurent..., doc. cit., p. 12-22.

[27] On pense notamment aux problèmes suivants : centralisation excessive du système éducatif, accent mis de façon trop forte sur les mathématiques dans les grandes écoles (particulièrement à l'École polytechnique), peu de place laissée à l'enseignement pratique. Notons, pour la petite histoire, que l'obstacle des mathématiques, matière dont l'importance dans le cursus de Polytechnique était déjà décriée en 1826 (cf. Balzac, *Le Curé du Village*), n'a cessé d'être critiqué par la suite, que ce soit en 1900 au

Peut-être faut-il donc moins les qualifier de lacunes ou d'obstacles que de spécificités purement françaises. Quoi qu'il en soit, les différentes améliorations apportées à l'enseignement de la chimie en France à la fin du XIXe siècle, s'inspirant, quoique tardivement, des points forts du système allemand, permirent de réduire dans une large mesure le fossé qui se creusait entre l'enseignement supérieur et le monde industriel.

Troisième point : l'État ne participa pratiquement pas à cette réforme de l'enseignement. Comme nous l'avons vu, on doit la création de l'École de physique et de chimie industrielle de Paris à une initiative individuelle, celle de Lauth, et ce cas n'est pas isolé. Les établissements virent fréquemment le jour grâce à des subventions des collectivités locales et des chambres de commerce, et souvent également grâce à des donations provenant d'industriels privés. L'exemple de l'Université de Nancy n'est pas en la matière une exception. Il est intéressant de souligner cette réalité, quand on s'efforce, comme ici, de décrire et d'analyser le rôle joué par l'État dans l'industrialisation de la France.

Voici ce que dit le professeur Albin Haller sur les étapes de cette industrialisation au XIXe siècle : « La première moitié de cette période remarquable a été particulièrement féconde en créations de tout genre, grâce à l'alliance étroite et à la collaboration constante des hommes de science et des industriels ». Il n'est pas le seul à souligner cette réalité. John G. Smith[28], qui a étudié en détail la rapide industrialisation de la France à cette époque, note également le lien très fort qui unissait les entreprises industrielles chimiques et les savants. « Cette alliance intermittente de la science et de l'industrie dure, nous le répétons, jusque vers 1860... À partir de cette époque, il se forme une scission qui est allée en s'accentuant d'année en année »[29]. Les réformes de la formation entreprises à partir des années 1880, qui ont fait l'objet de l'analyse proposée dans le présent chapitre, constituaient la première tentative pour combler quelque peu ce fossé. Cependant, les jeunes chimistes formés dans les nouvelles écoles n'ont pas toujours été en mesure de mettre en valeur leurs compétences dans l'industrie avant le déclenchement de la Grande Guerre, à tel point que cette incapacité de la France à innover était de plus en plus critiquée à la veille du conflit. C'est dans ce contexte qu'éclata la Première Guerre mondiale, sans que la France ait réussi à réconcilier complètement savants et industriels.

---

moment de l'Exposition universelle ou encore pendant la Première Guerre mondiale. Il semble cependant que rien n'ait véritablement changé à ce sujet, aujourd'hui encore.

[28] J.G. Smith, *The Origins and Early Development of the Heavy Chemical Industry in France*, Oxford, 1979, p. 307-312.

[29] *Rapport 1900*, Introduction, p. 76.

CHAPITRE IV

La loi de 1844 sur les brevets
et l'industrie française de la chimie organique

I. Introduction

Le présent chapitre s'attachera à analyser les tenants et aboutissants de la loi de 1844 sur les brevets qui eut un effet dévastateur sur le développement de la chimie organique française[1] dans la deuxième moitié du XIXe siècle, à travers un exemple symbolique, celui de l'affaire de la fuchsine. Ce gigantesque procès a été décrit dans ses grandes lignes par plusieurs études, notamment l'ouvrage de J. Bouvier[2] qui retrace les faits sous l'éclairage de l'histoire du Crédit Lyonnais, la principale banque qui avait financé la création de la société La Fuchsine, ou encore les travaux de M. Laferrère ou de P. Cayez[3] qui ont étudié le problème sous l'angle de l'histoire économique de Lyon. Diverses études mentionnant cet épisode ont également été publiées au Japon, essentiellement à travers une comparaison entre les législations française et allemande en matière de brevets d'invention[4]. Mais à notre connaissance, il n'existe aucune étude qui ait inscrit ce problème de façon systématique dans une analyse historique de l'industrie chimique de la France. C'est pourquoi nous nous proposons dans ce chapitre d'essayer de saisir la signification qu'a pu avoir l'affaire de la fuchsine pour l'industrie chimique française, en nous référant, outre les ouvrages cités précédemment, à diverses sources contemporaines du procès. Mais il convient auparavant de dresser un état des lieux de l'industrie chimique organique française dans les années 1850-1865.

---

[1] Nous entendons par chimie organique les colorants à base de goudron de houille et les produits pharmaceutiques de synthèse : il s'agit donc, si l'on veut être rigoureux, de la chimie organique de synthèse. Afin d'alléger le style, nous nous contenterons de parler, dans le présent chapitre, de chimie organique.

[2] J. Bouvier, *op. cit.*

[3] M. Laferrère, *Lyon, ville industrielle*, Paris, 1960 ; P. Cayez, *Crises et croissance de l'industrie lyonnaise, 1850-1900*, Lyon, 1980.

[4] S. Kaku, *op. cit.*, p. 39 ; T. Kimoto, *op. cit.*, p. 228-29 ; L.F. Haber, *The Chemical Industry during the Nineteenth Century*, *op. cit.*

II. L'essor rapide de la chimie organique française

Le jeune chimiste britannique William Perkin, formé à l'École royale de chimie, tentant de produire de la quinine, découvrit le procédé de synthèse artificielle de l'aniline par réduction du nitrobenzène. L'histoire a retenu cet épisode comme marquant les débuts de l'industrie des colorants à base de goudron de houille et de ses dérivés. Cependant, Perkin, « n'ayant pas réussi à convaincre August Wilhelm von Hofmann [dont il était l'assistant], fonda, avec des membres de sa famille, une usine dans l'intention de lancer une production industrielle de colorants »[5]. Malheureusement, les résultats se firent attendre. L'oxydation de l'aniline, mise au point par Perkin, donnait un colorant rouge-mauve qui fut alors importé sous le nom de mauvéine à Lyon, ville reconnue mondialement pour la qualité de son industrie de la soie. C'est ainsi que la découverte de Perkin connut ses premiers succès en France.

À la même époque, la fabrication de produits identiques à base d'aniline allait bon train en France aussi – tout d'abord à Lyon, où Prosper Monnet mit au point en 1857 le violet d'aniline, un équivalent de la mauvéine, qu'il commercialisa sous le nom d'harmaline[6]. L'année suivante, en 1858, dans la région parisienne, la société Poirrier (ancêtre de la Société anonyme des matières colorantes et produits chimiques de Saint-Denis)[7] démarra la fabrication industrielle de ce produit, qui remporta un vif succès sur le marché lyonnais[8]. D'après une brochure publiée par l'entreprise, il était commercialisé sous le nom de rosolane, et dégagea un chiffre d'affaires d'1 million de francs en 1860 et de 3 millions en 1861[9]. Grâce à ce produit, la société devint le plus gros fabricant français de colorants, et la mauvéine était son produit phare, à l'origine de son développement[10].

Ainsi, la production industrielle et la vente de colorants dérivés de l'aniline ne démarrèrent pas dans le pays où le produit fut découvert, c'est-à-dire en Angleterre, mais firent leurs débuts en France, essentiellement dans la région lyonnaise. Or cette péripétie ne doit rien au hasard. En effet, Lyon, avant de devenir le « berceau français de l'industrie

---

5 H. Watanabe & Y. Takeuchi, *Histoire complète de la chimie**, Tokyo, Tôkyô Shoseki, 1987, p. 242.

6 P. Cayez, *op. cit.*, p. 206 et 301 ; *Rapport 1867*, p. 225.

7 À cette époque, la raison sociale de l'entreprise était encore Poirrier et Chappat, mais elle devait devenir sous peu l'entreprise personnelle de Poirrier.

8 M. Laferrère, *op. cit.*, p. 155.

9 Brochure présentée au jury international de l'Exposition universelle de 1878. Celle-ci se trouve aujourd'hui dans le fonds de documents concernant l'Exposition universelle de 1878 conservé à la Bibliothèque Nationale de France.

10 Cf. *Histoire de l'industrie et du commerce en France*, t. III, Paris, 1926, p. 37.

des colorants synthétiques », bénéficiait déjà d'un contexte historique particulier. Plus grand centre industriel de la soie en Europe[11], la ville avait déjà été le témoin, tout au long de la première moitié du XIXe siècle, à la grande époque des colorants naturels extraits de plantes, de la mise au point de nombreuses nouvelles teintures et produits fixateurs, alors que l'industrie des colorants prenait son envol. La révolution des colorants synthétiques vit également le jour à Lyon après 1845. En effet, c'est l'époque où, pour teindre la soie, se généralisa l'utilisation de l'acide picrique découverte par Guinon, ancien élève de l'École technique de La Martinière. Guinon mit également au point, avec E. Marnas, un nouveau colorant naturel baptisé « pourpre française »[12] – extrait d'un lichen méditerranéen appelé orseille – et dont la fabrication démarra dans les années 1850. Une fois encore, c'est le marché lyonnais qui permit la réussite commerciale de ce nouveau produit[13]. Or la société de Guinon en possédait les droits exclusifs de fabrication, si bien que Lyon devint le théâtre d'une lutte acharnée entre chimistes, chacun espérant découvrir le premier le colorant synthétique qui pourrait remplacer celui de Guinon à base d'acide picrique[14]. Ce fut finalement la mauvéine de Perkin qui arriva sur le marché lyonnais, et il n'est pas surprenant, étant donné le contexte, que ce nouveau colorant ait grandement intéressé les teinturiers et chimistes de la région.

Voici donc le parcours historique de l'industrie chimique de Lyon, qui fit de la ville un centre industriel de colorants synthétiques où les nouvelles teintures se succédèrent et marquèrent le secteur. C'est dans ce contexte dynamique que le chimiste lyonnais François-Emmanuel Verguin découvrit en 1859 le rouge d'aniline, autrement dit la fuchsine. Comme nous l'avons déjà dit au chapitre précédent, Verguin fut un brillant élève de l'École technique de La Martinière. Sur la recomman-

---

[11] Sur l'industrie lyonnaise de la soie au XIXe siècle, se référer aux différentes études de Takehiko Matsubara. Cf. T. Matsubara, « Le Développement... », art. cit. ; *id.*, « Systématisation... », art. cit. ; *id.*, « Les Débouchés... », art. cit.

[12] Laferrère explique la réussite de ce colorant en partie par l'engouement de l'impératrice Eugénie pour cette couleur. Cf. M. Laferrère, *op. cit.*, p. 155. De la même façon, on rapporte que la mode en Angleterre pour la mauvéine tirerait son origine d'une robe portée par la reine Victoria à l'occasion de l'Exposition universelle de Londres en 1862, et qui avait été teinte avec le violet d'aniline découvert par Perkin. Il semble donc que les familles royales et impériales aient joué un rôle indirect dans le développement de certaines techniques, au-delà du simple effet de mode.

[13] Sur la « pourpre française » et son inventeur E. Marnas, cf. K. Inabata, « L'Usine de colorants de M. Marnas à Lyon, France* », *Senshoku Zasshi [Revue des colorants]*, n°s 3, 10 & 13, 1890 & 1891 (document annexé à K. Takanashi, *op. cit.*).

[14] M. Laferrère, *op. cit.*, p. 154-155.

dation de Claude Perret[15], qui voyait en lui un fort potentiel, il poursuivit ses travaux de recherche à l'Université de Lyon et entra en 1855 dans l'usine de produits chimiques Raffard comme contremaître chargé de la fabrication d'acide picrique. Par la suite, il devait continuer ses activités de chercheur dans la propriété de son oncle[16], où il découvrit le procédé de fabrication de la fuchsine[17]. Son invention fut immédiatement considérée comme une grande avancée pour l'industrie des colorants organiques de synthèse. La fuchsine

> n'était pas seulement une matière colorante douée d'un pouvoir tinctorial prodigieux, d'une beauté de nuance sans égale, d'une facilité d'application singulière, mais [...] elle était encore une véritable source de nouvelles couleurs, aussi riches, aussi tinctoriales qu'elle-même, aussi nombreuses, aussi variée que les couleurs du spectre solaire[18].

Et de fait, nombreuses furent les teintures dérivées de la fuchsine qui firent successivement leur apparition dans l'Europe des années 1860 : la plupart furent de véritables succès commerciaux. On pense notamment au « violet de Paris », découvert en 1861 par Charles Lauth, et dont le procédé de fabrication industrielle fut mis au point par le chimiste Bardy, qui travaillait alors pour la société Poirrier : à partir de 1866, il détrôna la mauvéine, colorant de même teinte, dans le palmarès des ventes[19]. Quand s'ouvrit l'Exposition universelle de 1867 à Paris, toutes les nuances de colorants à base d'aniline étaient sur le marché : rouge, violet, indigo, bleu, vert, jaune, orange... Or ce furent les chimistes français qui étaient à l'origine de la grande majorité de ces découvertes[20]. Le jury de la section « Chimie » de l'Exposition universelle, dont faisait partie Hofmann, estima : « On peut dire que le bon marché, plus encore que la qualité, est le caractère de la fabrication allemande, et que c'est l'inverse pour les fabrications anglaise et française. »[21] Le niveau technique de la France et de l'Angleterre était ainsi clairement reconnu. Pourtant, l'Exposition de 1867 fut une date-charnière pour

---

[15] Claude Perret dirigeait la société Perret et Olivier, une des entreprises chimiques de premier plan à l'époque. Elle fusionnera en 1871 avec Saint-Gobain, et Perret devint alors un des actionnaires majoritaires de Saint-Gobain. Cf. J.-P. Daviet, *Un Destin international...*, *op. cit.*, chap. V.

[16] C'est également dans cette propriété, le château de la Damette, que Henri Sainte-Claire Deville mit au point le premier procédé de préparation industrielle de l'aluminium. Cf. P. Cayez, *op. cit.*, p. 226.

[17] M. Laferrère, *op. cit.*, p. 155-156.

[18] *Ibid.*, p. 156-157.

[19] Brochure présentée au jury..., doc. cit. ; M. Laferrère, *op. cit.*, p. 157.

[20] *Rapport 1867*, p. 225.

[21] *Ibid.*, p. 297.

l'industrie française des colorants, qui va dès lors rapidement décliner, voire quasiment disparaître. Ironie de l'histoire, la fuchsine, qui avait été le moteur même de l'essor de l'industrie française des colorants, deviendra l'élément majeur responsable de sa chute. La section suivante tentera de retracer ce qui s'est exactement passé.

III. Conclusions du procès de la fuchsine

François-Emmanuel Verguin, inventeur du procédé de préparation de la fuchsine, trop pauvre pour mettre sur pied sa fabrication industrielle, céda les droits de fabrication aux frères Renard, teinturiers lyonnais, au terme d'une transaction qui assurait à Verguin le paiement de 20 000 francs annuels contre le droit d'enregistrer le brevet. Celui-ci fut donc déposé par les frères Renard le 8 avril 1859. Désormais détenteurs des droits, les Renard démarrèrent une production expérimentale dans leurs propres usines : l'année suivante, ils réussirent, dans un premier temps, à fabriquer sur leur site de Rochecardon l'aniline qui servait de matière première à la fuchsine[22]. En 1861, l'arrivée de H. Franc dans l'équipe dirigeante de l'entreprise des frères Renard permit d'établir de nouvelles installations pour la fabrication de fuchsine dans l'usine de Pierre-Bénite qui appartenait alors à Franc, et donc d'avoir enfin une ligne complète de production. D'après Pierre Cayez, l'usine employait en 1862 près de 60 ouvriers, et dégageait un chiffre d'affaires de l'ordre de 1,8 million de francs. En 1860, le kilo de fuchsine se négociait autour de 1 500 francs, mais en 1863, la production semblait avoir trouvé son rythme de croisière, si bien qu'on put baisser les prix à 500 francs le kilogramme[23]. Pourtant, dès 1860, un obstacle de taille s'est dressé devant les frères Renard : d'autres chimistes français avaient réussi à produire de la fuchsine par des méthodes différentes de celle de Verguin. En nous appuyant sur la thèse de doctorat de Maurice Guérin soutenue en 1922[24], nous proposons ci-après un résumé de la controverse sur les droits de propriété industrielle concernant la production de la fuchsine qui s'est engagée entre 1860 et 1863.

Le premier empiètement sur les droits des frères Renard est venu de l'industriel Depouilly, qui réussit à produire de la fuchsine en utilisant comme oxydant du nitrate de mercure, là où Verguin avait utilisé du tétrachlorure d'étain. Les frères Renard, considérant que cela portait

---

22 La production commença dans l'usine de Rochecardon après que les frères Renard eurent cédé leur brevet à Henri Fayol. Cf. P. Cayez, *op. cit.*, p. 227.

23 *Ibid.*, p. 226-227 ; M. Laferrère, *op. cit.*, p. 156-158.

24 M. Guérin, *Les Aspects économiques de la législation des brevets d'invention dans l'industrie des produits chimiques*, thèse, Paris, 1922.

atteinte à leurs droits sur les brevets d'invention qu'ils avaient déposés, portèrent l'affaire au civil devant les tribunaux de Lyon et de Saint-Étienne, puis firent appel des décisions de justice, ce qui déclencha une longue procédure judiciaire. En fait, l'inadaptation de la loi de 1844 sur les brevets dans le domaine de la chimie fut mise en lumière dans cette affaire. À partir du moment où l'on en avait payé les droits, un nouveau produit ou un nouveau procédé industriel était protégé par un brevet, mais la législation restait floue quant à la méthode d'application d'un procédé. Le procès de la fuchsine permit pour la première fois d'ouvrir un véritable débat sur l'interprétation de cette loi. Pour Depouilly, le principe de la synthèse de la fuchsine faisait partie désormais des évidences scientifiques : le procédé Verguin n'était donc plus une innovation. De fait, les travaux d'Hofmann sur les réactions chimiques au moment de synthétiser la fuchsine ou sur ses caractéristiques chimiques étaient connus de tous les savants de l'époque[25]. Mais la cour d'appel rejeta cette interprétation : la découverte de Verguin était bien novatrice dans la mesure où elle était une adaptation pratique et inconnue jusque-là du procédé de fabrication du rouge d'aniline, dont les propriétés chimiques étaient ainsi nouvellement exploitées en tant que colorant textile. Les avocats de Depouilly crièrent alors à l'injustice arguant qu'un tel raisonnement revenait à dire qu'on protégeait par un brevet des propriétés chimiques données, c'est-à-dire que la loi protégeait un produit et non les procédés et applications. Mais cet argument ne fut pas retenu par les magistrats : ainsi, en France, le premier détenteur d'un brevet devenait propriétaire d'un produit, quel que soit le procédé qu'on utilisait pour le fabriquer[26].

Forts de cette décision, les frères Renard intentèrent alors un procès pour atteinte aux droits de la propriété industrielle au chimiste alsacien Gerber-Keller. Ce dernier avait en effet également réussi en 1859, c'est-à-dire la même année que Verguin, à mettre au point un procédé de fabrication de la fuchsine utilisant comme oxydant du nitrate de mercure – tout comme Depouilly l'avait découvert de son côté. Mais ce procès avait, pour les frères Renard, une portée bien plus considérable que celui intenté contre Depouilly. En effet, Gerber-Keller avait cédé les droits d'application de sa découverte à Prosper Monnet, l'inventeur du procédé de fabrication des colorants à base d'aniline, permettant à ce dernier de mettre au point dès 1860 ce qu'il appela l'azaléine. Or ce colorant, qui n'était autre que de la fuchsine déguisée sous un autre nom, avait une qualité supérieure et un prix de revient inférieur au produit des frères

---

[25] L.F. Haber, *op. cit.*, p. 278.

[26] M. Guérin, *op. cit.*, p. 22-24.

La loi de 1844 sur les brevets

Renard[27]. Il représentait donc une menace sérieuse pour leur entreprise. L'affaire fut donc portée devant le tribunal d'instance, puis devant la cour d'appel du département de la Seine : les audiences se suivirent, ouvrant un long et gigantesque procès, entraînant des débats de fond au sein de la communauté scientifique de l'époque. Malheureusement, ces discussions n'ont pas été rapportées, nous empêchant aujourd'hui d'en connaître la teneur exacte, mais, d'après Guérin, les partisans de Gerber-Keller comptaient dans leurs rangs plus d'un scientifique[28]. Malgré cela, le tribunal arriva à la même conclusion que celui qui avait jugé l'affaire Depouilly, rejetant l'argumentation selon laquelle le procédé Verguin n'avait rien de novateur et faisant fi des protestations contre le fait que la loi sur les brevets ne protégeait pas les procédés de fabrication. Le jugement était clair :

> La substitution d'un agent chimique à un autre comme moyen d'extraction de l'aniline ne peut produire d'effet, au point de vue de la nouveauté de l'invention, alors même que les agents ne seraient pas des analogues aux agents chimiques précédemment brevetés ; tout au plus cette substitution pourrait valoir comme perfectionnement de l'invention Renard et Franc[29].

Sur cette décision, le procès fut définitivement clos le 23 mars 1863.

Cette jurisprudence affirmait sans appel la prééminence du produit sur ses procédés de fabrication dans l'application de la loi sur les brevets[30]. Cette interprétation devait avoir de sérieuses conséquences, non seulement pour Monnet et Gerber-Keller qui furent condamnés à de lourdes amendes, mais pour l'ensemble des industriels et des chimistes travaillant sur le territoire français à la production de colorants à base d'aniline. Tout d'abord, cette décision de justice eut pour effet d'ôter toute envie d'essayer d'améliorer les procédés de fabrication, marquant l'arrêt de toute recherche sur la fuchsine et ses dérivés. Mais plus grave encore, elle porta un coup fatal à toute la filière de la chimie organique française, qui était pourtant florissante avant ce procès. Les chimistes et industriels français de talent, dans l'incapacité de mettre en valeur leurs compétences dans l'Hexagone, partirent s'installer dans la Suisse voisine, qui ne possédait pas de législation sur les brevets d'invention et qui devint alors leur nouvelle terre promise.

---

[27] L. F. Haber, *op. cit.*, p. 278.

[28] M. Guérin, *op. cit.*, p. 27.

[29] Le brevet des frères Renard, à ce moment-là du procès, ne comprenait pas uniquement le procédé Verguin. Celui-ci avait été complété par d'autres techniques britanniques, qui utilisaient notamment l'acide d'arsenic comme oxydant. Cf. P. Cayez, *op. cit.*, p. 227.

[30] M. Guérin, *op. cit.*, p. 27.

Cette vague de départs, comparée par Adolph Wurtz, spécialiste de chimie organique de renommée mondiale, à l'effet qu'avait provoqué en son temps la révocation de l'édit de Nantes[31], commença en fait quelque temps avant la fin du procès. Le premier à s'exiler fut E. Marnas qui s'installa à Bâle en 1860. La société Guinon, Marnas et Bonnet, dont il était un des administrateurs, avait certes obtenu des frères Renard le droit d'utiliser la fuchsine, mais n'était pas habilitée à fabriquer des dérivés de fuchsine. Or Marnas désirait pouvoir continuer ses recherches librement, d'où son installation à Bâle[32], où il avait été invité par Alexandre Clavel, teinturier originaire de Lyon. Ce dernier, marié à une Suissesse de Bâle, était venu en 1844 dans cette ville où il avait monté une affaire de teinturerie. Tout au long des années 1860, il sera d'ailleurs le point de ralliement de nombreux chimistes lyonnais candidats à l'exil[33].

Tout naturellement, le jugement rendu en mars 1863 accéléra les départs vers la Suisse. Gerber-Keller, partie prenante dans l'affaire, quitta la France et fonda une usine de colorants à Bâle en 1864. Cette entreprise fusionnera en 1898 avec la Société chimique CIBA, elle-même une émanation de la société créée par A. Clavel. En 1865, c'est au tour du chimiste lyonnais Louis Durand de partir pour Bâle : après avoir travaillé quelque temps sous la direction de Clavel, il reprend l'usine de colorants créée par G. Dolfus, autre Français qui s'était installé à Bâle en 1862, et s'associe en 1872 avec E. Huguenin pour créer la société Durand-Huguenin[34], qui par la suite deviendra une puissante entreprise suisse de chimie organique. Avant d'aller plus avant, posons-nous une question fondamentale : pourquoi les chimistes et industriels lyonnais ou alsaciens décidèrent-ils si unanimement de transférer leurs activités dans la Suisse voisine ? Il ne fait aucun doute que la présence de Clavel fut un élément décisif. Mais cela ne suffit pas. N'oublions pas en effet que Lyon et l'Alsace formaient autrefois un même espace économique avec la partie occidentale de la Suisse[35]. Analysées sous l'angle de l'histoire économique, les frontières de l'Europe n'étaient pas un concept aussi rigide qu'on pourrait l'imaginer : ainsi les zones économiques qui avaient été formées avant le découpage décidé par le Congrès de Vienne

---

[31] P. Baud, *L'Industrie chimique en France*, Paris, 1932, p. 102.
[32] M. Laferrère, *op. cit.*, p. 158.
[33] P. Cayez, *op. cit.*, p. 230.
[34] *Ibid.*, p. 230 ; M. Laferrère, *op. cit.*, p. 158-161.
[35] Sur ce sujet, cf. J. Sakudô, « Caractéristiques… », art. cit., p. 29-58.

perduraient sous la forme de liens historiques et le concept de « frontière nationale » n'avait pas une portée aussi forte qu'il apparaît[36].

Ainsi, le procès de la fuchsine entraîna une fuite de cerveaux français en Suisse et, par la même occasion, le développement sans précédent de l'industrie chimique organique suisse[37]. Mais les conséquences de ce procès ne s'arrêtèrent pas là : l'entreprise des frères Renard, sortis victorieux de l'affaire en s'assurant le monopole de la fabrication de la fuchsine, fit faillite en quelques années à peine.

IV. Au sujet de la faillite de La Fuchsine

Forts de la décision de justice de mars 1863, les frères Renard, qui s'étaient assuré l'exclusivité de la fabrication de la fuchsine en France, décidèrent de marquer avec éclat leur nouveau départ en créant le 11 décembre 1863 la SARL La Fuchsine[38], au capital de 4 millions de francs, fourni en grande partie par le Crédit Lyonnais, jeune banque qui venait tout juste d'être fondée cette même année. L'actionnariat était composé comme suit : le capital de départ de 4 millions de francs se répartissait en 8 000 actions d'une valeur nominale de 500 francs chacune. En contrepartie de leurs investissements en nature, 1 800 actions

---

[36] Sur la signification du concept de région en histoire économique européenne, se référer aux ouvrages suivants : H. Watanabe, *La Révolution industrielle le long du Rhin : le processus de formation d'une zone économique originale**, Tokyo, Tôyô Keizai Shinpô-sha, 1987 ; A. Ishizaka, « Zones industrielles et frontières nationales : études de cas illustrant le processus de formation des zones industrielles frontalières en Allemagne, au Benelux, en France et en Suisse* », *Keizai-gaku Kenkyû [Études en sciences économiques]*, Université de Hokkaidô, vol. 43, n° 4, 1994, p. 19-34 ; S. Pollard, *Peaceful Conquest. The Industrialization of Europe, 1760-1970*, Oxford, 1981.

[37] Au moment de l'Exposition universelle de 1878, la Suisse avait déjà largement dépassé la France en termes de volume de production de colorants. À la veille de la Première Guerre mondiale, elle en était le deuxième producteur mondial, juste derrière l'Allemagne. Cf. *Rapport 1878*, p. 115 ; A.N., F[12] 7708, Projet de loi tendant à la ratification du contrat conclu le 11 septembre 1916 entre le ministre de la Guerre et le Syndicat national des matières colorantes ; J. Gérard (ed.), *Dix ans d'efforts scientifiques et industriels*, t. I, Paris, 1926, p. 1312.

[38] Sur la forme juridique des sociétés à responsabilité limitée (SARL), qui venait de voir le jour en 1863, cf. J. Sakudo, « Le développement des sociétés par actions dans la France du XIXe siècle (1807-1867) (II) : à propos des travaux de C.E. Freedeman* », *Keizai-gaku Ronshû [Débats d'études économiques]*, Université de Kobé, vol. 13, n° 1 & 2, 1981, p. 193-198. Rappelons ici que la première forme juridique du Crédit Lyonnais était une SARL. On peut supposer que cet état de fait n'est pas sans rapport avec le choix d'utiliser cette même forme pour créer La Fuchsine. Mais la raison principale est probablement ailleurs : contrairement à une société anonyme, la création d'une SARL ne nécessitait pas d'autorisation officielle de l'État et donc pouvait se faire dans des délais très courts.

étaient réservées aux frères Renard et à H. Franc, propriétaires des brevets et des usines, et 600 autres à Henri Fayol, à qui les frères Renard avaient cédé les droits de fabrication industrielle de la fuchsine. En d'autres termes, l'ancienne société des frères Renard fusionnait *de facto* avec celle de Fayol. 3 600 actions étaient ouvertes au public. Henri Germain, président du Crédit Lyonnais, en acquit 3 000 au nom de sa banque, qui se lançait ainsi dans son premier gros investissement industriel, et 600 actions furent acquises par divers industriels et ingénieurs que la fondation de La Fuchsine intéressait. Les 2 000 actions restantes furent achetées par des banquiers et des commerçants lyonnais[39]. Il convient de noter que pour la première fois dans l'histoire de la chimie en France, les industriels et les scientifiques à l'origine d'une découverte – en l'occurrence les frères Renard et autres chimistes – n'étaient pas majoritaires dans l'entreprise. Le plus gros actionnaire était évidemment le Crédit Lyonnais avec ses 3 000 actions. S'il n'avait pas la majorité absolue, elle lui était presque automatiquement acquise puisqu'il avait fait entrer dans le capital de La Fuchsine d'autres banquiers et négociants lyonnais, avec lesquels il entretenait des relations privilégiées. Ce rapport de force entre actionnaires se retrouvait tel quel dans la composition du premier Conseil d'administration. Sur les 10 membres, seuls 4 étaient des industriels ou des chimistes – à savoir les deux frères Renard, Franc et de Laire – tandis que les autres administrateurs étaient soit des banquiers, soit des commerçants. Ainsi dans La Fuchsine, les investisseurs, représentés principalement par le Crédit Lyonnais, l'emportaient sur les industriels, tant au niveau de la gestion de l'entreprise qu'en termes de propriété.

Le lancement officiel de la société La Fuchsine date du 1er janvier 1864. Quatre ans plus tard, elle était acculée à la faillite. Alors qu'elle avait l'exclusivité de la fabrication de la fuchsine, qu'elle disposait des compétences d'excellents chimistes[40], qu'elle bénéficiait du soutien financier actif du Crédit Lyonnais, pourquoi a-t-elle donc fait banqueroute en si peu de temps ? La première raison tient à la mainmise sur la gestion de l'entreprise par les investisseurs financiers, ainsi que nous l'avons souligné ci-dessus. Nous analyserons ci-après cet aspect en nous appuyant sur les publications de J. Bouvier.

Si l'on en croit Bouvier, dès la création de La Fuchsine, Henri Germain, président du Crédit Lyonnais, ayant de grandes ambitions pour

---

[39] J. Bouvier, *op. cit.*, p. 376-377.

[40] La Fuchsine réussit à embaucher des chimistes de haut niveau, notamment Prosper Monnet, un des protagonistes condamnés à l'issue du procès de la fuchsine, Mondange, l'inventeur du « bleu de Lyon », un des dérivés de la fuchsine, ou encore Louis Durand.

l'entreprise, fut très actif pour l'engager résolument dans une vaste politique d'expansion. « Au lieu de chercher à maintenir provisoirement la fabrication dans ses limites raisonnables, on voulut fabriquer des quantités énormes de produits pour en inonder le marché, en les vendant à très bas prix pour écraser la concurrence... »[41]. Pour y parvenir, il doubla la production et racheta deux usines d'aniline en Angleterre, afin de s'assurer un approvisionnement stable en matière première. Or les frères Renard avaient toujours ouvertement manifesté leur opposition à ces initiatives d'Henri Germain[42]. De par leur expérience d'industriels, ils considéraient qu'il était nécessaire, au moins dans un premier temps, de se contenter d'une production qui corresponde à ce qu'il était raisonnablement possible de vendre. Comme on pouvait s'y attendre, la politique menée par Germain fut une catastrophe. Près de 2 millions de francs de stocks invendus s'empilèrent dans les entrepôts de La Fuchsine, et l'entreprise enregistra pour son premier exercice fiscal une perte de 1 million de francs. Le Crédit Lyonnais s'empressa d'avancer un crédit d'un million, mais à un taux d'intérêt de 10 % ! Quand on sait qu'à l'époque, le Crédit Lyonnais rémunérait le fonds de roulement de La Fuchsine à 5 %, il n'y a rien d'étonnant à ce que les industriels du conseil d'administration s'indignèrent des décisions prises. Ainsi, dès les débuts de l'entreprise se creusa un fossé d'incompréhension entre le clan des investisseurs et le clan des industriels au sein même de La Fuchsine[43].

En 1865 et 1866, La Fuchsine dégagea deux années de suite des bénéfices, même si ceux-ci restaient encore insuffisants pour éponger les pertes subies. La société montrait cependant des signes encourageants, laissant entrevoir un redressement rapide. Malheureusement, la situation financière se dégrada de nouveau en 1867, frappée de plein fouet par la crise qui touchait l'industrie textile cette année-là. Les investisseurs lyonnais, à commencer par Henri Germain, décidèrent alors d'abandonner La Fuchsine, ne croyant plus à son avenir. Pendant l'été 1868, ils cédèrent tous les brevets à leur concurrent Poirrier, sans même en avertir les industriels et chimistes de l'entreprise. Les frères Renard protestèrent vivement contre une telle politique, mais le conseil d'administration de septembre approuva officiellement cette vente. À partir de là, La Fuchsine dut cesser toute production[44].

---

[41] « Note explicative contre La Fuchsine », par Gérard Lyon-Caen, Lyon, 1868, citée par J. Bouvier, *op. cit.*, p. 378.

[42] *Ibid.*, p. 378.

[43] *Ibid.*, p. 378-379.

[44] *Ibid.*, p. 379 ; P. Cayez, *op. cit.*, p. 231.

Pierre Cayez, qui a publié une étude très détaillée sur l'économie lyonnaise au XIXe siècle, souligne une spécificité régionale : Lyon était une ville commerçante, qui était habituée à des profits à court terme et à une rotation rapide des capitaux. Ainsi, dès le milieu du XIXe siècle, les Lyonnais se laissèrent tenter par la spéculation : ils préférèrent investir pour dégager des profits à court terme et à fort rendement, plutôt que pour développer une industrie stable à long terme[45]. L'attitude et la politique adoptées par Henri Germain pour gérer La Fuchsine correspondent, à en être caricaturales, au comportement classique des hommes d'affaires lyonnais tel que Cayez le décrit. Quoi qu'il en soit, le Crédit Lyonnais échoua lamentablement dans sa tentative d'investissement industriel, dans laquelle il s'était impliqué de façon active. D'après J. Bouvier, ce revers devait avoir des répercussions non négligeables sur l'ensemble des activités commerciales de la banque. Conséquence directe, l'action du Crédit Lyonnais chuta à la bourse de Lyon et se maintint pendant longtemps à un niveau bas[46]. Mais, ce qui fut plus grave, « c'est en partant de cette expérience que Henri Germain édifia sa longue pratique de non-participation directe aux affaires industrielles »[47]. Si cette analyse est juste, la faillite de La Fuchsine fut un événement qui eut de graves conséquences non seulement sur l'industrie chimique française, mais sur toute l'économie française de la deuxième moitié du XIXe siècle au début du XXe siècle.

La deuxième raison pouvant mieux éclairer la faillite de La Fuchsine peut également découler en partie de problèmes d'ordre technique auxquels s'est trouvée confrontée l'entreprise au moment de fabriquer de la fuchsine. La décision de la cour d'appel en 1863 garantissait effectivement le monopole du produit aux frères Renard pour la France. Mais dans les années qui suivirent, on assista à un développement rapide de cette fabrication au Royaume-Uni et en Allemagne. L'industrie suisse des colorants à base de goudron de houille connut également un remarquable essor avec l'afflux en Suisse de nombreux ingénieurs et chimistes français que le procès de la fuchsine avait fait fuir. Or cette concurrence étrangère mettait sur le marché des produits moins chers que ceux proposés par La Fuchsine, limitant ses débouchés à l'exportation[48]. De plus, elle ne fut pas capable de baisser facilement ses coûts de revient, en grande partie parce qu'elle utilisait comme oxydant de l'arsenic, dont les rejets provoquaient une forte pollution industrielle.

---

[45] P. Cayez, *Métiers Jacquard et hauts fourneaux, aux origines de l'industrie lyonnaise*, Lyon, 1978, p. 359-360.

[46] J. Bouvier, *op. cit.*, p. 380.

[47] *Ibid.*, p. 381.

[48] *Ibid.*, p. 377 ; P. Cayez, *Crises et croissance...*, *op. cit.*, p. 230.

D'après Pierre Cayez, La Fuchsine fut contrainte de dépenser des sommes considérables pour régler ce problème. Sur le site de Rochecardon, elle aménagea une usine de traitement des déchets industriels comme l'arsenic, qui lui coûta près d'un million de francs : malgré ces efforts, l'usine continua à déverser 10 litres d'eau polluée par jour dans le Rhône, si bien que toute activité fut arrêtée en août 1866. La même chose se produisait sur le site de Pierre-Bénite[49]. La production de la fuchsine entraînant la pollution des puits environnants d'eau potable, l'entreprise non seulement fut obligée de payer des dédommagements aux riverains, mais fut acculée en dernier recours à fermer ses usines[50].

Cette réalité est clairement décrite dans le rapport du Conseil d'hygiène publique et de salubrité de la région lyonnaise dont s'inspire P. Cayez dans son ouvrage. Si l'on regarde également les rapports du Conseil d'hygiène publique et de salubrité du département de la Seine[51], publiés à la même époque, on constate que l'usine de Pierre-Bénite devait, quant à elle, faire face à un double problème. *Primo*, ses activités avaient pollué l'eau du puits, situé à moins de 200 m, qui approvisionnait le voisinage, provoquant de graves cas d'empoisonnement et des décès. Le rapport explique que « le traitement de l'eau qui devait éliminer les résidus d'arsenic provenant de la fabrication [de la fuchsine] était inefficace. »[52] *Secundo*, les ouvriers travaillant à la production de la fuchsine furent également atteints de graves intoxications à l'arsenic, maladie professionnelle qui, plus d'une fois, mit les ouvriers en danger de mort[53].

On peut cependant supposer que la fabrication de la fuchsine entraînait également des problèmes de pollution dans les autres pays producteurs. Le rapport du Conseil d'hygiène publique de la Seine mentionne d'ailleurs un cas enregistré à Bâle, mais souligne également que la municipalité avait pris des mesures préventives en « n'accordant des autorisations de production de la fuchsine que si l'usine était située à proximité d'un fleuve »[54]. Autrement dit, aucune réglementation spéciale n'était appliquée à la production de fuchsine à partir du moment où l'usine était située près d'un fleuve. D'ailleurs le Conseil d'hygiène publique de la Seine considérait insuffisantes les mesures prises par la mairie de Bâle, et préconisait l'interdiction pure et simple de cette

---

[49] P. Cayez, *op. cit.*, p. 229.

[50] *Ibid.*, p. 229.

[51] *Rapport général sur les travaux du Conseil d'hygiène publique et de salubrité du département de la Seine, depuis 1862 jusqu'à 1866, inclusivement*, Paris, 1870.

[52] *Ibid.*, p. 228.

[53] *Ibid.*, p. 227.

[54] *Ibid.*, p. 228.

fabrication tant que l'entreprise n'aurait pas fait la preuve qu'elle maîtrisait un système efficace qui éliminait les résidus d'arsenic de l'eau utilisée[55]. L'attitude de la France en matière de pollution industrielle s'affirmait ainsi comme nettement plus stricte que celle de la Suisse. Quoi qu'il en soit, La Fuchsine, n'ayant pas réussi à éliminer l'arsenic résiduel, prit finalement la décision de régler le problème en faisant appel à une entreprise extérieure qu'elle chargea de traiter ces encombrants déchets[56]. Mais ce problème de pollution fut finalement un obstacle de taille sur le plan industriel, puisqu'il empêchait l'entreprise de réduire ses coûts de production.

Troisième facteur ayant entraîné la dissolution de La Fuchsine : l'environnement économique de l'époque. Ainsi que nous venons de le voir, l'entreprise enregistra en 1864, pour son premier exercice fiscal, des pertes importantes. Pourtant, les bénéfices bruts pour 1865 s'élevaient à 522 850 francs, laissant présager un possible redressement. Mais en 1866, la crise du textile commença à avoir des retombées, et de fait, dès 1867, La Fuchsine renoua avec une situation déficitaire[57]. D'une certaine manière, on peut dire qu'elle eut la malchance d'être créée à un moment peu propice. À cela s'ajouta la spécificité du marché français des colorants, essentiellement centré sur Lyon. Pierre Cayez rappelle que l'industrie de la soie lyonnaise produisait traditionnellement des tissus sur fond noir[58], si bien que les débouchés pour des colorants comme la fuchsine n'étaient pas si importants que Henri Germain se l'était imaginé. D'autre part, Laferrère[59] souligne également que les effets de mode dans l'industrie du luxe entraînent automatiquement des changements rapides, empêchant le marché de la fuchsine d'être stable et en constante croissance. Ainsi, l'environnement économique de l'industrie textile française n'était pas vraiment favorable au développement de La Fuchsine.

Par contre, quand on se penche sur la liste des ingénieurs et des chimistes recrutés par La Fuchsine, on peut penser que l'entreprise n'avait pas fait de mauvais choix et que son niveau technique était tout à fait satisfaisant. Cependant J. Bouvier souligne que dès 1865, c'est-à-dire à partir de la deuxième année d'activité de La Fuchsine, les ingénieurs manifestèrent leur opposition à la politique des gros actionnaires concernant le calcul des dividendes et la façon d'utiliser les bénéfices[60].

---

[55] *Ibid.*, p. 228.

[56] P. Cayez, *op. cit.*, p. 229.

[57] *Ibid.*, p. 230.

[58] *Ibid.*, p. 230.

[59] M. Laferrère, *op. cit.*, p. 161.

[60] J. Bouvier, *op. cit.*, p. 378.

Ceci laisse à penser qu'ils avaient sans doute des raisons de croire que leurs compétences n'étaient pas estimées à leur juste valeur. Quoi qu'il en soit, la durée de vie de La Fuchsine fut trop courte pour permettre aux chimistes et aux ingénieurs de développer des produits ou de mettre au point des procédés susceptibles de faire apprécier la qualité de leurs travaux.

Pour toutes les raisons énumérées ci-dessus, la société La Fuchsine fit donc *de facto* faillite en 1868, dans sa 5ᵉ année d'activité. Ironie du sort, les frères Renard envisagèrent alors de s'exiler pour ne pas tomber dans le piège de l'exclusivité accordée par les brevets d'invention, qu'ils avaient eux-mêmes tendu. Et de fait, le 10 octobre 1868, ils créèrent à Genève une société en commandite avec le chimiste Prosper Monnet, lui qui avait été autrefois poursuivi par la maison Renard dans le procès de la fuchsine. La production de colorants dérivés d'aniline commença immédiatement[61]. Quelques années plus tard, Monnet s'associa à Marc Gilliard, lui aussi originaire de Lyon, pour établir une usine à La Plaine, dans la banlieue de Genève. Finalement, c'est de cette base que l'industrie des colorants connaîtra désormais un nouveau souffle, et que la formation des chimistes se développera[62]. Ainsi, la faillite de La Fuchsine, faisant suite quelques années à peine au verdict retentissant du procès de la fuchsine, porta le dernier coup de grâce à l'industrie des colorants lyonnais, qui transféra ses activités hors des frontières françaises.

V. Synthèse

Le présent chapitre s'est efforcé d'analyser plusieurs aspects de l'affaire de la fuchsine et ses conséquences, notamment par rapport à l'interprétation de la législation de 1844 sur les brevets d'invention. Les ennuis commencèrent avec un verdict qui accordait l'exclusivité en 1863 à un procédé de fabrication, celui de Verguin, qui était en fait encore imparfait : le tribut que dut payer l'industrie chimique organique, pourtant florissante à cette époque, fut lourd. Dès lors, bien que nombre de chimistes n'aient cessé de réclamer que soit modifiée une loi qui avait déjà fait beaucoup de mal, ce n'est que dans les années 1930 qu'ils

---

[61] P. Cayez, *op. cit.*, p. 231.

[62] En 1883, Monnet rentra à Lyon pour créer une nouvelle entreprise, en rachetant l'usine de Saint-Fons – celle-ci sera d'ailleurs le point de départ de la future Société chimique des usines du Rhône (SCUR). Mais avant ce retour, le laboratoire (créé en 1873) attenant à l'usine suisse de La Plaine gérée par Monnet accompagna les débuts de chimistes de talent comme Reverdin ou Nölting. Cf. Société des usines chimiques de Rhône-Poulenc, *Laboratoires de recherche de Vitry-sur-Seine*, Centre Nicolas-Grillet, Paris.

seront enfin entendus. Entre-temps, la loi de 1844 continua à régenter les brevets. Pourquoi cette situation perdura-t-elle si longtemps ? Le Syndicat général des produits chimiques reconnaît une part de responsabilité en soulignant que les industriels manquaient d'esprit d'association et qu'ils n'avaient pas saisi l'occasion pour faire pression sur le gouvernement en lançant par exemple un vaste mouvement en faveur de la réforme de cette loi[63]. Mais il reste encore à prouver que les industriels les plus représentatifs du secteur chimique aient vraiment eu conscience de l'iniquité de ce texte. En effet, le texte que nous présentons ci-après est édifiant à ce sujet. Le compte rendu du Congrès international de la propriété industrielle[64], qui s'est tenu en 1878 à Paris à l'occasion de l'Exposition universelle, rapporte les propos de A. Poirrier, propriétaire de la plus grande société française de chimie organique de l'époque : « Certaines législations admettent seulement le brevet du procédé. Pourquoi cette exception ? Le brevet du produit est seul efficace ; le brevet du procédé n'a aucune efficacité. Le produit ne peut déceler le procédé employé pour l'obtenir. »[65] Cette affirmation est à l'image des idées dominantes dans le monde industriel de la chimie. Il faudra at-

---

[63] Ce sujet fut enfin pris au sérieux pendant la Première Guerre mondiale. Tout le monde s'accordait à reconnaître l'urgence d'une réforme de la loi de 1844 sur les brevets. Mais les opinions divergeaient quant au contenu de la réforme. Deux grandes lignes se dégageaient : pour les uns, il fallait supprimer les brevets protégeant les produits chimiques ; pour les autres, il fallait les préserver mais en les assortissant d'une clause obligeant le détenteur du brevet à accorder une licence de fabrication à tout inventeur d'un nouveau procédé permettant de fabriquer le produit chimique breveté. Il semble que la grande majorité des chimistes préféraient la seconde solution. Cf. « Projet de refonte des lois essentielles concernant la propriété industrielle : loi de 1844 sur les brevets d'invention, loi de 1857 sur les marques », *Chimie et Industrie*, vol. 12, n° 3, 1924, p. 574-576.

[64] Compte rendu des séances du Congrès international de la propriété industrielle tenu à Paris en 1878, palais du Trocadéro. Ce document fait partie du fonds concernant l'Exposition universelle de 1878 que détient la Bibliothèque Nationale de France.

[65] Séance du 9 septembre 1878. Les propos de Poirrier provoquèrent de vives critiques de la part du représentant de la Suisse. Il est d'ailleurs très intéressant de noter que ce dernier cita justement l'affaire de la fuchsine dans son argumentation : à force de s'obstiner à ne délivrer que des brevets protégeant les produits, on risque de mettre en péril des pans entiers de l'industrie, comme ce fut le cas dans le procès de la fuchsine, rappelle-t-il. Or Poirrier changea d'avis face aux critiques que ses propos avaient fait naître : s'il ne se départit pas du principe des brevets protégeant des produits, il alla jusqu'à proposer, au cours des débats, un système permettant à quiconque serait désireux de fabriquer un produit breveté de le faire, en échange du paiement de droits fixes au détenteur du brevet. Soulignons en passant que l'argumentation que Poirrier développa pour justifier son refus des brevets protégeant des procédés de fabrication était exactement la même que celle que le tribunal avait avancée pour rejeter les arguments de Gerber-Keller lors du procès de la fuchsine. Cf. *Rapport 1878*, p. 20 ; M. Guérin, *op. cit.*, p. 26.

tendre que la France se retrouve dans une guerre totale avec la puissance chimique de l'époque, l'Allemagne, pour qu'elle se rende enfin compte de l'urgence de réformer la loi de 1844 sur les brevets[66].

---

[66] Contrairement à l'Allemagne, la loi française sur les brevets ne prévoyait pas de système de « vérification » capable d'évaluer le degré d'innovation de ce qui faisait l'objet d'une demande de brevet. Or cet état de fait semble également avoir joué en défaveur des entreprises françaises dans leur concurrence avec l'industrie allemande. En effet, les sociétés allemandes pouvaient facilement obtenir des brevets protégeant leurs produits sur le territoire français, tandis que les entreprises françaises, obligées de passer par le système de vérification pour protéger leurs produits sur le marché allemand, devaient attendre longtemps avant d'obtenir les autorisations nécessaires, sans ompter les coûts importants que cela impliquait. Cf. A. Matagrin, *op. cit.*, p. 260-261.

CHAPITRE V

La question du régime douanier français

I. Introduction

Au même titre que l'enseignement de la chimie et la législation sur les brevets que nous venons d'étudier dans les deux chapitres précédents, le régime douanier en vigueur entre la deuxième moitié du XIXe siècle et le début du XXe siècle fut au cœur de la polémique qui s'engagea pendant la Première Guerre mondiale sur les moyens de reconstruire l'industrie chimique française[1]. Le débat portait essentiellement sur l'insuffisante protection douanière des produits chimiques, maintes fois accusée d'être responsable du déclin de l'industrie chimique française, voire de la quasi-disparition de la chimie organique française. D'ailleurs, la mission première du rapport du Syndicat général des produits chimiques, dont s'inspire notre analyse au chapitre II, était d'évaluer les niveaux appropriés de tarifs douaniers à appliquer aux produits chimiques pour se protéger de la concurrence allemande au lendemain de la guerre. À la lecture de ce rapport et d'autres publications sur le sujet, parues pendant la Première Guerre mondiale, on constate que tout le monde s'accordait à reconnaître que le régime douanier en place comportait de graves lacunes en matière de protection des produits chimiques. Cependant, il n'existe, à notre connaissance, aucune étude qui ait cherché à évaluer précisément les retombées de ce système douanier sur le développement de l'industrie chimique française entre la deuxième moitié du XIXe siècle et le début du XXe siècle. Nous nous proposons donc dans ce chapitre de suivre l'évolution pendant cette période des tarifs appliqués aux principaux produits chimiques à l'importation et d'analyser leurs répercussions, en prenant notamment pour exemple l'industrie chimique organique, et plus particulièrement celle des colorants dérivés du goudron de houille.

---

[1] E. Grandmougin, *L'Essor des industries chimiques en France*, Paris, 1919 (1917), p. 209 ; F. George, *La Rénovation de l'industrie chimique française*, Paris, 1919, p. 474-479 ; A. Matagrin, *op. cit.*, chap. VIII ; M. Fauque, *L'Évolution économique de la grande industrie chimique en France*, thèse pour le doctorat d'État, Strasbourg, 1932, p. 123.

II. Le régime douanier français appliqué aux produits chimiques avant la Première Guerre mondiale

Les tarifs douaniers fixés par les traités de commerce plutôt libre-échangistes des années 1860 commencèrent à faire l'objet de débats à la fin des années 1870, leurs détracteurs considérant qu'il était temps d'envisager une révision du régime douanier en place. Les premières discussions officielles visant à ajuster les taux eurent lieu en janvier 1878, quand le gouvernement déposa un projet de loi devant le Parlement. La Commission des mesures douanières de la Chambre des députés entama alors un examen approfondi du texte qui allait durer plusieurs années. Ce n'est finalement que le 7 mai 1881 que le barème général des droits de douane fut décidé, mais il faudra attendre encore l'année suivante pour que soient appliqués les tarifs préférentiels accordés aux signataires des traités commerciaux (tarifs conventionnés), après négociation avec les États concernés[2].

L'ouvrage de Michael S. Smith présente en détail la conception du libre-échange des législateurs qui fixèrent ces droits de douane de 1881-1882 après de longs débats. Contrairement à ce qu'ont pu dire d'autres historiens, pour Smith, la IIIe République ne revenait pas « promptement et irrémédiablement » au protectionnisme. Les tarifs douaniers de 1881-1882 qui pourraient être considérés comme des concessions aux protectionnistes se limitaient à quelques exceptions, la plupart des taux marquaient clairement la victoire du libre-échange[3]. Cette affirmation générale est également valable, pour l'essentiel en tout cas, pour les produits chimiques. Le tableau 5-1 résume les droits appliqués avant et après la révision des tarifs de 1881-1882 pour les principaux produits chimiques. On ne constate pratiquement aucun changement dans les tarifs conventionnés pour la chimie minérale[4], ce qui signifie que, fondamentalement, le niveau d'imposition à l'importation des années 1860 est maintenu en l'état dans les années 1880[5]. Par contre, les droits

---

[2] Ministère des Finances, *Bulletin de statistique et de législation comparée*, t. 9, mai 1881, p. 24 ; t. 11, 1882, p. 502.

[3] M.S. Smith, *op. cit.*, chap. 4 ; A. Yoshii, « Le Régime français de la double imposition de 1892 : vers un retour au protectionnisme commercial* », *Seiyôshi Kenkyû* [*Études d'histoire occidentale*], vol. 12, 1983, p. 95-97.

[4] Les traités commerciaux définissaient les tarifs douaniers fixés entre la France et divers pays signataires, à savoir la plupart des pays occidentaux, à l'exception des États-Unis. Ce sont ces tarifs qu'il faut prendre en compte pour l'évaluation réelle des droits de douane. Nous verrons également plus loin que les minimas de 1892 reprennent, pour l'essentiel, les mêmes taux que ceux des tarifs de 1881-1882.

[5] Il convient cependant, pour comparer de façon précise les tarifs appliqués dans les années 1860 et ceux des années 1880, de prendre en compte les variations des prix pour chacun des produits. Par exemple, les produits à base de soude ont enregistré

sur les colorants dérivés du goudron de houille – c'est-à-dire les principaux produits de l'industrie chimique organique de l'époque – augmentent de façon significative, puisqu'on passe d'une exemption complète à
une imposition de 100 francs par quintal (100 kg). À l'inverse, les 5 %
prélevés sur la valeur des produits chimiques à base de goudron de
houille – matières premières des colorants ci-dessus – disparaissent.
Ainsi, on a plutôt l'impression que, dans ce secteur industriel particulier,
la révision des tarifs douaniers a été pensée uniquement pour les colorants dérivés du goudron de houille, tandis que pour les autres produits
chimiques, la situation restait pratiquement inchangée par rapport aux
années 1860.

Cette réforme de 1881-1882 marquait donc une volonté nette de protéger l'industrie des colorants dérivés du goudron de houille, suite aux
événements que nous avons décrits dans les chapitres précédents. Alors
que le secteur avait connu un développement rapide depuis la fin des
années 1850, il s'engageait désormais sur la voie du déclin à partir du
moment où La Fuchsine avait fait faillite en 1868. Au moment de
l'Exposition universelle de 1878, le retard par rapport à l'industrie
allemande ne faisait plus de doute. Pour couronner le tout, l'industrie
suisse des colorants qui avait brusquement bénéficié de l'arrivée de
chimistes français se plaçait largement devant la France. Il n'y a donc
rien d'étonnant, étant donné le contexte, à ce que l'on prît des mesures
protectionnistes dans l'espoir d'éviter la disparition pure et simple de
l'industrie française des colorants. Le tableau 5-2 énumère les droits de
douane pour les colorants dérivés du goudron de houille, tels que re-
commandés par le gouvernement français dans son projet de loi déposé
en 1878, et ceux proposés par la Commission des mesures douanières de
la Chambre des députés (1880). Il en ressort que le gouvernement
espérait un régime douanier général plus sévère que celui finalement
retenu, notamment pour les trois colorants dérivés de l'aniline (vert,
violet et bleu), considérés comme particulièrement vulnérables et pour
lesquels on préconisait d'appliquer des tarifs supérieurs à 300 francs par
quintal.

La révision des tarifs douaniers de 1881-1882 fut donc l'occasion,
comme nous venons de le voir, d'un débat qui aboutit à protéger
l'industrie des colorants à base de goudron de houille, en augmentant
sensiblement les droits appliqués à l'importation de ces produits. Il

---

une baisse sensible de leurs prix, si bien que le maintien du même tarif revenait à
augmenter *de facto* les droits de douane. A.N., F[12] 6916, Chambre syndicale de la
grande industrie chimique, Note résumant les Rapports de la Chambre syndicale de la
grande industrie chimique, en réponse au questionnaire du Conseil supérieur du
commerce et de l'industrie, au point de vue des droits demandés, juin 1890.

conviendra de vérifier si cette politique douanière a effectivement apporté les résultats escomptés, ce que nous ferons dans la section suivante. Pour l'heure, poursuivons notre analyse historique de l'évolution du régime douanier.

La réforme suivante qui devait modifier en profondeur le régime douanier établi en 1881-1882 date de 1892, c'est-à-dire exactement dix ans plus tard. Celle-ci, bien connue des historiens de l'économie française sous le nom de « régime Méline » du nom de son promoteur, est généralement qualifiée de fortement protectionniste[6], ce qui nous paraît une analyse exagérée qu'il convient de nuancer. Dans les faits, les importations françaises augmentent lentement mais sûrement à partir de 1892, et commencent à progresser fortement à compter de 1905[7]. Cette tendance est tout particulièrement sensible pour les produits industriels. Rien que pour l'industrie chimique, les importations sont multipliées par 2,64 en vingt ans, entre 1893 et 1913 précisément[8], ainsi que nous l'avons déjà souligné au chapitre I. Dans le secteur de la chimie en tout cas, il semble que l'entrée en vigueur du fameux « régime Méline » ait eu plutôt pour effet d'accroître de façon significative les entrées de produits étrangers sur le territoire français. Reprenons les chiffres et regardons comment les droits de douane ont effectivement été fixés en 1892 pour les produits chimiques. Le tableau 5-3 compare les tarifs appliqués en 1881-1882 et ceux du régime Méline de 1892. On constate que le tarif minimum appliqué à la grande majorité des pays européens reste pratiquement inchangé par rapport au régime conventionné de 1882, y compris pour les colorants à base de goudron de houille dont les droits se maintiennent à 100 francs par quintal. Par contre, on note un léger changement au niveau des produits chimiques à base de goudron de houille, qui constituent la matière première des colorants : les produits fabriqués à partir d'une simple distillation du goudron de houille restent exemptés de droits de douane, tandis que ceux pour lesquels une manipulation supplémentaire est nécessaire, c'est-à-dire ceux qu'on appelle les « grands intermédiaires », sont taxés de 15 francs par quintal, alors qu'ils étaient jusque-là exemptés de tout droit. L'objectif de cette mesure était de freiner les importations de colorants étrangers qui arrivaient souvent en grande quantité en France sous le libellé d'« intermédiaires » pour ne pas être taxés – mais nous verrons plus loin que le résultat escompté ne fut pas au rendez-vous.

---

[6] Cf. par exemple J.H. Clapham, *The Economic Development of France and Germany, 1815-1914*, Cambridge, 1921.

[7] F. Caron, *op. cit.*, p. 101.

[8] Ministère du Commerce, *Rapport général sur l'industrie française, sa situation et son avenir*, t. II, Paris, 1919, p. 4.

Pour le secteur de la chimie, le régime douanier de 1892 reprend dans ses grandes lignes les tarifs de 1881-1882, ce qui signifie également que les tarifs conventionnés pour la chimie minérale des années 1860 sont toujours en vigueur. Est-ce à dire que l'industrie chimique organique française était suffisamment compétitive pour n'avoir besoin d'aucune protection supplémentaire depuis 1860 ? Certainement pas, puisqu'elle avait en fait demandé à l'État d'augmenter les droits de douane. En effet, le Conseil supérieur du commerce et de l'industrie, organisme consultatif auprès du gouvernement, avait distribué un questionnaire en décembre 1889 aux diverses parties concernées par une future réforme des droits de douane. Les chambres de commerce et les syndicats industriels ont profité de cette occasion pour réclamer une hausse des tarifs, y compris pour les produits issus de la chimie minérale[9]. Il est intéressant d'ailleurs de constater que la Chambre syndicale de la grande industrie chimique avait elle-même mené une enquête auprès de ses adhérents et avait proposé un barème de droits qu'il serait bon d'appliquer, selon elle, aux principaux produits de la chimie minérale. Les chiffres avancés tenaient compte de la différence des prix de revient avec les produits anglais, principaux concurrents sur cette branche industrielle, pour réclamer une hausse des tarifs douaniers minimum, comme on peut le voir dans le tableau 5-4. On constate que la Chambre syndicale ne requiert pas systématiquement un tarif douanier correspondant à la différence de prix avec l'Angleterre, mais qu'elle veut instaurer des différences subtiles selon les produits. Si l'on prend l'exemple de l'acide sulfurique, le niveau réclamé d'imposition ne couvre que 50 % de l'écart du prix de revient : cette requête modérée s'explique par le fait que l'acide sulfurique était une matière première essentielle pour l'industrie chimique française, et qu'elle avait également besoin d'en importer. Par contre, les industriels réclament pratiquement l'équivalent de l'écart de prix avec l'Angleterre pour tous les produits dérivés de la soude, de même qu'une hausse significative des droits sur les importations de sulfate de cuivre, produit largement utilisé par les viticulteurs pour protéger la vigne contre les maladies cryptogamiques. Quant aux superphosphates, nouvel engrais qui fait son apparition sur la liste des produits imposables dans le régime douanier de

---

[9] Par exemple, dans sa réponse au questionnaire, la Chambre de commerce de Marseille, une des principales régions productrices de soude en France, réclamait clairement une hausse des droits de douane sur les produits à base de soude, afin de protéger son industrie, défavorisée par le prix du charbon et les coûts de transport, et de ce fait incapable d'être compétitive sur les marchés internationaux face à la concurrence britannique, allemande et belge. A.N., F[12] 6916, Chambre de commerce de Marseille, Réponses au Questionnaire du Conseil supérieur du commerce et de l'industrie, 1890.

1892, ils firent l'objet d'une demande de taxation de l'ordre de 1 franc par quintal, un chiffre qui dépassait l'écart de prix de revient avec l'Angleterre[10].

Or le tableau 5-3 qui indique les tarifs minima finalement retenus pour le régime douanier révisé de 1892 montre que les requêtes de la Chambre syndicale de la grande industrie chimique furent largement ignorées ! On imagine bien que les propositions de relever les tarifs douaniers soulevèrent une vive opposition de la part des industries consommatrices de ces produits chimiques, à savoir les fabricants de verre, de papier, de textiles ou encore les syndicats agricoles. M.S. Smith analyse à juste titre la nature du régime Méline de 1892 en le qualifiant de compromis entre les partisans du libre-échange et les protectionnistes[11], et l'industrie chimique est probablement un des secteurs les plus représentatifs de ce compromis forcé. La Chambre syndicale, au moment de faire son autocritique pendant la Première Guerre mondiale sur les erreurs du passé[12], explique son échec à se constituer en groupe de pression suffisamment puissant pour infléchir la politique gouvernementale par son incapacité à gérer correctement les intérêts parfois divergents des industriels du secteur qu'elle représen-tait[13]. Lorsque, de nouveau en 1910, un réajustement des tarifs douaniers est envisagé, elle n'est toujours pas en mesure d'obtenir des modifica-tions à son avantage. On peut citer à titre d'exemple le cas du sulfate de cuivre qui, sous la pression des viticulteurs, voit son niveau de taxation passer de 3 francs à 1,50 franc par quintal[14].

Nous venons ainsi de retracer l'évolution de la politique douanière appliquée à l'industrie chimique entre le milieu du XIXe siècle et la Première Guerre mondiale : cette analyse montre que les droits de douane n'ont pratiquement pas été modifiés pendant toute cette période pour la chimie minérale. Si l'on ne retient que les tarifs conventionnés appliqués aux pays signataires de traités commerciaux avec la France et indiqués dans les tableaux 5-1 et 5-2, on ne constate qu'une légère modification en 1882 pour la soude caustique et le sulfate de cuivre.

---

[10] Au départ, la Chambre syndicale de la grande industrie chimique avait décidé de demander un tarif douanier sur les superphosphates équivalent à 0,50 franc par quin-tal. Mais elle s'est finalement alignée sur le taux réclamé pour les autres engrais chi-miques. A.N., F^{12} 6916, Chambre syndicale de la grande industrie chimique, Rapport de la Section des engrais chimiques, Note complémentaire, juin 1890.

[11] M.S. Smith, *op. cit.*, p. 10.

[12] Syndicat général des produits chimiques, *op. cit.*, p. 1-11.

[13] D'après Michael Smith, l'industrie chimique française avant la Première Guerre mondiale ne disposait d'aucune organisation ni soutien politique qui puisse défendre ses intérêts lors des discussions sur la réforme douanière.

[14] Syndicat général des produits chimiques, *op. cit.*, p. 9-10.

Pourtant, l'industrie réclamait une hausse des tarifs douaniers. Par contre, les colorants dérivés du goudron de houille qui constituaient les principaux produits de la chimie organique firent l'objet d'augmentations régulières : d'abord pour l'ensemble de ces colorants en 1881-1882, puis en 1892 pour les grands intermédiaires, matières premières des colorants, jusque-là exemptés de droits de douane, et qui se voient dès lors imposés de 15 francs par quintal à l'entrée sur le territoire français. Ces tendances prouvent que l'État avait la ferme volonté de protéger l'industrie chimique organique française. Il faut pourtant se rendre à l'évidence : les mesures prises en la matière ne réussirent pas à préserver ce secteur de la concurrence étrangère. Comme nous l'avons vu dans le chapitre I, l'industrie française des colorants était pratiquement anéantie à la veille de la Première Guerre mondiale, et les mesures fiscales ne suffirent pas à redresser la situation. Essayons, dans la section suivante, de comprendre les mécanismes en jeu qui expliquent l'échec de la politique douanière de l'époque.

Tableau 5-1. Droits de douane sur les principaux produits chimiques : comparaison entre le régime de 1881-1882 et le précédent régime en vigueur depuis les années 1860

Produit	Droits de douane conformément à l'ancien régime général	Droits de douane conformément au nouveau régime général	Droits de douane conformément à l'ancien régime conventionné	Droits de douane conformément au nouveau régime conventionné
Acide sulfurique	51,17	exempté	exempté	exempté
Acide nitrique	113,07	2,50	exempté	exempté
Acide chlorhydrique	0,31	0,37	exempté	0,30
Soude caustique	importation interdite	8,00	6,40	6,50
Soude brute	33,07	2,30	1,90	1,90
Soude pure	33,07	5,00	4,10	4,10
Cristaux de soude	23,71	2,30	1,90	1,90
Sulfate de cuivre	38,69	3,00	5 % de la valeur des importations	3,00
Produits chimiques dérivés du goudron de houille				
Benzine et autres huiles légères	16,22	exempté	5 % de la valeur des importations	exempté
Mazout	exempté	exempté	exempté	exempté
Divers (aniline, nitrobenzène, phénol, naphtaline, anthracène)	importation interdite	exempté	5 % de la valeur des importations	exempté

Colorants dérivés du goudron de houille				
Acide picrique	exempté	25,00	exempté	20,00
Alizarine synthétique	exempté	5 % de la valeur des importations	exempté	5 % de la valeur des importations
Autres colorants dérivés du goudron de houille (sous forme déshydratée)	exemptés	125,00	exemptés	100,00
Autres colorants dérivés du goudron de houille (sous forme de blocs contenant plus de 50 % d'humidité)	exemptés	70,00	exemptés	56,00

Unité : franc/quintal

Tableau établi à partir des sources suivantes : Ministère des Finances, *Bulletin de statistique et de législation comparée*, t. 9, mai 1881, p. 474-478 ; t. 11, 1882, p. 517-521 ; A.N., F[12] 6916, Chambre syndicale de la grande industrie chimique, Note résumant les Rapports de la Chambre syndicale de la grande industrie chimique, en réponse au questionnaire du Conseil supérieur du commerce et de l'industrie, au point de vue des droits demandés, juin 1890.

Tableau 5-2. Droits de douane sur les colorants dérivés du goudron de houille, tels qu'envisagés par le gouvernement dans son projet ou proposés par la Commission des mesures douanières de la Chambre des députés

Produit	Projet du gouvernement	Proposition de la Commission parlementaire
Colorants à base d'aniline ou de toluidine :		
– vert, violet, bleu	372,00	300,00
– autres	124,00	100,00
Acide picrique	31,00	25,00
Autres colorants	6,20 % du prix de vente	5,00 % du prix de vente

Unité : francs/quintal

Source : J. Clère (ed.), *Les Tarifs de douane : Tableaux comparatifs*, Paris, 1880, p. 30.

**Tableau 5-3. Droits de douane sur les principaux produits chimiques :
comparaison entre le régime de 1892 et celui de 1881-1882**

Produit	Droits de douane conformément au régime général de 1881	Droits de douane conformément au régime général de 1892	Droits de douane conformément au régime conventionné de 1882	Tarif minimum conformément au nouveau régime de 1892
Acide sulfurique	exempté	exempté	exempté	exempté
Acide nitrique	2,50	2,50	exempté	exempté
Acide chlorhydrique	0,37	0,37	0,30	0,30
Soude caustique	8,00	8,00	6,50	6,50
Soude brute	2,30	2,30	1,90	1,90
Soude pure	5,00	5,00	4,10	4,10
Cristaux de soude	2,30	2,30	1,90	1,90
Sulfate de cuivre	3,00	3,00	3,00	3,00
Superphosphates	non réglementés	non réglementés	exemptés	exemptés
Matières premières à base de goudron de houille (benzine, toluène, mazout, Naphtaline, anthracène, phénol, etc.)	exemptées	exemptées	exemptées	exemptées
Grands intermédiaires dérivés du goudron de houille (aniline, nitrotoluène, nitrobenzène, toluidine, acide phtalique, etc.)	exemptés	20,00	exemptés	20,00
Acide picrique	25,00	25,00	20,00	20,00
Autres colorants dérivés du goudron de houille (sous forme déshydratée)	125,00	130,00	100,00	100,00
Autres colorants dérivés du goudron de houille (sous forme de blocs contenant plus de 50 % d'humidité)	70,00	70,00	56,00	56,00

Unité : franc/quintal

Tableau établi à partir des sources suivantes : Ministère des Finances, *op. cit.*, t. 31 (1892), p. 187-191 ; A.N., F[12] 6916, Chambre syndicale de la grande industrie chimique, doc. cit.

Tableau 5-4. Tarifs douaniers réclamés par la Chambre syndicale de la grande industrie chimique en vue de la révision du régime douanier de 1892

Produit	Écart de prix de revient avec les produits britanniques	Droits de douane conformément au régime conventionné de 1882	Droits de douane réclamés (tarif minimum) pour 1892
Acide sulfurique	1,00	exempté	0,50
Acide nitrique	2,50	exempté	2,50
Acide chlorhydrique	0,75	0,30	0,37
Sulfate de sodium	2,25	2,20	2,20
Soude brute	2,30	1,90	2,30
Soude pure	6,33	4,10	5,00
Cristaux de soude	2,30	1,90	2,30
Soude caustique	10,68	6,50	8,00
Sulfate de cuivre	5,40	3,00	5,00
Superphosphates	–	non réglementés	1,00

Unité : franc/quintal

Tableau établi à partir des sources suivantes : Archives nationales, F^{12} 6916, Chambre syndicale de la grande industrie chimique, doc. cit. ; *id.*, Rapport de la Section des engrais chimiques, juin 1890.

III. La politique douanière face aux vicissitudes de l'industrie chimique organique française

Nous venons de voir que les colorants dérivés du goudron de houille qui jusqu'en 1882 bénéficiaient d'un régime de franchise sont devenus subitement imposables. Or, pour la grande majorité des produits, les tarifs – par exemple, les produits pour lesquels on exigeait le paiement de plus de 500 francs de taxe par quintal[15] – étaient rédhibitoires : cela revenait à en interdire l'importation sur le territoire français. Pour contourner cet obstacle, l'Allemagne, premier exportateur de colorants vers la France à cette époque, se mit alors à délocaliser une partie de sa production sur le territoire français. Cette volonté des entreprises allemandes de s'implanter en France fut renforcée par la législation française sur les brevets qui stipulait l'interdiction d'importer pendant deux ans sur le territoire français des produits protégés par un brevet. Cependant, cette restriction était loin d'être appliquée à la lettre[16], et quand on regarde la date des investissements industriels directs allemands en

---

[15] D'après Grandmougin, le prix moyen de vente au quintal de colorants synthétiques à la veille de la Première Guerre mondiale était de 300 francs. Cf. E. Grandmougin, *op. cit.*, p. 218 ; M. Fauque, *op. cit.*, p. 136.

[16] Association nationale d'expansion économique, *Enquête sur la production française et la concurrence étrangère*, t. III, Paris, 1917, p. 146-147.

France, on en déduira vite que la modification des tarifs douaniers de 1881-1882 fut l'élément décisif dans la nouvelle politique expansionniste des industriels d'outre-Rhin.

Le premier fabricant allemand de colorants à s'implanter en France fut la société BASF (Badische Anilin und Soda Fabrik). Dès 1878, elle loua une usine produisant de l'alizarine synthétique à Neuville-sur-Saône, qu'elle racheta quatre ans plus tard, le 28 juillet 1882. Cet investissement semble avoir été directement motivé par la volonté d'exploiter le brevet sur l'alizarine synthétique que l'entreprise avait déposé pour la France[17]. Mais comme les premiers débats en vue de modifier les tarifs douaniers commencèrent en 1878, on peut supposer que cette évolution renforça la direction de l'entreprise dans son choix d'établir un site de production en France. L'usine que BASF racheta à Neuville-sur-Saône avait été construite en 1871 par les frères Thomas qui y avaient démarré leur propre fabrication d'alizarine synthétique. Ce faisant, ils essayaient activement de relancer l'industrie lyonnaise des colorants, fortement ébranlée par l'affaire de la fuchsine. Malgré leurs efforts, la tentative se solda par le rachat de leur usine par une entreprise allemande[18].

L'exemple de BASF fut suivi par d'autres entreprises allemandes, et tout d'abord par Hoechst, qui reprit en 1884 la direction d'une usine à Creil, dans le département de l'Oise, pour y fabriquer des colorants à base d'aniline. Celle-ci avait été créée par le chimiste français de renom Coupier, qui y avait lancé une production de colorants dérivés de l'aniline selon un procédé qu'il avait lui-même mis au point. Leopold Cassella & Co. racheta en 1885 l'usine Vaise à Lyon, fondée à l'origine par Léo Vignon, tandis que l'usine de colorants de Saint-Fons construite par les frères Guinon dans le département du Rhône, tombait entre les mains d'AGFA (AG für Anilinfabrikation). Les entreprises de Vignon et des frères Guinon avaient été en leur temps, au même titre que celle des frères Thomas, des fleurons de la chimie organique lyonnaise. Leurs rachats par des entreprises allemandes éteignirent les derniers feux d'une industrie lyonnaise des colorants moribonde. Les entreprises allemandes mentionnées ci-dessus ne furent pas les seules à investir en France. Citons, entre autres, les implantations dans le nord de la France :

---

[17] *Ibid.*, p. 145. Sur les implantations en France des fabricants allemands de colorants, se référer aux travaux suivants : L. Bruneau, *L'Allemagne en France*, Paris, 1914, 3ᵉ partie ; A. Kellenbenz & J. Schneider, « Les Investissements allemands en France, 1854-1914 », in M. Lévy-Leboyer (ed.), *La Position internationale de la France. Aspects économiques et financiers, XIXᵉ-XXᵉ siècles*, Paris, 1977, p. 355-363 ; P. Cayez, *Crises et croissance…, op. cit.*, p. 306.

[18] P. Cayez, *op. cit.*, p. 305-306.

Bayer, qui créa une filiale dans la banlieue de Lille, ou encore Weiler-ter-Meer, qui dirigea un site de production annexe à Tourcoing[19].

Ainsi, la réforme douanière des années 1881-1882 eut pour effet d'encourager l'installation sur le sol français d'usines de colorants de fabrication allemande, et finalement de faire passer sous le contrôle allemand les entreprises françaises qui n'avaient plus les moyens de lutter contre cette concurrence. Il faut cependant reconnaître que si l'industrie allemande établit des sites de production en France, elle ne chercha pas pour autant à y développer des activités industrielles de grande envergure. Ces usines n'avaient pas d'autre mission que d'exécuter les dernières finitions pour le marché français. L'usine BASF de Neuville, par exemple, recevait de sa maison-mère en Allemagne les cristaux d'alizarine, et se contentait de les transformer en poudre et de les emballer pour la vente. Les activités de l'usine se limitaient donc à du simple conditionnement[20]. Quant à l'usine Hoechst de Creil, elle se lança certes en 1905 dans la fabrication industrielle d'indigo synthétique, mais l'intermédiaire principal pour cette production, à savoir la phénylglycine, était importé d'Allemagne, ce qui ne laissait à l'usine que le soin d'effectuer une simple transformation chimique finale[21]. Ainsi, la plupart des usines allemandes implantées en France ne faisaient qu'apporter la dernière touche à des intermédiaires hautement élaborés venus d'Allemagne.

Le régime douanier de 1882 était ainsi porteur d'une faille qui permit aux entreprises allemandes d'adopter cette stratégie de déploiement de ses activités industrielles sur le territoire français. En effet, s'il imposait de nouveaux droits de douane particulièrement élevés, de l'ordre de 100 francs par quintal, sur les colorants dérivés de goudron de houille – c'est-à-dire le produit fini –, il abaissait dans le même temps ceux sur les grands intermédiaires à base de goudron de houille, qui pouvaient entrer en franchise de droits, alors que jusque-là, on prélevait à leur passage en douane 5 % de leur valeur. Dès lors, la meilleure stratégie à adopter pour les entreprises allemandes était d'exporter vers la France des produits intermédiaires aussi élaborés que possible qui ne seraient pas taxés à la frontière, pour les parachever dans leurs filiales implantées

---

[19]   Association nationale d'expansion économique, *op. cit.*, p. 145 ; P. Cayez, *op. cit.*, p. 305-306. Outre les entreprises allemandes, notons également que la société suisse CIBA établit également un site de production annexe à Saint-Fons dans la banlieue de Lyon.

[20]   P. Cayez, *op. cit.*, p. 306.

[21]   A.N., F^{12} 7710, État de la fabrication de l'indigo à la date du 15 mai 1915. De ce fait, le gouvernement français qui réquisitionne pendant la guerre l'usine de Creil aura toutes les peines du monde à y faire redémarrer la production d'indigo.

dans l'Hexagone. C'est d'ailleurs pour rectifier cette lacune que le régime de 1892 imposa un tarif minimum de 15 francs par quintal sur les grands intermédiaires, comme nous l'avons vu plus haut. Malheureusement, cette mesure n'eut pas les résultats escomptés, car le taux était trop peu élevé pour faire perdre de façon décisive leurs avantages aux importateurs de biens intermédiaires. En effet, d'après diverses sources datant du début du XXe siècle, le prix moyen des grands intermédiaires à base de goudron de houille, et comptabilisés comme tels par les autorités douanières, était de 288 francs par quintal[22]. Le taux d'imposition appliqué sur ces produits était donc en moyenne de 5,2 % de leur valeur à l'importation. Or, d'après Grandmougin[23], à la veille de la Première Guerre mondiale, le prix moyen des colorants synthétiques était de 300 francs par quintal. Prenons un chiffre plus élevé pour les besoins de l'argumentation et admettons que les colorants dérivés du goudron de houille importés d'Allemagne étaient facturés en moyenne 500 francs le quintal[24] : les droits de douane sur ces produits finis se seraient alors élevés à environ 20 % de leur valeur, un pourcentage bien supérieur à celui prélevé sur les importations d'intermédiaires. Le régime douanier de 1882 ne réduisait donc pas de façon décisive l'avantage comparatif de l'importation des grands intermédiaires.

Il va de soi que l'industrie française n'appréciait guère cette stratégie à l'exportation des entreprises allemandes (et suisses) qui contournaient la législation sur les droits de douane : elle ne se laissa donc pas faire sans protester. Malheureusement, quel que soit le cas de figure, elle n'avait que peu de chances de sortir victorieuse de ce combat. La Société chimique des usines du Rhône (SCUR), qui réussit à fabriquer à la fin du XIXe siècle de l'indigo synthétique selon un procédé original, intenta par exemple un procès à BASF, arguant que la société allemande ne s'acquittait pas des droits de douane appropriés pour l'indigo synthétique qu'elle importait d'Allemagne, mais la SCUR perdit la bataille juridique[25]. Si l'on consulte les archives du ministère du Commerce aux

---

[22] A.N., F^12 6852, Comité consultatif des arts et manufactures, Révision du régime douanier des produits chimiques dérivés du goudron de houille, 24 février 1909.

[23] E. Grandmougin, *op. cit.*, p. 218.

[24] D'après l'*Enquête sur la production française et la concurrence étrangère* réalisée par l'Association nationale d'expansion économique pendant la Première Guerre mondiale, l'Allemagne exportait vers la France des colorants dérivés du goudron de houille de première catégorie, dont le prix dépassait 500 francs pour 100 kg, ainsi que des colorants de moindre qualité, vendus entre 200 et 500 francs. On peut donc estimer que le prix moyen était en réalité inférieur à 500 francs. Cf. Association nationale d'expansion économique, *op. cit.*, p. 146.

[25] Archives Rhône-Poulenc, P.-V. du conseil d'administration de la Société chimique des usines du Rhône, séance du 20 mai 1901.

Archives nationales à Paris, on trouve trois autres exemples de litiges concernant des importations de produits intermédiaires par des fabricants allemands ou suisses de colorants, mais dans tous les cas, les tribunaux ne remirent jamais en cause la nature d'« intermédiaires » des produits importés, et donc les tarifs qui leur avaient été appliqués.

Parmi ces dossiers, un retient notre attention : il s'agit du litige concernant les droits de douane appliqués à un intermédiaire, l'oxydinitrodiphénylamine, importé par la société suisse pour être transformé dans son usine de Saint-Fons dans la banlieue lyonnaise. Étant donné le niveau de finition de ce produit, le régime des colorants à base de goudron de houille lui avait été appliqué à son entrée en France. Mais la CIBA porta plainte et réclama d'être imposée sur les taux des intermédiaires, invoquant le fait que les capacités « colorantes » du produit étaient insuffisantes. Afin de trancher, le ministère du Commerce demanda l'avis de la profession en France. Sept entreprises ou associations professionnelles sur neuf répondirent qu'elles partageaient l'analyse de la CIBA, deux seulement pensaient le contraire. Ce résultat peut paraître inattendu au premier abord, mais si l'on analyse les choses de plus près, on découvre que sur les sept organismes abondant dans le sens de la CIBA, quatre regroupaient des teinturiers, un n'était autre que la Chambre de commerce de Lyon dont les nombreux adhérents comprenaient, entre autres, de gros consommateurs de colorants comme les teinturiers. Or il était tout à fait naturel que ces professionnels accueillent à bras ouverts toute baisse des droits de douane, puisque cela signifiait pour eux une baisse des prix de leur matière première. Les deux autres entreprises interrogées favorables à la CIBA étaient bien des fabricants de colorants – la Société de production de matières colorantes de Lyon et la Société des colorants de Paris. Mais derrière ces noms se cachaient, pour la première, la filiale française de Leopold Cassella & Co., rachetée en 1885, et pour la seconde, le site de production français racheté en 1884 par Hoechst. Il n'y avait rien d'étonnant à ce que ces entreprises, sous contrôle allemand, soutiennent la position de la CIBA, qui était également la leur. Par contre, celles qui avaient repoussé la réclamation de la CIBA étaient d'une part, la Société anonyme des matières colorantes et produits chimiques de Saint-Denis, le seul fabricant français de colorants qui avait réussi à garder une certaine notoriété, et d'autre part, la SCUR, la plus grosse société française de chimie organique de l'époque. Bien que la SCUR ne produisît plus, à cette date, de colorants, elle entendait, par sa réponse, mettre en garde le gouvernement contre l'influence néfaste qu'avait le régime douanier en vigueur sur l'industrie chimique organique. Malheureusement, les objections avancées par ces deux entreprises restèrent lettre morte, face à une majorité écrasante qui se composait d'une part de teinturiers désireux de s'approvisionner à bon marché et d'autre part de fabricants allemands de colorants. Au bout du compte, la réclamation de la CIBA fut jugée recevable[26].

Ceci dit, la S.A. Saint-Denis et la SCUR n'étaient pas complètement isolées et sans appuis. Juste avant de modifier le régime douanier de 1910, le Comité consultatif des arts et manufactures, à qui le gouvernement avait demandé un avis concernant les tarifs sur les produits dérivés du goudron de houille, proposa de relever de 100 % les droits sur les intermédiaires à base de goudron de houille dont le degré de finition était proche de la phase finale, afin de protéger les entreprises françaises face à la concurrence allemande désormais bien implantée en France[27]. Cet avis ne fut malheureusement pas suivi en 1910. L'éventualité d'un redressement de l'industrie française des colorants grâce à une politique douanière appropriée fut même balayée d'un revers de main, avec cette déclaration de la Commission des mesures douanières de la Chambre des députés :

Mais il y a des courants qu'on ne remonte pas – disait en effet alors l'honorable rapporteur de la Commission des Douanes de la Chambre des Députés –, des conquêtes qu'on ne peut refaire du jour au lendemain et il faudra longtemps pour que, dans l'ordre des industries qui nous occupent en ce moment (les industries de synthèse), nous regagnions sur l'Allemagne l'avance qu'elle a eu l'habileté de prendre sur nous[28].

C'est ainsi que le gouvernement renonça à soutenir, par le biais de sa politique douanière, le redressement du secteur de la chimie organique, dont les principaux bénéficiaires auraient été les fabricants de colorants dérivés du goudron de houille.

Le présent chapitre vient donc de passer en revue la question du régime douanier français entre 1860 et 1914, en se plaçant du point de vue de l'histoire de l'industrie chimique. Il en ressort que pour la chimie minérale, les tarifs douaniers décidés par les traités de commerce de 1860 ont grosso modo été maintenus tels quels pendant toute la période étudiée. Ce qui ne signifie pas pour autant que l'on n'ait pas assisté à un certain protectionnisme dans l'industrie chimique. La Chambre syndicale de la grande industrie chimique réclama, en effet, au moment de la réforme des années 1881-1882, que soient appliqués des droits de douane permettant de compenser la différence de prix de revient par

---

[26] A.N., F[12] 6852, Ministère du Commerce et de l'Industrie, dossiers sur le régime douanier de l'oxydinitrodiphénylamine.

[27] A.N., F[12] 6852, Comité consultatif des arts et manufactures, doc. cit.

[28] A.N., F[12] 7711, Rapport de la Commission des mesures douanières de l'Office des produits chimiques et pharmaceutiques, 1re partie.

rapport aux produits britanniques. À aucun moment cette requête ne fut prise en compte par l'État, qui considérait vraisemblablement que les tarifs en vigueur permettaient largement à l'industrie française de lutter contre la concurrence étrangère[29]. On peut cependant supposer que si l'industrie chimique française avait réussi à s'organiser en groupe de pression suffisamment puissant, comme d'autres industries étaient parvenues à le faire, la situation aurait changé du tout au tout. Par contre, l'industrie des colorants à base de goudron de houille, qui avait pris un retard évident par rapport à ses homologues allemand ou suisse, fit l'objet de divers débats dès 1882, dans le but de la protéger. Cette préoccupation se traduisit, d'abord en 1882, par l'application d'un tarif conventionné de 100 francs par quintal pour ces produits jusque-là exemptés de tout droit, puis, cette fois en 1892, par l'instauration de nouveaux droits de douane sur les grands intermédiaires dérivés du goudron de houille, qui servaient de matière première à la production de colorants. Or ces mesures eurent exactement l'effet contraire de ce qu'en espérait le gouvernement, allant même jusqu'à accélérer le déclin de l'industrie française des colorants. Il faudra attendre l'épreuve nationale de la Première Guerre mondiale pour que le gouvernement se rende compte de l'importance de ce secteur[30] et adopte des mesures douanières appropriées favorisant réellement le redressement de l'industrie chimique organique.

IV. Synthèse : en guise de conclusion de la première partie

Dans la première partie de cet ouvrage, nous avons tout d'abord essayé de définir la place de l'industrie chimique française dans le monde à la veille de la Première Guerre mondiale, puis étudié les raisons de son « retard » généralement admis par rapport à l'industrie allemande. Trois facteurs essentiels ont ainsi été dégagés : l'enseignement de la chimie en

---

[29] Notons que la mise en place du nouveau régime douanier de 1881-1882 fut l'occasion de reconnaître que l'industrie chimique française avait détenu par le passé une place prépondérante. A.N., F^{12} 6852, Chambre des députés, Proposition de loi tendant à fixer le régime douanier du benzol et de la benzoline, 23 novembre 1908.

[30] Le préambule du projet de loi modifiant le régime douanier, soumis au Parlement par le gouvernement Poincaré au lendemain de la Première Guerre mondiale, souligne les lacunes du régime douanier en vigueur en ce qui concerne l'industrie chimique organique. « Alors que les teintures artificielles étaient taxées à 100 F le quintal, les produits, quelle qu'en soit la complication, représentant des stades intermédiaires de leur fabrication et dérivés du goudron de houille ne l'étaient qu'à 15 F. Partant de cette disposition tarifaire, l'industrie étrangère vint installer en France de simples usines de finissage et a abouti à la stériliser en grande partie. » A.N., F^{12} 7711, Projet de loi tendant à modifier le tableau A annexé à la loi du 11 janvier 1892 (produits chimiques), présenté au nom de M. Raymond Poincaré, 1919.

France, le système d'attribution des brevets d'invention et le régime douanier, que nous avons analysés en détail. Il va de soi que de nombreux autres facteurs ont constitué des freins au développement de l'industrie chimique française dans la deuxième moitié du XIXᵉ siècle. On ne peut pas nier l'effet négatif sur l'économie qu'eurent par exemple les sommes colossales que la France dut verser à l'Allemagne au titre des réparations au lendemain de la défaite de la guerre de 1870-1871[31]. Pour l'industrie chimique, ce fut probablement la cession à l'Allemagne de l'Alsace, région où étaient concentrées de nombreuses industries textiles, qui eut l'impact le plus dévastateur, puisqu'elle perdait ainsi d'importants clients pour ses colorants. Ces soubresauts politiques ont sans doute également joué un rôle dans l'échec français de la fabrication d'alizarine synthétique, malgré plusieurs tentatives dans les années 1870-1880. Le rapport Clémentel estime que la consommation de l'Alsace et de la Lorraine en colorants au lendemain de la guerre représentait un tiers de l'ensemble de la consommation française en termes de chiffre d'affaires. Or l'industrie alsacienne des imprimés textiles était grande consommatrice d'alizarine synthétique, si bien qu'il deviendra urgent en 1919 d'en augmenter rapidement la production[32]. Il convient cependant d'être prudent et de ne pas surestimer ces facteurs. Même si la guerre franco-prussienne n'avait pas eu lieu, nous avons vu que des raisons structurelles internes à l'industrie chimique française auraient de toute façon continué à creuser l'écart avec l'Allemagne. On peut cependant affirmer sans risques que la perte de l'Alsace et de la Lorraine a accéléré le déclin de l'industrie chimique organique française.

Tout au long de la première partie, nous avons utilisé le terme de « retard » par rapport à l'Allemagne, mais il ne faut pas croire pour autant que la chimie française était un secteur industriel en crise et sans avenir. Bien au contraire, entre 1850 et la Première Guerre mondiale, son dynamisme était remarqué puisqu'il enregistrait la plus forte croissance de l'économie française[33]. Il faut donc relativiser ce « retard », qui n'a pu être qualifié ainsi que parce que l'industrie chimique allemande faisait preuve à la même époque d'un prodigieux développement. Le « retard » dont on parle ici ne comporte pas la nuance de « marasme » ou de « stagnation », qu'on attribue souvent à ce terme. Cette réalité s'applique à l'industrie chimique dans son ensemble, mais également, jusqu'à un certain point, au secteur de la chimie organique, dont nous

---

[31] Cf. M. Lévy-Leboyer & Fr. Bourguignon, *op. cit.*, p. 236-239.

[32] Ministère du Commerce, *op. cit.*, p. 208.

[33] Cf. R. Richeux, *op. cit.* ; P. Verley, « Secteurs forts et secteurs faibles dans l'économie française des années 1860 : une simulation économétrique », in P. Fridenson & A. Straus (dir.), *op. cit.*, p. 151-17.

avons, à plusieurs reprises, pourtant souligné le déclin dans cette première partie. Si on regarde attentivement ce qui se passait à l'intérieur de chacune des principales entreprises chimiques françaises, on constate qu'elles n'avaient pas peur d'affronter courageusement et vigoureusement les entreprises allemandes qui se targuaient d'être plus compétitives. C'est ce que nous essaierons de faire ressortir dans la deuxième partie afin de mieux saisir la nature exacte de l'industrie chimique française de l'époque, à travers une étude de cas qui analysera les trois entreprises les plus actives dans le secteur de la chimie organique entre 1850 et la Première Guerre mondiale.

DEUXIÈME PARTIE

LES ENTREPRISES FRANÇAISES DE PRODUITS CHIMIQUES DE LA DEUXIÈME MOITIÉ DU XIXe SIÈCLE À LA PREMIÈRE GUERRE MONDIALE

L'exemple de l'industrie chimique organique de synthèse

CHAPITRE VI

La Société anonyme des matières colorantes et produits chimiques de Saint-Denis

I. Introduction

Le déclin de la chimie organique de synthèse en France, que précipita l'affaire de la fuchsine, fut rapide, car il résultait de plusieurs facteurs qui se conjuguaient, comme nous venons de le voir tout au long de la première partie de cet ouvrage. L'industrie chimique organique britannique suivit le même chemin[1], si bien qu'à la veille de la Première Guerre mondiale, les entreprises allemandes éclipsaient toutes les autres dans ce secteur. Non seulement elles détenaient plus de 80 % du marché mondial des colorants dérivés de goudron de houille, mais elles s'affirmaient rapidement dans d'autres branches de la chimie, comme les produits pharmaceutiques, notamment le tout nouveau fébrifuge qu'était l'aspirine, ou encore les parfums de synthèse ou les réactifs photographiques. De ce fait, au niveau macroéconomique, la situation de l'industrie chimique organique française en 1914 paraît désastreuse.

Pourtant, si on se place au niveau d'entreprises individuelles, le tableau est plus nuancé. En effet, les entreprises chimiques françaises n'ont pas été systématiquement éliminées par les attaques de la concurrence allemande. Certaines ont osé défier avec courage l'hégémonie allemande, en tout cas sur certains segments, et se sont efforcées de rattraper leur manque de compétitivité. Nous verrons, tout au long de cette deuxième partie qui mettra l'éclairage sur trois entreprises individuelles, que l'essor fulgurant que connaîtra l'industrie chimique organique française après la guerre trouve son origine non pas dans des efforts récents accomplis par la force des choses pendant le conflit, mais bien avant, dans un travail préparatoire minutieux réalisé par quelques entreprises individuelles. La Société anonyme des matières colorantes et

---

[1] Sur les difficultés rencontrées par l'industrie chimique organique britannique et son déclin, cf. T. Nishizawa, « L'Enseignement des sciences et techniques au Royaume-Uni au XIXe siècle : réflexions sur le "retard" par rapport à l'Allemagne* », *Keizaigaku Zasshi* [*Revue de sciences économiques*], Université municipale d'Osaka, vol. 90, nos 5 & 6, 1990, p. 31-58.

produits chimiques de Saint-Denis, qui fera l'objet du présent chapitre, fut la seule à ne jamais baisser les bras devant la suprématie allemande dans le domaine de la fabrication des colorants à base de goudron de houille. Pendant toute la période qui précéda la guerre, elle n'eut de cesse de résister.

II. La fondation de la Société anonyme des matières colorantes et produits chimiques de Saint-Denis

La Société anonyme des matières colorantes et produits chimiques de Saint-Denis – que nous appellerons ci-après simplement « S.A. Saint-Denis », par souci de clarté – fut fondée en 1881 avec un capital de 10 millions de francs. Elle était le fruit d'un rapprochement entre la maison Poirrier, dont le principal site de production se trouvait sur la commune de Saint-Denis dans la banlieue nord de Paris, et la maison Dalsace. Il serait en fait plus exact de dire que cette fusion permettait *de facto* à Poirrier d'absorber Dalsace. Nous avons vu dans le chapitre IV que Poirrier était un des plus anciens fabricants en France de colorants à base d'aniline, et que son « violet d'aniline » à lui seul avait permis à la maison d'enregistrer un chiffre d'affaires de plus de 4 millions de francs rien qu'en 1860-1861. Au milieu des années 1860, Poirrier attira de nouveau l'attention en réalisant avec succès la fabrication industrielle du « violet de Paris » à base de fuchsine, colorant découvert par le chimiste Lauth. Rappelons en passant que Lauth s'était vu décerner la médaille d'or à l'Exposition universelle de 1867 pour sa découverte, tandis que l'ingénieur Verdi, employé chez Poirrier, obtenait la médaille d'argent pour avoir mis au point son application industrielle. Dans les années 1870, la maison Poirrier prépara une brochure présentant les grandes lignes de ses activités[2] qu'elle publia à l'occasion de l'exposition universelle de 1878. Il nous paraît intéressant d'examiner ici la structure interne de recherche mise en place chez Poirrier, telle qu'elle est présentée dans ce fascicule[3].

---

[2]   *Histoire de la Maison A. Poirrier*, brochure présentée au jury international de l'Exposition universelle de 1878.

[3]   D'après cette brochure, la Maison Poirrier proposait à tout employé resté dans la maison plus de 2 ans un système d'intéressement aux bénéfices de l'entreprise, en fonction de ses propres résultats. Elle avait également mis en place un système d'assistance sociale assez inédit pour l'époque, en offrant des prestations d'assurance maladie, en aménageant des installations sanitaires, dont des baignoires mises à la disposition des ouvriers, ou encore en distribuant gratuitement aux employés du lait, ou du café glacé (l'été). Si l'on en croit des documents ultérieurs, cette politique sociale fut maintenue même après la réorganisation de l'entreprise en société anonyme. A.N., 65 AQ P297, Compte rendu de l'Assemblée générale des actionnaires de la

D'après ce document donc, l'usine de Saint-Denis employait à l'époque quelque 350 ouvriers, répartis en quatre grandes lignes de production. Chaque production était gérée par un chimiste, le tout coiffé d'un directeur général, lui aussi chimiste de formation. Or ce directeur général avait une deuxième casquette, celle de directeur du tout nouveau laboratoire qui avait pour mission de s'occuper exclusivement de R&D. Dès sa création, on assigna de nombreux chimistes à ce laboratoire, mais on y transféra également deux des directeurs de production mentionnés ci-dessus[4]. La maison Poirrier avait en outre tissé des liens solides avec des chimistes et des ingénieurs externes, qu'elle assistait financièrement dans leurs activités de recherche pour mettre au point de nouveaux produits. C'est ainsi, par exemple, que le pharmacien Roussin, qui le premier avait découvert les colorants azoïques, céda immédiatement ses droits à la maison Poirrier, si bien qu'elle put commercialiser dès la fin de l'année suivante l'orangé I. Cet exemple est probablement le résultat le plus remarquable de l'efficacité de ce système de collaboration avec l'extérieur[5].

La maison Poirrier fabriquait une large gamme de produits. Outre de nombreux colorants à base d'aniline et les colorants azoïques que nous avons mentionnés plus haut, elle s'est, la première, lancée dans une production inédite, celle du célèbre cachou de Laval, premier colorant de cuve (obtenu par oxydation chimique). Il convient de souligner que tous les intermédiaires nécessaires à cette production étaient également fabriqués dans l'usine de Saint-Denis. Malheureusement, cette politique engendrait aussi des problèmes, car l'entreprise dépendait dès lors des importations pour ses approvisionnements en matières premières, essentiellement le benzol et l'aniline. Le régime douanier de l'époque taxait les produits distillés du goudron de houille à 5 % de la valeur des importations, ce qui plaçait la maison Poirrier, obligée d'acheter hors des frontières ses matières premières, dans une position désavantageuse par rapport à la concurrence étrangère. La fusion avec la maison Dalsace, qui avait mis au point un procédé original de fabrication de certains dérivés du goudron de houille comme l'aniline ou la toluidine, était un moyen pour Poirrier de s'assurer un approvisionnement stable en matières premières via une intégration économique verticale. Mais ce

---

S.A. des matières colorantes et produits chimiques de Saint-Denis, 14 juillet 1881 ; *Exposition universelle internationale de 1900...*, *op. cit.*, t. II, p. 26.

[4] Les documents de l'époque n'expliquent pas clairement quel niveau de formation avaient reçu les « chimistes » qui travaillaient chez Poirrier. On peut simplement supposer que, puisqu'on leur attribuait ce titre de « chimiste », la majorité d'entre eux devait posséder des diplômes d'enseignement supérieur.

[5] *Exposition universelle internationale de 1900...*, *op. cit.*, t. II, p. 19 ; J. Gérard (ed.), *Dix ans d'efforts scientifiques et industriels*, t. II, Paris, 1926, p. 1129.

n'était pas la seule raison. En se transformant en société anonyme, l'entreprise améliorait ses capacités de financement, ce qui lui permet de déployer une stratégie plus agressive face à la concurrence allemande. Or, pour y parvenir, il fallait s'attaquer à un domaine précis : l'alizarine synthétique, qui à ce jour n'était produite que par des entreprises allemandes.

III. L'échec de la fabrication d'alizarine synthétique

On ne sait pas à quelle date précise la S.A. Saint-Denis décida officiellement de se lancer dans la fabrication d'alizarine synthétique. À notre connaissance, c'est lors de l'Assemblée générale des actionnaires de mai 1883[6] que le président, A. Poirrier, annonça pour la première fois son intention d'acheter un terrain destiné à une future fabrication industrielle de l'alizarine. Cependant, quand on sait que des travaux de recherche sur l'alizarine synthétique avaient déjà activement débuté du temps de la maison Poirrier, on peut supposer que l'idée de s'attaquer à ce secteur était déjà clairement dans les esprits au moment de la réorganisation en société anonyme. Quoi qu'il en soit, les premières expériences réussies de fabrication remontent à 1884, et la S.A. Saint-Denis mit son premier produit fini sur le marché l'année suivante. Poirrier n'hésita pas à placer cette décision au plus haut rang de ses préoccupations en affirmant que la réussite de la commercialisation de l'alizarine synthétique était une question de vie ou de mort pour l'entreprise, si elle voulait être capable de rivaliser avec les entreprises allemandes. « En effet, ne pouvant offrir l'alizarine à nos clients, ceux-ci étaient souvent amenés à donner la préférence, pour les achats des autres produits de notre fabrication, à ceux de nos concurrents qui leur offraient en même temps de l'alizarine »[7]. En d'autres termes, si la S.A. Saint-Denis voulait développer la vente des produits dans laquelle elle excellait – les colorants à base d'aniline et les colorants azoïques –, il devenait indispensable de pénétrer le marché de l'alizarine.

On constate dans le tableau 6-1 que les investissements destinés à la fabrication de l'alizarine augmentèrent régulièrement à partir de 1883, pour atteindre un plafond en 1887. Malheureusement, cette production arriva sur le marché au pire moment qui soit, puisque le prix de vente de l'alizarine en 1884 enregistra une chute de l'ordre de 50 % par rapport à l'exercice précédent[8], et cette tendance à la baisse se poursuivit l'année suivante, avec l'abandon de la convention internationale sur l'alizarine,

---

[6] A.N., 65 AQ P297, A.G. du 26 mai 1883.
[7] *Ibid.*, 26 mai 1884.
[8] *Ibid.*

ce qui ouvrait la voie à une concurrence sauvage. Dans un tel contexte, la S.A. Saint-Denis n'eut pas d'autre choix que d'interrompre sa production d'alizarine en 1887, trois ans à peine après l'avoir démarrée.

Cette guerre des prix de l'alizarine lancée par les entreprises allemandes fut souvent citée dans les publications françaises de l'époque comme un cas d'école illustrant la politique de « dumping » pratiquée par l'industrie chimique d'outre-Rhin. Il convient cependant de noter que le même phénomène de baisse des prix faisait rage en Allemagne : il paraît en fait peu probable que la notion de « dumping » s'appliquât vraiment, c'est-à-dire que les produits exportés étaient vendus en dessous des prix ayant cours en Allemagne. Dans la réalité, si on se réfère aux travaux de recherche de Sachio Kaku, la dure compétition sur les prix que se menaient entre elles les principales entreprises allemandes les touchait sévèrement : par exemple, Bayer vit sa situation financière empirer, à tel point qu'on murmurait même à l'époque que la faillite était imminente[9]. Quoi qu'il en soit, il ne pouvait donc pas y avoir de pire environnement économique pour se lancer dans la production industrielle d'alizarine synthétique, au moment où la S.A. Saint-Denis le fit. Comme, en plus, ses autres produits phares ne parvenaient pas à dégager les mêmes marges bénéficiaires que par le passé, du fait de la crise ambiante et d'une baisse généralisée des prix, la situation financière générale de l'entreprise était particulièrement difficile, et ce même si on met de côté les pertes engendrées par l'échec de la production d'alizarine. Dans un tel contexte, on peut comprendre que, pour assurer la poursuite de leurs activités, les dirigeants de la S.A. Saint-Denis plaçaient leurs derniers espoirs dans le soutien de leurs clients et dans d'éventuelles mesures protectionnistes de l'État. Poirrier en appela d'abord à sa clientèle en ces termes :

> Enfin, étant en réalité les seuls producteurs d'alizarine en France, nous espérons que les consommateurs français nous accorderont la préférence de leurs ordres. Nous croyons même que toute la consommation estimera qu'il est de son intérêt de nous favoriser ; car elle ne peut oublier que, si elle était livrée de nouveau à la discrétion d'un syndicat, elle serait exposée, à un moment donné, à payer, comme hier, des prix de cent pour cent plus élevés que les prix actuels[10].

Malheureusement, cet appel fut un coup d'épée dans l'eau : même pendant la Première Guerre mondiale[11], les acheteurs de colorants n'ont pas eu d'état d'âme et ont continué à s'approvisionner en Allemagne,

---

[9] S. Kaku, *op. cit.*, chapitre IV.
[10] A.N., 65 AQ P297, A.G. du 26 mai 1884.
[11] A.N., F[12] 7708, Lettre de la Chambre de commerce de Lyon à Monsieur le Directeur général des douanes, 22 janvier 1916.

pays pourtant ennemi de la France. Peut-être serait-il plus juste de dire que les comptoirs allemands avaient tout simplement réussi à inspirer une confiance totale à leur clientèle française, s'assurant de sa fidélité en toutes circonstances, grâce notamment aux précieux conseils qu'ils prodiguaient, fournissant des explications détaillées aussi bien sur la composition des produits que sur leurs modes d'emploi[12].

Quant au gouvernement, nous avons vu dans la première partie qu'il ne s'était rendu compte de l'importance stratégique des colorants dérivés du goudron de houille que très tardivement, c'est-à-dire après le déclenchement des hostilités avec l'Allemagne. Avant cette date, il considérait que de légers ajustements des tarifs douaniers, répondant à des objectifs précis, étaient largement suffisants. Mais, ainsi que nous l'avons démontré dans le chapitre V, ces aménagements furent inaptes à soutenir l'industrie nationale. Penchons-nous sur les effets concrets qu'eut cette politique sur la maison Poirrier, puis sur la S.A. Saint-Denis. Tout d'abord, du temps de la maison Poirrier, les matières premières importées étaient taxées à la frontière à 5 % de leur valeur, ce qui eut pour conséquence d'augmenter les coûts de fabrication – nous en avons déjà parlé plus haut. Or, à la même époque, les produits finis étaient, quant à eux, exemptés de tous droits, si bien que pour Poirrier, le désavantage était double. L'année où la S.A. Saint-Denis fut fondée, 1881, fut également l'année de la première réforme du régime douanier. Les importateurs de colorants dérivés du goudron de houille devaient désormais s'acquitter d'un droit de douane de 1 franc par kg (tarif conventionné). Mais comme les intermédiaires pouvaient, quant à eux, entrer sur le territoire français en franchise de droits, la nouvelle politique douanière eut pour effet d'encourager l'implantation d'usines allemandes dans l'Hexagone. Il suffisait désormais aux entreprises allemandes, d'une part, d'importer, sans s'acquitter de la moindre taxe, des intermédiaires aussi élaborés que possible et, d'autre part, d'établir quelque part en France un atelier chargé uniquement de la finition. Or il est difficile de croire qu'un tel phénomène n'eut aucune répercussion sur le chiffre d'affaires de la S.A. Saint-Denis dans les années 1880, surtout quand on sait que la première usine française sous contrôle allemand, celle de Neuville, avait justement pour mission première d'exploiter le brevet sur l'alizarine synthétique, que BASF avait déposé pour la France[13].

Quoi qu'il en soit, la diversification dans l'alizarine, pour laquelle la S.A. Saint-Denis avait investi des sommes colossales se solda par un échec au bout de trois ans à peine, qui fut lourd de conséquences, tant à

---

[12]   Voir le chapitre II du présent ouvrage.

[13]   Association nationale d'expansion économique, *op. cit.*, p. 145.

court terme qu'à long terme, pour la gestion de la société. À court terme, aucun dividende ne put être versé pendant deux ans de suite, en 1886 et en 1887, à cause des pertes essuyées par la section « alizarine ». Nous ne disposons malheureusement d'aucun document pour 1886, mais l'on suppose que ce fut cette année-là que la section « alizarine » enregistra ses plus mauvais chiffres. En 1887, année où la décision de cesser la production fut prise, la firme annonça des pertes de près de 120 000 francs rien que pour la branche « alizarine », alors que les autres sections procurèrent au total 620 000 francs de bénéfices au budget[14]. À long terme, les investissements réalisés pour l'alizarine allaient plomber les comptes jusqu'en 1895, puisqu'ils représentaient le tiers des actifs immobilisés de l'entreprise[15], ainsi que le montre le tableau 6-1, empêchant pendant longtemps la direction d'investir ailleurs. Mais l'échec de cette production avait une signification plus grave encore : c'était toute la stratégie d'entreprise qui s'écroulait d'un seul coup, puisque la S.A. Saint-Denis avait tout misé sur l'alizarine pour reconquérir une place prédominante dans l'industrie chimique organique, au moins à l'égal de ses homologues allemandes. Or il lui fallut rembourser progressivement ses emprunts bancaires, et elle dut, pour cela, réduire par trois fois son capital, et donc la taille de ses activités. Le tableau 6-1 montre clairement qu'entre 1883 et 1905, les affaires diminuèrent de moitié. Dans le même temps, les principales entreprises allemandes avaient multiplié par deux ou trois leurs propres investissements[16] : un contraste saisissant qui illustre les destinées croisées des deux industries.

Tableau 6-1. Situation financière de la Société anonyme des matières colorantes et produits chimiques de Saint-Denis (1881-1912)

Exercice fiscal (année)	Bénéfices nets	Dividendes [a] (francs)	Actif immobilisé (part de d'alizarine)	Capital	passif circulant [b]
1881	355	15,41	2 713	10 000	1 032
1882	1 014	41,00	3 012	10 000	1 392
1883	822	31,00	4 472	10 000	1 461
			(546)		
1884	465	15,50	5 113	10 000	1 327
			(1 396)		
1885	379	11,00	5 289	10 000	1 112
			(1 675)		
1887	505	0	5 462	10 000	1 081
			(1 823)		
1888	729	20,60	5 210	10 000	471

[14] A.N., 65 AQ P297, A.G. du 26 mai 1888.

[15] *Ibid.*, 26 mai 1895.

[16] Cf. S. Kaku, *op. cit.*, Tableaux I à III en annexe.

			(1 682)		
1892	484	17,50	4 373	9 000	436
			(999)		
1895	565	22,50	4 334	9 000	436
1901	281	16,00	2 059	7 000	377
1905	500	18,75	2 039	4 375	466
1910	908	35,00	1 637	4 375	756
1912	1 038	35,00	1 584	4 375	756

Unité : millier de francs

a. Pour une valeur nominale de l'action de 500 francs entre 1881 à 1900, de 400 francs de 1901 à 1903, et de 250 francs de 1904 à 1912.
b. Y compris les emprunts bancaires.

Sources : A.N., 65 AQ P297, Comptes rendus de l'Assemblée générale ordinaire des actionnaires de la S.A. des matières colorantes et produits chimiques de Saint-Denis, 1882-1913. Cependant, certains chiffres sont tirés des données publiées dans *Le Bulletin financier*, un journal spécialisé de l'époque.

IV. La Société anonyme des matières colorantes et produits chimiques de Saint-Denis à la veille de la Première Guerre mondiale

Ainsi que nous venons de le voir, la diversification dans l'alizarine synthétique se solda par un échec complet, alors que la S.A. Saint-Denis y avait misé tout son avenir. Le résultat fut donc exactement à l'opposé des espérances, puisqu'il creusa le fossé avec la concurrence allemande. À ce moment-là, l'industrie française des colorants était tellement moribonde que l'on pronostiquait sa disparition complète à très court terme. Le déclin de la S.A. Saint-Denis semblait inévitable dans les années 1890. Pourtant il n'en fut rien. Certes, l'entreprise avait subi un revers de taille avec l'échec de l'alizarine et avait dû capituler devant la compétitivité allemande. Pourtant, elle réussit, tout au long des années 1880, à successivement mettre au point plusieurs nouveaux produits dans le secteur des colorants azoïques. En 1893, la fabrication industrielle du fameux « noir Vidal », un des tout premiers colorants de cuve à trouver des applications pratiques, eut un grand retentissement[17]. L'entreprise joua ainsi un rôle pionnier dans différentes catégories de colorants, notamment les colorants à base d'aniline, les colorants azoïques et les colorants de cuve obtenus par oxydation chimique. Cette avance scientifique lui avait permis, déjà du temps de la maison Poirrier, de mettre en place un réseau international de vente, qui continua à se développer. Au Japon par exemple, la maison de colorants Inabata, fondée par Katsutarô Inabata, se fit un nom dès ses débuts en devenant

---

[17] *Exposition universelle internationale de 1900...*, *op. cit.*, t. II, p. 20-25.

l'importateur des produits de la S.A. Saint-Denis[18]. À ce sujet, il est intéressant de noter que, dans une lettre adressée pendant la Première Guerre mondiale, à Étienne Clémentel, alors ministre du Commerce, le consulat français au Japon souligne le rôle exemplaire joué par Inabata dans le développement des échanges économiques franco-japonais.

M. Inabata, qui a été nommé il y a quelques années chevalier de la Légion d'honneur, est depuis longtemps déjà un des agents les plus utiles de notre influence au Japon. Élevé en partie en France, il a toujours tenu à nous réserver la meilleure part des affaires qu'il nouait avec l'étranger. Représentant depuis une trentaine d'années de la Société Anonyme des Matières Colorantes et des Produits Chimiques de Saint Denis, présidée par M. le sénateur Poirier [*sic*], c'est lui qui a introduit au Japon les matières colorantes de fabrication française en s'efforçant de lutter contre la concurrence allemande[19].

Ainsi, dans les années 1880-1890, la S.A. Saint-Denis ne perdit nullement son esprit d'initiative en matière de R&D pour le lancement de nouveaux produits, malgré le revers essuyé avec l'alizarine, et son réseau commercial s'étendit dans le monde entier. Le tableau 6-2 résume l'évolution des dépenses affectées au laboratoire de recherche de l'entreprise : on constate que s'il fallut réduire divers budgets au moment de l'arrêt de la fabrication de l'alizarine, afin de remettre les comptes à plat, l'entreprise s'efforça de maintenir au même niveau les dépenses affectées au laboratoire. C'est certainement cette volonté de donner la priorité à la recherche qui permit à la S.A. Saint-Denis de ne pas perdre de sa compétitivité tout au long des années 1890. Or c'est justement dans les années 1880-1890 que les plus grandes entreprises allemandes se lancèrent dans de vastes programmes de R&D[20]. L'avance prise par la S.A. Saint-Denis ne fut pas toujours suffisante pour ne pas se laisser dépasser. À ce propos, les colorants de cuve sont d'ailleurs probablement l'exemple le plus typique de la compétition qui faisait rage pour être le premier à sortir un nouveau produit. Comme nous venons de le voir, le noir Vidal fut le premier colorant obtenu par oxydation chimique dont on réalisa une application pratique. Véritable succès commercial, il encouragea le laboratoire central de la S.A. Saint-Denis à concentrer ses efforts de recherche sur cette nouvelle catégorie

---

[18] Cf. K. Takanashi, *op. cit.*, chapitre VI ; *Inabata, 88 années d'histoire**, Osaka, Inabata & Co., Ltd., 1978, p. 14-30 ; *Histoire de l'industrie et du commerce des colorants et des pigments**, Osaka, Osaka Enogu Senryô Dôgyô Kumiai [Syndicat interprofessionnel des entreprises de colorants et de pigments d'Osaka], 1938, p. 1139-1146.

[19] A.N., F[12] 7708, Lettre de Monsieur Knight, attaché commercial pour l'Extrême-Orient, à Monsieur Clémentel, ministre du Commerce, Tokyo, 11 avril 1917.

[20] S. Kaku, *op. cit.*, chapitre IV.

de colorants. Dès l'année suivante, la thiocatéchine, colorant brun, fut découverte[21]. Mais les entreprises allemandes, qui avaient pris le dessus sur la S.A. Saint-Denis en matière de R&D et qui disposaient de ressources financières plus importantes, réussirent avant elle à mettre au point la fabrication industrielle de ce nouveau colorant plein de promesses en injectant des sommes colossales dans la recherche. Dans le domaine des colorants de cuve aussi, l'Allemagne se retrouva très vite dans une position de suprématie inébranlable[22].

Malgré ces attaques de l'industrie allemande sur tous les fronts, il convient de saluer la pugnacité de la S.A. Saint-Denis, qui parvint, contre vents et marées, à se maintenir et à être la seule entreprise française de colorants à survivre à la veille de la Première Guerre mondiale. Alors que l'échec de la fabrication de l'alizarine l'avait entraînée dans une période de récession, ses activités reprirent un dynamisme étonnant vers 1905, comme le montre le tableau 6-1, et en 1912, ses bénéfices nets retrouvèrent le niveau le plus élevé enregistré par l'entreprise trente ans auparavant, c'est-à-dire en 1882. Ainsi, alors que le pays se préparait à entrer en guerre, la S.A. Saint-Denis renouait avec la vitalité qui avait été la sienne quand elle se lança dans l'aventure de l'alizarine.

Tableau 6-2. Évolution des dépenses affectées à son laboratoire de recherche par la Société anonyme des matières colorantes et produits chimiques de Saint-Denis (1882-1897)

Exercice fiscal	Dépenses totales[a] (A)	Dépenses affectées au laboratoire[b] (B)	B/A (%)
1882	1 078 246,20	119 278,10	11,06
1883	926 088,25	122 266,55	13,20
1884	793 549,95	97 916,05	12,34
1885	1 066 853,65	76 986,55 [c]	7,22[c]
1887	791 007,90	82 125,15	10,34
1888	653 672 90	78 125,15	11.99
1892	625 030,65	86 568,65	13,85
1895	678 138,25	95 120,45	14,03
1896	700 990,55	120 088,80	17,13
1897	708 197,40	101 737,65	14,37

Unité : franc

a. Les principaux postes des dépenses totales sont les suivants : frais commerciaux, frais administratifs, dépenses directes de fabrication, frais de recherche affectés au laboratoire.
b. Les dépenses affectées au laboratoire couvraient principalement les salaires des chimistes chercheurs et les dépenses pour l'achat de matières premières utilisées dans les expériences.

---

[21] *Exposition universelle internationale de 1900...*, *op. cit.*, t. II, p. 20.
[22] M. Fauque, *L'Évolution économique...*, *op. cit.*, p. 122.

c. Les dépenses affectées au laboratoire en 1885 ne comprennent pas celles relatives à la fabrication de l'alizarine, ce qui explique que le ratio B/A soit si peu élevé cette année-là.

Source : A.N., 65 AQ P297, rapports annuels, 1884-1898.

V. Synthèse

Le présent chapitre vient de retracer l'histoire de la S.A. Saint-Denis, de ses débuts alors qu'elle s'appelait encore la maison Poirrier jusqu'au déclenchement de la Première Guerre mondiale. En définitive, il convient de souligner deux aspects qui marquèrent l'histoire de cette entreprise pendant cette période. D'abord, les plaies de la faillite de La Fuchsine étaient loin d'être refermées pour l'industrie française des colorants. La maison Poirrier, qui avait racheté les droits de fabrication de la fuchsine à l'entreprise en faillite, absorba en 1881 la maison Dalsace qui maîtrisait la distillation du goudron de houille, pour se constituer en société anonyme et se lancer dans la fabrication de l'alizarine synthétique, dans l'espoir de porter un coup décisif à l'industrie allemande des colorants. Ensuite, malgré l'échec de la production de l'alizarine, la S.A. Saint-Denis ne se laissa pas abattre et continua d'investir fermement dans les années 1890 dans la recherche et le développement, politique qui lui permit de jouer un rôle pionnier notamment dans le domaine des colorants de cuve. Portée par un contexte économique favorable, la situation financière de l'entreprise s'améliora nettement à partir de 1905, allant jusqu'à renouer en 1912, après 30 années de marasme, avec des bénéfices nets dépassant le million de francs. Son rétablissement fut donc remarquable.

Ainsi, au moment où éclate la Première Guerre mondiale, la S.A. Saint-Denis s'était complètement remise de l'échec de l'alizarine des années 1880, et pouvait envisager de nouveaux développements. Le déclenchement des hostilités engendra une importante demande pour des productions de guerre, diversification que la S.A. Saint-Denis était désormais prête à assumer. Ces nouvelles possibilités la stimulèrent et, de fait, elle enregistra pendant toute la Première Guerre mondiale une croissance rapide. Alors qu'à la veille du conflit, elle n'employait que 300 salariés, au début des années 1920, ses effectifs comptaient une cinquantaine de chimistes et d'ingénieurs, et plus de 1 250 ouvriers et autres salariés : cet essor considérable est incontestablement à mettre en grande partie sur le compte de la guerre[23]. Pourtant, les années qui suivirent ne se présentèrent pas sous les meilleurs auspices pour le développement de la S.A. Saint-Denis, mais cette fois-ci, ce n'était pas une concurrence allemande acharnée qui en était la cause. Les obstacles

---

[23] J. Gérard (ed.), *op. cit.*, p. 1230.

qui se dressèrent devant elle venaient de la Compagnie nationale de matières colorantes et de produits chimiques, entreprise cautionnée et subventionnée par l'État. Nous reviendrons sur ce problème dans la troisième partie du présent ouvrage.

CHAPITRE VII

La Société chimique des usines du Rhône

I. Introduction

La Société chimique des usines du Rhône, qui fera l'objet du présent chapitre, était, au même titre que la S.A. Saint-Denis, une des entreprises les plus réputées de l'industrie chimique organique française. Créée en juillet 1895 comme société anonyme au capital de 3 millions de francs, la SCUR tire ses origines d'un négociant en produits tinctoriaux, dont la maison avait été fondée près d'un siècle plus tôt, en 1801. On considère cependant que ses débuts réels en tant qu'entreprise de chimie organique datent de 1857, c'est-à-dire l'année où le chimiste lyonnais Prosper Monnet démarra la fabrication de colorants à base d'aniline, une première mondiale. Monnet, comme nous l'avons vu au chapitre IV, fut l'un des protagonistes de l'affaire de la fuchsine, attaqué par les frères Renard. Il travailla ensuite un temps comme ingénieur pour La Fuchsine. En 1868, il transféra ses activités en Suisse, où il s'associa à Marc Gilliard, d'origine lyonnaise lui aussi, pour monter une usine de fabrication de l'aniline à La Plaine, dans la banlieue genevoise. Puis ils décidèrent de racheter ensemble en 1883 une usine à Saint-Fons, près de Lyon, qui commença immédiatement à produire de l'aniline. Le statut juridique de l'entreprise fut changé en 1886, pour devenir une société en commandite, grâce à des fonds apportés par Jean-Marie Cartier. Enfin, elle se transforma en société anonyme en 1895[1]. Voici donc les modestes débuts de ce qui allait devenir après la Seconde Guerre mondiale Rhône-Poulenc, un des plus grands groupes industriels français. Pourtant, les obstacles que connut la Société chimique des usines du Rhône au tournant du siècle furent souvent encore plus difficiles à surmonter que ceux auxquels la S.A. Saint-Denis dut faire face. Le présent chapitre examinera en détail l'échec subi dans le domaine des colorants à base de goudron de houille, puis le remarquable redressement de l'entreprise grâce à un changement de cap et un recentrage sur les produits pharmaceutiques.

---

[1] Société des usines chimiques Rhône-Poulenc, *Laboratoire de recherches de Vitry-sur-Seine, Centre Nicolas Grillet*, Paris ; P. Cayez, *Crises et croissance...*, *op. cit.*, p. 226 et 300-301.

II. Les débuts de la Société chimique des usines du Rhône

La Société chimique des usines du Rhône (ci-après abrégée SCUR) fut donc créée en 1895. Son conseil d'administration comprenait, outre ses trois fondateurs, Monnet, Gilliard et Cartier, deux autres administrateurs, dont l'un exerçait la profession de banquier à Paris. Cette composition reflétait le fait qu'il avait fallu faire appel aux banques pour réorganiser l'entreprise. Mais le pouvoir réel en matière de gestion était détenu par les trois associés de départ, administrateurs et directeurs exécutifs de l'entreprise, auxquels s'ajoutait Gustav Pertsch, directeur général.

La SCUR, qui n'aurait pu voir le jour sans un apport financier extérieur au monde de la chimie, se lança très rapidement dans une ambitieuse politique de développement de ses activités. Avant même sa restructuration en société anonyme, elle affichait déjà une production très diversifiée : colorants synthétiques, produits pharmaceutiques de synthèse, parfums synthétiques, édulcorants artificiels (saccharine), essences aromatiques de synthèse (vanilline), extraits tannants, sérums thérapeutiques, etc. Devenue société anonyme, elle mit l'accent plus particulièrement sur les sérums et les produits pharmaceutiques de synthèse. Ainsi, lors du premier conseil d'administration, il fut décidé de dégager 50 000 francs pour construire un laboratoire bactériologique, chargé de poursuivre la recherche dans le domaine des sérums thérapeutiques. Rapidement, les activités dans ce secteur s'étendirent, grâce au concours de chimistes externes et à un système dynamique de collaborations avec d'autres organismes de recherche. Malheureusement, devant la forte hostilité de l'Institut Pasteur qui refusait de s'associer avec la SCUR, la tentative de diversification dans les sérums se solda par un échec[2].

Avant même sa réorganisation en société anonyme, l'entreprise était déjà bien implantée dans le secteur des produits pharmaceutiques dérivés de goudron de houille qu'elle fabriquait depuis longtemps. Elle était partie prenante d'une convention concernant l'antipyrine par exemple[3], qui répartissait entre les signataires les contingents de vente. Mais à l'époque de la fondation de la SCUR, deux catégories de produits connaissaient un essor fulgurant : les anesthésiants (chlorure d'éthyle) et les désinfectants. La SCUR s'engagea donc aussi dans cette nouvelle

---

[2] Archives Rhône-Poulenc, P.-V. du Conseil d'administration de la Société chimique des usines du Rhône (ci-après abrégé « P.-V. Usines du Rhône »), séances du 18 juillet 1895 et du 21 septembre 1896 ; A.N., 65 AQ P288, Compte rendu de l'Assemblée générale des actionnaires de la Société chimique des usines du Rhône (ci-après abrégé « Rapport Usines du Rhône »), 1896-1897.

[3] P.-V. Usines du Rhône, séance du 23 novembre 1896.

voie et mit au point un nouveau procédé de fabrication de désinfectant à base de formaldéhyde, et créa une filiale, la Société française de désinfection, chargée de gérer le développement des activités dans ce secteur. Elle n'hésita pas non plus à investir à l'étranger, avec la création de filiales en Angleterre (Medico-Hygienic Inventions Company Limited, fondée fin 1896) et en Allemagne (Deutsche Chemische Gesellschaft der Rhonewerke). Toutes deux avaient pour but d'exploiter sur ces deux marchés les brevets sur les anesthésiants et les désinfectants que détenait la SCUR[4].

La volonté d'internationalisation de l'entreprise s'affichait dans d'autres secteurs aussi. En 1897, la SCUR signa un accord avec la société britannique Saccharine Corporation Limited, autorisant celle-ci à produire et à commercialiser de la saccharine selon le procédé mis au point en 1893 par P. Monnet[5]. La SCUR cédait son brevet, en échange de quoi elle recevait des actions, de l'argent comptant et deux sièges au conseil d'administration de son nouvel allié anglais. Sur le marché américain, la société Fries and Brothers passa tout d'abord en 1896 un premier accord de représentation avec la SCUR, puis, en 1898, un accord de fabrication, l'autorisant à se lancer dans des productions sous brevets détenus par la SCUR. Enfin, cette dernière céda les droits de certains de ses produits à une entreprise russe créée en 1898, moyennant des actions et un intéressement aux bénéfices[6].

On comprend, à travers tous ces exemples, que la SCUR s'était lancée, dès sa création, dans une politique active de diversification, notamment dans le domaine des sérums et des produits pharmaceutiques, et dans une stratégie dynamique à l'international. Malheureusement, ces activités ne générèrent pas immédiatement les bénéfices escomptés, plaçant l'entreprise dans des difficultés financières chroniques. Au début, elle parvint à financer ses importants besoins en liquidités par des emprunts à court terme que lui accordait le Comptoir national d'escompte à Paris[7]. Mais comme ceux-ci ne suffirent rapidement plus pour assouvir sa boulimie de fonds, elle décida dès 1896, c'est-à-dire l'année suivant sa création, d'augmenter son propre capital de 4 millions de francs. Notons au passage que, lors de l'assemblée générale extraordinaire des actionnaires convoquée à cette fin, l'augmentation de capital fut approuvée à 8 386 voix pour et 5 028 voix contre. Il semble que de nombreux actionnaires trouvaient qu'une augmentation de capital si

---

[4] P.-V. Usines du Rhône, 1896-1898.

[5] J. Appleton, « La Situation juridique de la saccharine », *Chimie et Industrie*, vol. 10, n° 3, 1923, p. 568.

[6] P.-V. Usines du Rhône, 1897-1898.

[7] *Ibid.*, 25 février 1896.

rapide ne présageait rien de bon pour l'avenir de l'entreprise[8]. De fait, dès l'année suivante, les résultats décevants des activités liées au commerce des sérums, de même que les créations successives de filiales en France et à l'étranger, eurent pour effet de plonger de nouveau la SCUR dans une situation financière désastreuse : à la fin octobre 1897, son passif circulant dépassait 1,15 million de francs. D'ailleurs, la possibilité d'une deuxième augmentation de capital fut inscrite à l'ordre du jour du conseil d'administration[9].

Si l'on étudie de près le projet d'augmentation de capital proposé par la direction, il comportait deux volets : d'une part, l'effacement de 1,2 million de francs de dettes inscrit au passif de l'entreprise, d'autre part, un investissement de 1,8 million pour agrandir le site de production. Trois millions supplémentaires étaient donc demandés aux actionnaires. L'idée d'agrandir les installations avait pour but d'améliorer la compétitivité de la SCUR, qui espérait ainsi produire elle-même les grands intermédiaires qu'elle était obligée pour l'heure d'importer d'Allemagne. La SCUR se fournissait par exemple en « violette », une des matières premières utilisées dans la fabrication de colorants dérivés du goudron de houille, auprès de la société allemande Weiler-ter-Meer, ce qui la désavantageait par rapport à cette dernière qui produisait également les mêmes colorants finis. Mais si on lit attentivement le compte rendu de ce conseil d'administration, et qu'on recoupe les informations avec d'autres documents de la même époque, les dirigeants avaient également en tête d'agrandir les usines pour se lancer dans une production industrielle d'acide salicylique et d'indigo synthétique, pour lesquels les travaux de recherche avaient atteint des résultats prometteurs. Il est même vraisemblable que cette deuxième interprétation ait été le véritable dessein des dirigeants de l'époque. Gustav Pertsch déclarait d'ailleurs que la SCUR se trouvait « dans l'alternative ou d'abandonner un grand nombre de [ses] produits, et non des moins importants, ou de passer dans la nouvelle voie », soulignant que, pour certains des produits, la mise au point de nouveaux procédés de fabrication était déjà dans une phase avancée de R&D. Ceci dit, personne n'était dupe, et chacun, y compris Pertsch, savait pertinemment qu'un tel projet d'agrandissement nécessiterait plusieurs années avant de porter ses fruits. Simplement, la direction de l'époque jugeait que les bénéfices que dégageaient les produits phares de la SCUR, à savoir la saccharine,

---

[8] Rapport Usines du Rhône, 29 avril 1896.

[9] P.-V. Usines du Rhône, séances du 30 octobre, 17 novembre, 13 décembre 1897, 4 juillet 1898, 18 novembre 1898 et 1er mai 1899.

la vanilline et les parfums synthétiques, suffiraient pour compenser les pertes de départ[10].

Cependant ce projet d'augmentation du capital se heurta à l'opposition farouche des deux administrateurs qui n'étaient pas aux commandes directes de l'entreprise. Ils considéraient en effet que la première des priorités était de régler les problèmes financiers. Pour eux, cette crise de l'investissement était due à la mauvaise gestion des dirigeants de l'entreprise, à commencer par Monnet et Pertsch. Plus précisément, ils critiquaient aussi bien les investissements jugés excessifs par rapport à la taille des activités de l'entreprise, engloutis pour l'achat d'équipements et de stocks, que le gaspillage au niveau des frais administratifs courants. Ils trouvaient également à redire aux décisions arbitraires et unilatérales du directeur général, G. Pertsch, qui transformait le conseil d'administration en un exercice purement formel, ou encore dans les sommes colossales injectées dans la compétition avec les entreprises étrangères, afin de s'assurer le plus grand nombre de brevets possibles. Avant d'augmenter le capital, ils étaient d'avis qu'une réforme en profondeur de la gestion de l'entreprise était nécessaire : la priorité était de ramener les objectifs de production à un niveau raisonnable, de donner plus de pouvoir au conseil d'administration et de mettre en œuvre des accords commerciaux avec d'autres entreprises. Les deux parties n'ayant pas réussi à trouver un terrain d'entente, le plan de la direction fut mis au vote, et la décision d'augmenter pour la deuxième fois le capital de l'entreprise fut prise à 3 voix contre 2. Naturellement, les deux administrateurs désavoués qui ne soutenaient pas le projet durent quitter le Conseil. Finalement, les actionnaires acceptèrent de mettre sur la table 2 millions supplémentaires en 1898, ce qui permit à la SCUR de préparer activement le lancement industriel de l'indigo synthétique et de l'acide salicylique. Le premier projet fut suivi de très près par l'ensemble de l'industrie : s'il était couronné de succès, cela signifiait en effet la résurrection de l'industrie française des colorants[11].

III. L'échec de la fabrication d'indigo synthétique

C'est en octobre 1897, juste avant la deuxième augmentation de capital, que pour la première fois un rapport sur l'indigo synthétique fut présenté devant le conseil d'administration de la SCUR. En juillet 1898, un exposé rendit compte de l'état d'avancement des travaux de recherche concernant de nouveaux procédés de fabrication d'indigo synthétique et d'acide salicylique. Les résultats étaient prometteurs et

---

[10] *Ibid.*

[11] *Ibid.*

ces deux produits furent désormais les principaux sujets de débats lors des conseils d'administration qui suivirent. En décembre, il fut annoncé qu'un accord de fabrication et de commercialisation avait été passé avec la société allemande Oberschlesische Kokswerke und Chemische Fabrik AG, installée dans le nord de l'Allemagne. La SCUR lui cédait ainsi pour 275 000 francs son brevet sur l'acide salicylique et ses dérivés et les deux entreprises s'associaient pour la production et la vente. Puis, lors du conseil d'administration de mai-juin 1899, il fut annoncé qu'un accord avait été passé avec Hoechst à qui la SCUR cédait une licence exclusive d'exploitation du nouveau procédé de fabrication de l'indigo synthétique. Ce procédé était dérivé de la méthode d'Adolf von Baeyer fondée sur une synthèse de l'orthonitrotoluène, substance à partir de laquelle la SCUR fabriquait industriellement de l'orthonitro-benzaldéhyde, dernière étape avant l'extraction de l'indigo. Selon cet accord, Hoechst s'engageait à verser à la SCUR la somme de 300 000 marks, ainsi que 40 % des bénéfices qu'elle tirerait de la vente du produit fabriqué selon la version améliorée de la méthode Baeyer. La SCUR se réservait par ailleurs la possibilité de fabriquer un tonnage équivalent au quart de celui fabriqué par Hoechst, à savoir au moins 100 tonnes, pour le commercialiser en France et aux États-Unis uniquement. Par ailleurs, si Hoechst entreprenait de produire de l'indigo par un autre procédé que celui mis au point par la SCUR, celle-ci pourrait bénéficier des mêmes conditions pour en produire selon cet autre procédé. Enfin, les conditions du traité stipulaient l'interdiction pour les deux parties de négocier quelque accord que ce soit concernant l'indigo avec une tierce partie.

Mais ce n'est qu'en 1899 que la production d'indigo synthétique et d'acide salicylique, qui avait justifié *de facto* la deuxième augmentation de capital, atteignit un rythme de croisière satisfaisant[12]. Or, ainsi que le tableau 7-1 le montre de façon éloquente, les résultats commerciaux de ces deux produits restèrent décevants au début de la décennie 1900, à tel point que le conseil d'administration de 1904 décida non seulement d'arrêter la fabrication d'indigo, mais encore de se retirer complètement du secteur des colorants. Essayons de comprendre les raisons qui aboutirent à cette résolution assez radicale. Tout d'abord, il faut reconnaître qu'il existait un problème lié aux procédés de fabrication eux-mêmes. Hoechst, par exemple, pourtant détenteur du brevet de la SCUR sur l'indigo, appliqua dès 1901 un nouveau procédé[13] (mis au point par

---

[12] *Ibid.*

[13] Sur ce procédé de fabrication, cf. L.F. Haber, *op. cit.*, traduction japonaise par G. Mizuno, p. 119-121.

Pfräger, de l'Institut allemand d'analyse sur l'or et l'argent)[14], ce qui en dit long sur le coût qu'impliquait le procédé de la SCUR. Quant à l'acide salicylique, il fallut attendre 1905 pour que des améliorations du procédé permettent de réduire de façon notable les coûts de production. Mais l'industrialisation de ces deux substances rencontra des obstacles encore plus difficiles à surmonter que ceux directement liés à leur mode de fabrication.

En premier lieu, le marché pour ces deux produits n'était pas porteur. Le lecteur se souvient que la première entreprise à avoir mis sur le marché de l'indigo synthétique fut la société allemande BASF. Or Hoechst, en s'attaquant également à ce segment, provoqua une guerre des prix implacable. Cette compétition acharnée entre les deux fabricants allemands cherchant à offrir toujours le meilleur prix se poursuivit grosso modo jusqu'au moment où la SCUR (de même que la société suisse Geigy[15]) se retira du secteur. La situation fut à peu près la même pour l'acide salicylique. Face à un marché très compétitif, la SCUR s'efforça à plusieurs reprises de conclure une convention avec des entreprises allemandes, mais ce ne fut pas possible avant mai 1903, de surcroît dans des conditions plutôt désavantageuses pour le fabricant français. Tout comme la S.A. Saint-Denis avait lancé son alizarine synthétique au pire moment, la SCUR démarrait l'industrialisation de deux produits dans un environnement économique extrêmement difficile.

En second lieu, la situation financière de la SCUR avait empiré bien au-delà des pronostics faits à l'époque. Il est vrai que, pour réussir à mettre au point l'indigo synthétique, des sommes colossales étaient nécessaires. BASF n'avait-elle pas investi en tout près de 20 millions de marks sur dix-huit ans ? Et de fait, le chimiste J. Koetschet, qui avait la charge du développement de ce produit, demanda, par trois fois, au conseil d'administration de la SCUR d'installer des équipements de production de grande envergure, afin de réduire les coûts, mais la direction ne put répondre favorablement à cette requête, car l'entreprise souffrait cruellement d'un manque chronique de capitaux[16]. Cette situation financière désastreuse s'explique d'abord par le fait que les trois produits phares de la SCUR, à savoir la saccharine, la vanilline et les parfums synthétiques, qui constituaient la première source de revenus de l'entreprise, ne parvenaient pas à dégager les bénéfices escomptés, comme on peut le constater dans le tableau 7-2. Admettons que les parfums synthétiques tirèrent relativement bien leur épingle du jeu, avec des bénéfices à peu près constants pendant toute cette période. Par

---

[14] P.-V. Usines du Rhône, séance du 16 mai 1904.

[15] S. Kaku, *op. cit.*, p. 124.

[16] P.-V. Usines du Rhône, 1900-1904.

contre, la chute des prix de la vanilline entraîna des pertes importantes. Résultat : loin d'être une source régulière de revenus, la vanilline plombait chaque année un peu plus les comptes de la SCUR[17]. Mais le plus mauvais calcul concerna la saccharine. Alors que ce produit dégageait en 1901 un chiffre d'affaires supérieur à 1 million de francs par an pour la SCUR, sa vente fut interdite par un décret du 30 mars 1902, sauf pour des usages thérapeutiques. Une telle décision fut prise à la suite de pressions importantes de la part de l'industrie sucrière, mais le résultat était qu'il devenait pratiquement impossible de commercialiser la saccharine en France[18]. La chute soudaine des bénéfices sur les ventes de saccharine que l'on constate dans le tableau 7-2 est donc imputable à cette mesure gouvernementale. Il n'y aurait rien eu d'étonnant à ce que la SCUR demandât à l'État 1 million de francs d'indemnisation pour ses pertes d'exploitation. En Allemagne, une entreprise qui dut fermer ses usines après une décision similaire de l'État reçut l'équivalent de six années de bénéfices en dédommagement. Mais il n'existe, à notre connaissance, aucune trace de démarche en ce sens engagée par la SCUR[19].

À propos des rapports entre la SCUR et l'État, il nous paraît également intéressant de mentionner un épisode litigieux sur les droits de douane de l'indigo synthétique appliqué à BASF. En effet, l'indigo produit par BASF entrait aisément en France, sa composition étant considérée par les douanes françaises comme identique à celle de l'indigo naturel : il n'acquittait donc pas des tarifs applicables aux colorants dérivés du goudron de houille. La SCUR porta plainte, jugeant que le taux d'imposition ne correspondait pas à la réalité, mais la bataille juridique tourna à son désavantage[20].

Il convient cependant de souligner que la crise financière à laquelle la direction de la SCUR était confrontée n'était pas seulement imputable à des facteurs externes, comme ceux que nous venons d'énumérer. Il serait plus juste de dire que les difficultés étaient avant tout attribuables à une mauvaise gestion, dont on se souvient qu'elle avait déjà fait l'objet de vives critiques lors des débats concernant la deuxième augmentation de capital. Les erreurs accumulées acculaient l'entreprise à de graves problèmes financiers. Les trois administrateurs et directeurs exécutifs qui détenaient tout le pouvoir et l'exerçaient de façon arbitraire n'avaient pas pris la mesure de l'importance qu'il y avait à superviser de près la production et les ventes. Il suffit de citer un exemple parlant : la produc-

---

[17] P.-V. Usines du Rhône, séance du 3 octobre 1902 ; J. Appleton, art. cit., p. 569-570.

[18] Rapport Usines du Rhône, 14 juin 1902.

[19] S. Kaku, *op. cit.*, p. 88.

[20] P.-V. Usines du Rhône, séances du 28 septembre et du 20 mai 1901.

tion de borax, dont la mise au point avait nécessité des investissements colossaux, continua pendant plusieurs mois à enregistrer des pertes importantes, à cause de la malhonnêteté du responsable de la production[21], sans que la direction ne réagisse. Pour comprendre, il faut savoir que si le siège de la SCUR se trouvait sur le site de l'usine de Saint-Fons, à Lyon, la gestion de l'usine de La Plaine, en Suisse, était intégralement laissée au bon vouloir de son directeur.

Ainsi, les difficultés à produire industriellement de l'indigo synthétique et de l'acide salicylique s'ajoutaient à d'autres facteurs qui plaçaient déjà la SCUR dans une position fragilisée. Certains étaient certes imputables à un mauvais concours de circonstances, comme pour la saccharine ou les droits de douane. La récession qui toucha l'ensemble de l'économie français au début des années 1900 ne fut pas non plus sans conséquence sur la gestion de la SCUR. Mais il est incontestable que la crise financière de l'entreprise était directement attribuable à la structure interne de prise de décision. Entre 1900 et 1904, la SCUR était au bord de la faillite, ainsi qu'on peut le constater en regardant le tableau 7-3. Elle n'avait pas d'autre choix que d'arrêter sa production d'indigo, et de se retirer complètement de l'industrie des colorants. Cette décision radicale de changer complètement de cap dans la production semble avoir été salvatrice. À partir de 1905, les finances de l'entreprise s'améliorèrent, et la SCUR s'installa dans une logique de croissance qui n'était pas près de se démentir. Mais pour parvenir à ce résultat, une restructuration complète fut nécessaire : elle fut menée en grande partie par la Société générale, qui avait accepté de financer partiellement l'entreprise à partir de 1899. Nous nous proposons donc d'étudier dans la section suivante dans quelles conditions le redressement de la SCUR fut possible.

Tableau 7-1. Déficit engendré par la fabrication d'indigo synthétique et d'acide salicylique

	Indigo synthétique	Acide salicylique
1er semestre 1901	-52 598,07	-78 045,78
2e semestre 1901	-13 482,19	-70 045,53
1er semestre 1902	-42 528,13	-45 097,90
2e semestre 1902	-60 651,92	-97 633,62
1er semestre 1903	-24 412,35	-69 546,24

Unité : franc

Source : Archives Rhône-Poulenc, P.-V. du Conseil d'administration de la Société chimique des usines du Rhône (SCUR), 14 octobre 1901, 28 avril 1902, 8 novembre 1902, 7 mai 1903 et 24 septembre 1903.

---

[21] *Ibid.*, séance du 23 décembre 1899.

Tableau 7-2. Profits et pertes engendrés par les principales productions de la SCUR

	Saccharine	Vanilline[a]	Parfums synthétiques « Rodos »[b]
1er semestre 1901	191 701,43	-19 119,94	64 965,93
2e semestre 1901	192 137,52	-3 649,87	26 975,16
1er semestre 1902	114 113,21	-47 970,32	28 459,40
2e semestre 1902	12 466,78	-69 336,79	75 398,74
1er semestre 1903	30 649,51	-41 877,74	39 481,23

Unité : franc

a. Inclut également les résultats des ventes d'héliotropine, autre essence aromatique de synthèse.
b. Inclut également les résultats des ventes de kélène, un anesthésiant synthétique fabriqué à partir de la même substance de départ.

Source : *id.* que pour le tableau 7-1.

Tableau 7-3. Situation financière de la Société chimique des usines du Rhône (1895-1813)

Exercice fiscal (année)	Bénéfices nets	Dividendes (francs) (valeur nominale : 100 F)	Capital	Passif circulant[a]	Total des actifs
1895	369	8,872	3 000	244	3 613
1896	918	9	4 000	390	5 141
1897	919	8	4 000	non connu	non connu
1898	253	0	6 000	1 131	7 552
1900	-153	0	6 000	2 637	8 927
1901	296	0	6 000	3 123	9 618
1902	-161	0	3 000	3 211	6 526
1903	2	0	3 000	3 211	6 326
1904	34	0	3 000	3 161	6 421
1905	243	5[b]	3 200	2 126	6 000
1906	911	35,42	3 200	339	5 034
1907	901	36,29	3 200	336	5 192
1911	2 148	113,40	3 200	701	9 618
1913	2 359	113,40	3 200	1 142	11 075

Unité : millier de francs

a. Y compris les emprunts bancaires à long terme.
b. À partir de 1905, seuls les dividendes sur les actions ordinaires sont comptabilisés.

Source : A.N., 65 AQ P288, Comptes rendus de l'Assemblée générale des actionnaires de la Société chimique des usines du Rhône (SCUR), 1896-1914.

IV. Nouveau départ pour la Société chimique des usines du Rhône

Le premier bouleversement concerna la production[22]. Afin de restructurer la supervision des usines, Prosper Monnet dut abandonner la direction des usines. Il fut remplacé par un directeur technique et un sous-directeur technique qui eurent la charge de toute la production dans les deux usines de Saint-Fons et de La Plaine. Cependant, pour que les deux usines soient clairement sous le contrôle du conseil d'administration, soit le directeur technique, soit le sous-directeur technique était tenu d'assister à chaque conseil d'administration et d'y faire, d'une part, un rapport sur chaque proposition de budget et, d'autre part, des rapports techniques à intervalles réguliers[23].

Dans le domaine des ventes, on commença par réorganiser les services commerciaux, sis à Paris, puis on se mit à renforcer progressivement le contrôle sur les différentes maisons de représentation implantées à travers le monde. Alors que le siège commercial parisien dépensait chaque année 40 000 francs, la réorganisation limita son budget à 15 000 francs, ce qui permit de mettre fin à un énorme gaspillage[24]. La véritable restructuration des services commerciaux ne commença en fait qu'en 1905, à partir du moment où la Société générale eut pris le contrôle effectif de la direction. Entre la fin 1905 et le début 1906, les services commerciaux furent ainsi divisés en deux branches, les achats d'une part, les ventes d'autre part, tandis que le service comptable, jusque-là sous le contrôle du département commercial, était désormais

---

[22] Il y eut plusieurs tentatives d'amélioration de la gestion des usines avant 1899. Le 1er mai 1897, Prosper Monnet soumit au conseil d'administration un plan de réforme intéressant. Afin d'effectuer les ajustements nécessaires entre les différents secteurs de production, il proposa d'organiser tous les mois une réunion qui serait présidée soit par lui-même, en tant qu'administrateur, directeur exécutif chargé des questions techniques, soit par Gustav Pertsch, directeur général. Les autres participants seraient les directeurs des deux usines de Saint-Fons et de La Plaine, J. Koetschet, directeur du laboratoire de recherche, ainsi que le directeur des brevets, l'administrateur et directeur exécutif chargé des questions commerciales et financières, et un représentant du personnel commercial du siège. Cette proposition reçut l'approbation du conseil d'administration du 11 mai 1897, mais les archives ne précisent pas si ce projet vit réellement le jour. Cependant, s'il avait été mis en œuvre de façon efficace, on peut supposer que la supervision des usines par la direction eût été plus rigoureuse. P.-V. Usines du Rhône, séances des 1er et 11 mai 1897.

[23] *Ibid.*, séance du 21 octobre 1899. Avant cette réforme, très souvent les propositions de budget, y compris les plus importantes, ne faisaient même pas l'objet d'un véritable débat au sein du conseil d'administration, et on se contentait d'un simple rapport *a posteriori*.

[24] P.-V. Usines du Rhône, séances du 27 octobre 1900, 30 octobre 1905, 29 janvier 1906, 26 février 1906 et 27 avril 1906.

placé sous l'autorité directe du conseil d'administration. La création d'un service achats avait également une signification importante. En effet, jusque-là, chaque section de production s'occupait séparément de s'approvisionner en matières premières, ce qui avait entraîné des excédents de stocks. Avec la nouvelle structure, le service des achats au siège parisien fut chargé de grouper les commandes de matières premières, en fonction des objectifs de production de chaque section industrielle[25]. D'autre part, on réalisa des enquêtes minutieuses sur la solvabilité des clients de la SCUR. D'après celle effectuée par la Société générale début 1906, sur les 413 comptes-clients en France ou dans les colonies françaises, la SCUR ne disposait de données récentes (postérieures à 1903) que pour 20 entreprises, et sur les 811 clients dispersés à l'étranger, elle n'avait des renseignements précis que pour 18 d'entre eux à la fin 1905[26].

La Société générale se décida ensuite avec succès à écarter de la direction les fondateurs qui étaient considérés comme responsables de la crise que traversait la SCUR. Nous avons déjà dit plus haut que Prosper Monnet, un des pères des Usines du Rhône, avait été contraint en octobre 1899 d'abandonner son poste de directeur exécutif et de quitter le conseil d'administration. Vexé d'avoir été ainsi mis à l'écart, il entretint des relations conflictuelles avec la Société générale et finit par quitter définitivement l'entreprise en 1901[27]. L'année suivante, c'est Pertsch qui fut démis de ses fonctions de directeur général et décida de se retirer également de la société[28]. Cartier et Gilliard restèrent encore un temps, mais la vague de réformes de 1905 devait leur réserver le même sort qu'à Monnet et Pertsch.

Ainsi, à partir de 1899, la Société générale entreprit de nombreuses réformes concernant la gestion de la SCUR, et alla jusqu'à éliminer complètement l'ancienne direction. En 1902, elle décida une baisse du capital, qui fut limité à 3 millions de francs, permettant ainsi d'alléger les comptes. Cependant, étant donné les pertes accumulées sur les produits phares, la dette bancaire de la SCUR dépassait en 1903 les 2 millions de francs. C'est la raison pour laquelle la Société générale et ses alliés cherchèrent à négocier des alliances ou une fusion avec d'autres entreprises chimiques d'envergure. L'état des négociations engagées avec la Société centrale de dynamite fit l'objet de plusieurs rapports au conseil d'administration[29]. Des documents internes aux

---

[25] *Ibid.*

[26] *Ibid.*

[27] *Ibid.*, 1899-1901, séances du 30 juin 1902, du 30 janvier 1904 au 30 janvier 1905.

[28] *Ibid.*

[29] *Ibid.*

Établissements Poulenc Frères[30], le plus gros concurrent de la SCUR dans le secteur des produits pharmaceutiques, rapportent également que des contacts avaient été établis pour une éventuelle fusion des deux maisons. Finalement, Poulenc renonça à ce projet, jugeant que les domaines d'activités de la SCUR dépassaient trop largement ceux qui les intéressaient vraiment. Ironie du sort, ce sera finalement la SCUR qui plus tard, en 1928, absorbera *de facto* Poulenc Frères, pour former ce qui deviendra le géant Rhône-Poulenc. Quoi qu'il en soit, les pourparlers avec les deux entreprises mentionnées ci-dessus échouèrent, obligeant la Société générale à entreprendre elle-même la restructuration de la SCUR. Pour éponger ses 3 millions de francs de dettes, il fut décidé, lors de l'assemblée générale extraordinaire des actionnaires de juillet 1905, de réduire temporairement le capital de l'entreprise à 500 000 francs, puis d'émettre 27 000 actions privilégiées d'une valeur nominale de 100 francs, souscrites par les créanciers. Ainsi, le capital fut porté à 3,2 millions de francs, dont la majorité était désormais détenue par les créanciers, c'est-à-dire la Société générale et ses alliés. Cette nouvelle structure força Pertsch et Cartier à quitter la SCUR, et le dernier fondateur, Marc Gilliard, dut également abandonner son poste d'administrateur. Il ne quitta l'entreprise que de mauvaise grâce l'année suivante devant les menaces de poursuites du conseil d'administration. Ce départ marqua l'élimination complète des pères fondateurs à la tête de la société, et le conseil d'administration fut complètement reconstitué, tout entier aux mains des banquiers. Le transfert du siège social de Lyon, où la SCUR avait développé ses principales activités pendant de longues années, pour Paris cette même année, s'explique facilement par cette nouvelle composition de la direction[31].

Voici donc comment la Société générale réussit avec fermeté, entre 1899 et 1905, à renouveler complètement la direction de la SCUR, à repenser son organigramme et son mode de gestion, à résoudre ses difficultés financières et à se débarrasser de ses fondateurs. Pendant sept ans, la distribution de dividendes avait été suspendue : cette période prit fin en 1905, année qui marqua le nouveau départ d'une entreprise renouant durablement avec la croissance.

Pour se rendre compte de l'essor fulgurant des activités de la SCUR à partir de 1905, il suffit de comparer les chiffres des tableaux 7-3 (section précédente) et 7-4 (ci-dessous). Ce dernier indique que les parfums synthétiques Rodos, qui étaient déjà un des piliers de la production de la SCUR avant 1905, enregistrèrent une forte hausse de leurs

---

[30] Archives Rhône-Poulenc, P.-V. du Conseil d'administration des Établissements Poulenc Frères, séances du 29 octobre 1904, 22 novembre 1904 et 22 mai 1907.

[31] P.-V. Usines du Rhône, 1905-1906.

ventes, notamment en 1911, où ils représentent plus de 50 % du chiffre d'affaires global. Cette année marqua en fait le summum des ventes des parfums Rodos : par la suite, les chiffres baissèrent pour se stabiliser sans réussir à redécoller. Par contre, les produits pharmaceutiques de synthèse, qui constituaient la grande majorité des autres productions de la SCUR, enregistrèrent des chiffres toujours à la hausse : à la veille de la Première Guerre mondiale, ils représentaient plus de 5 millions de francs de chiffre d'affaires. Malheureusement, aucun des documents que nous avons consultés ne donne la répartition du chiffre d'affaires ventilée par produit, si bien qu'il nous faut extrapoler à partir des procès-verbaux du conseil d'administration pour connaître les principales productions. Les deux plus importantes auraient été l'antipyrine (« pyramidon ») et les salicylés (y compris le phénol synthétique).

La production d'antipyrine était la plus ancienne. À la fin du XIXe siècle, la convention internationale qui garantissait les prix de ce produit fut abandonnée : s'engagea alors une concurrence acharnée entre les fabricants qui fit chuter les prix. En 1902, une nouvelle convention fut établie, garantissant à cette date 16 % du marché à la SCUR. Mais le produit ne commença réellement à s'assurer des débouchés solides qu'au moment de la révision de la convention en 1905. La SCUR avait alors fait passer sa part de marché de 16 à 18 %. L'entreprise n'hésita alors plus à augmenter fortement sa production d'antipyrine, qui passa par exemple, d'après un rapport de 1909, à 30 tonnes par an, fabriquées dans des installations prévues pour 18 tonnes, mais qui tournaient désormais jour et nuit pour répondre à une demande en pleine expansion. En janvier 1910, le conseil d'administration décida donc de construire des équipements prévus pour assurer une production de 45 tonnes par an[32]. Un autre produit de la même famille, l'aminopyrine (« le pyramidon »), fut mis au point, et son brevet déposé en Allemagne. La société Hoechst accepta dès lors de se retirer de ce marché en Allemagne, en échange de 10 % sur les bénéfices dégagés par ce produit, mais la SCUR ne fut pas en mesure de lui offrir au moins l'équivalent de ce à quoi Hoechst renonçait, créant de graves frictions entre les deux entreprises. Finalement, l'Office allemand d'enregistrement des brevets annula l'autorisation qu'il avait précédemment accordée à la SCUR. Cet épisode en dit long sur les difficultés rencontrées par les entreprises

---

[32] Lors de la révision de 1912 de la convention sur l'antipyrine, la SCUR réclama 25 % des contingents de vente, et il semble qu'on lui ait accordé une part de marché correspondant grosso modo à ses exigences. P.-V. Usines du Rhône, séances des 25 juin et 22 juillet 1912.

étrangères qui cherchaient à concurrencer l'industrie chimique organique allemande[33].

L'acide salicylique, qui avait pendant de nombreuses années plombé les comptes de la SCUR, contribua, à partir de 1905, aux bénéfices de l'entreprise, grâce à des améliorations apportées au procédé de fabrication et à la signature d'accords internationaux sur les prix. Ce retournement de situation permit dès lors à la SCUR de se lancer dans la fabrication de dérivés, notamment les salicylates et autres médicaments à base d'acide salicylique, d'une part, et le phénol synthétique, d'autre part. Les procédés de fabrication de ces deux catégories de produits firent l'objet de nombreuses améliorations. Le résultat fut le même que pour l'antipyrine : face à une demande croissante, les capacités de production furent saturées fin 1909. La firme prit donc les mesures qui s'imposaient pour augmenter de 40 000 tonnes la production annuelle. En effet, à cette époque, la SCUR alimentait non seulement le marché français des salicylates, mais avait aussi démarré des ventes à l'étranger. Des archives mentionnent que ces médicaments avaient enregistré d'excellents résultats au Japon, et qu'un contrat commercial impliquant de fortes sommes était en cours de négociation avec la compagnie anglaise May & Baker concernant l'acide acétylsalicylique, plus connu sous le nom d'aspirine. Enfin, la SCUR décrocha 17 % des contingents de ventes en mai 1910 dans le cadre de la convention sur le salicylate de phénol (salol)[34].

Ces deux catégories de produits, l'antipyrine et les salicylates, qui enregistrèrent une croissance exponentielle entre 1905 et 1913, vinrent rejoindre les dérivés de chlorure d'éthyle (notamment les lance-parfums Rodos), dont les résultats ne s'étaient jamais démentis depuis leur lancement, dans les productions de tête qui soutinrent le développement de la SCUR. Il restait cependant encore un procédé important de fabrication industrielle que l'entreprise cherchait à maîtriser : celui de l'acétate de cellulose. En mai 1911, on discuta pour la première fois lors d'un conseil d'administration d'un budget de 280 000 francs pour la recherche dans ce domaine. Dès le mois de novembre, des pourparlers pour un contrat commercial avec les frères Pathé avaient été entamés. En effet, l'acétate de cellulose, qui promettait des applications intéres-

---

[33] *Ibid.*, séances des 13 mars 1905, 30 novembre 1906, 27 mars 1907, 27 mai 1907, 5 décembre 1907, 30 décembre 1907, 31 janvier 1910.

[34] *Ibid.*, séances des 25 septembre 1905, 28 décembre 1905, 30 novembre 1906, 31 janvier 1910 et 20 mai 1910. À l'origine, la SCUR s'était vue garantir 18,04 % du marché du salol dans le cadre de cette convention, mais les exigences de Bayer avaient amené une révision à la baisse les contingents de chaque entreprise partie prenante de la convention. La part de la SCUR se maintenait cependant à 17 %.

santes dans la fabrication de films ininflammables, avait une haute valeur marchande. Le contrat avec Pathé fut finalement signé en juillet 1912 et prévoyait des livraisons de 200 kg par jour. Très vite, les quantités furent revues à la hausse : 400 kg dès décembre 1912, 800 kg en janvier 1913. À la veille de la Première Guerre mondiale, l'acétate de cellulose était la production qui dégageait la plus grosse marge bénéficiaire de la SCUR. Il faut lui attribuer l'essentiel de l'augmentation en 1913 du chiffre d'affaires des « autres produits » (cf. tableau 7-4) par rapport à l'année précédente, hausse qui dépassait un million de francs[35].

Ainsi la SCUR s'était-elle assurée de solides bases industrielles en tant qu'entreprise chimique organique moderne à la veille de la Première Guerre mondiale : elle était prête à assumer un rôle prédominant pendant le conflit qui allait opposer la France au géant chimique qu'était l'Allemagne. Unique fabricant français de médicaments salicylés, la SCUR fut non seulement capable de parer au plus pressé et d'empêcher que le marché français ne plonge dans le chaos du fait de l'interdiction des importations de salicylés en provenance d'Allemagne, mais elle contribua à largement approvisionner l'Angleterre, très en retard dans ce domaine[36]. La SCUR était également la seule entreprise en France à maîtriser la technologie du phénol synthétique, indispensable à la fabrication des explosifs. Afin d'honorer les commandes militaires, elle s'engagea à augmenter considérablement sa capacité de production de phénol, qui atteignit, fin 1916, 140 tonnes par jour[37]. L'acétate de cellulose, employé avant le déclenchement des hostilités comme film ininflammable dans la toute nouvelle industrie cinématographique, se révéla tout aussi précieux comme enduit pour recouvrir les avions français et britanniques construits en bois et en toile[38]. Ainsi, la SCUR joua un rôle important dans la « guerre chimique » qui l'opposait à l'industrie allemande pendant la Première Guerre mondiale – et il sembla tout naturel que ses ingénieurs et chimistes fussent décorés de la Légion d'honneur à l'armistice. Il convient cependant de souligner que l'effort de guerre consenti par la SCUR reposait entièrement sur des technologies maîtrisées avant le conflit : il se limitait finalement à accepter d'augmenter ses

---

[35] *Ibid.*, séances des 13 mai 1911, 26 octobre 1911, 28 novembre 1911, 30 janvier 1912, 22 juillet 1912, 24 décembre 1912, 21 janvier 1913 et 29 avril 1913.

[36] A.N., F[12] 7707, Lettre de Monsieur Béhal, Directeur de l'Office des produits chimiques et pharmaceutiques, octobre 1914. Sur l'industrie pharmaceutique britannique avant et pendant la Première Guerre mondiale, cf. M. Robson, « The British pharmaceutical industry and the First World War », in J. Liebenau (ed.), *The Challenge of New Technology : Innovation in British Business since 1850*, Aldershot, 1988, chap. 6.

[37] P.-V. Usines du Rhône, séance du 27 décembre 1916.

[38] *Ibid.*, séance du 12 octobre 1914.

volumes de production. Or cet état de fait va se poursuivre pendant l'entre-deux-guerres. Pour ne donner qu'un exemple, le procédé de fabrication de la soie artificielle (rayonne) à l'acétate que la SCUR mit au point au début des années 1920 n'était rien d'autre qu'un prolongement des travaux de recherche sur l'acétate de cellulose[39]. En d'autres termes, la prospérité que connut la SCUR dans l'entre-deux-guerres était le fruit des nombreuses découvertes techniques réalisées avant la Première Guerre mondiale. Il convient donc, dans la section suivante, de présenter brièvement la structure de R&D qui fut à l'origine du dynamisme créatif de l'entreprise.

Tableau 7-4. Évolution du chiffre d'affaires (C.A.) de la Société chimique des usines du Rhône (1909-1913)

Exercice fiscal (année)	C.A. des parfums synthétiques Rodos	C.A. des autres produits (A)[a]	C.A. global (B)[b]	A/B (%)
1909	1 174 317,00	2 419 245,00	3 593 562,00	67,32
1910	2 500 612,00	2 709 345,55	5 209 957,55	52,00
1911 [c]	3 702 205,00	3 616 415,41	7 318 621,16	49,41
1912	2 578 601,40	3 956 341,75	6 534 943,15	60,54
1913	2 636 330,50	5 045 860,77	7 682 191,27	65.68

Unité : franc

a. Les « autres produits » étaient principalement des produits pharmaceutiques de synthèse, notamment l'antipyrine, le pyramidon et les salicylés. En 1913, l'acétate de cellulose représentait aussi une proportion importante du chiffre d'affaires.
b. Le chiffre d'affaires global correspond à l'ensemble des ventes de produits, et ne comprend pas les bénéfices dégagés par divers placements.
c. Dans certains procès-verbaux du conseil d'administration, il est mentionné que le chiffre d'affaires pour 1911 avait dépassé ceux enregistrés en 1912 et 1913. On peut donc supposer que certaines productions n'étaient peut-être pas prises en compte dans les chiffres indiqués ci-dessus.

Source : Archives Rhône-Poulenc, P.-V. du Conseil d'administration de la Société chimique des usines du Rhône, 1910-1914.

V. La structure de R&D à la Société chimique des usines du Rhône avant la Première Guerre mondiale

Une des spécificités des comptes rendus des assemblées générales des actionnaires et des procès-verbaux des conseils d'administration de la SCUR depuis sa fondation est la place accordée à la recherche et au développement, notamment à son organisation, montrant ainsi l'importance qu'on leur conférait. D'après des documents publiés après la

---

[39] Cf. J. Appleton, art. cit., p. 570-571.

Seconde Guerre mondiale par Rhône-Poulenc[40], cet accent délibérément mis sur la recherche trouverait son origine dans la création dès 1873 du laboratoire expérimental de chimie de La Plaine à l'initiative de Prosper Monnet. Cette tradition fut reprise au moment de la fondation de la SCUR : celle-ci s'empressa de rassembler des scientifiques de talent, comme Joseph Koetschet et Nicolas Grillet[41], et de conclure des alliances avec des chimistes externes[42]. Faute de documentation sur les structures de R&D ailleurs, il est difficile de faire des comparaisons précises avec les autres entreprises chimiques de l'époque, mais on peut affirmer que la politique de la SCUR en la matière était nettement plus développée que chez la S.A. Saint-Denis ou chez les Établissements Poulenc Frères.

Cette première structure connut des changements importants à la fin de 1899, quand la décision fut prise de dégager un budget de 27 000 francs pour construire un centre de recherche. Celui-ci fut équipé de deux laboratoires expérimentaux exclusivement dévolus à la R&D, un laboratoire spécialisé dans le contrôle des produits, un laboratoire réservé à Koetschet, promu directeur scientifique des recherches, et un centre de documentation[43]. Un rapport fait état de l'embauche de 27 chimistes et de 3 ingénieurs par la SCUR à l'occasion de l'Exposition universelle de 1900[44], ce qui suggère que des efforts ont été consentis dans le domaine de la formation. Mais au début des années 1900, les difficultés financières de la SCUR et l'arrêt de la production de colorants entraînèrent inévitablement une réduction des effectifs de R&D. Celle-ci ne toucha pas seulement les chimistes de la division des colorants ; les compressions de personnel dans d'autres divisions furent également nombreuses, à tel point que, pendant un temps, le conseil d'administration n'inscrivit même plus le budget de la R&D à son ordre du jour. Ce désintérêt pour la recherche n'était pas sans relation avec l'arrivée aux commandes de la Société générale et de ses alliés banquiers, qui faisaient passer les finances de l'entreprise avant toute autre préoccupation. Pendant un temps, la priorité longtemps accordée à la R&D fut mise entre parenthèses. Mais il convient de souligner que, dès que les finances eurent été rétablies, une forte structure de R&D fut

---

[40] Société des produits chimiques du Rhône-Poulenc, *op. cit.*

[41] Ingénieur formé à l'École centrale lyonnaise. Il devait, plus tard, occuper les fonctions d'administrateur délégué de Rhône-Poulenc. À la SCUR, il fut successivement sous-directeur technique puis ingénieur en chef, avant d'accéder en 1917 à un poste d'administrateur. Il fut le premier technicien dirigeant de l'entreprise.

[42] Rapport Usines du Rhône, 29 avril 1896.

[43] P.-V. Usines du Rhône, séance du 20 novembre 1899.

[44] *Exposition universelle internationale de 1900...*, *op. cit.*, t. II, p. 27.

immédiatement ressuscitée, puis renforcée[45]. En effet, plusieurs dizaines de milliers de francs furent investis entre 1910 et 1912 pour agrandir le centre de recherche[46]. Or, pour une entreprise qui sortait d'une grave crise de gestion, une telle décision était incontestablement un pari audacieux, surtout quand on sait que la surface de ces nouveaux laboratoires équivalait à plus de la moitié de la surface totale du site de production : une ampleur sans précédent[47] !

Ainsi, à l'exception d'une courte période, la direction de la SCUR s'efforça au début du XXe siècle de stabiliser ses comptes, pour assurer des bases solides de gestion, mais elle ne renonça pas pour autant à maintenir un axe fondamental de sa stratégie, perpétué depuis la fondation de l'entreprise, à savoir l'importance accordée à la recherche. On peut considérer qu'en 1910 la SCUR était sortie de la crise et avait redressé la situation : c'est d'ailleurs l'année où commencèrent les travaux d'agrandissement du centre de recherche. Cette structure, prête avant le déclenchement des hostilités de 1914, fut le point de départ d'une politique résolument engagée vers la recherche, qui ne se démentira pas dans les années qui suivirent la Première Guerre mondiale : en 1923, la SCUR employait 102 chimistes et 27 ingénieurs[48].

VI. Synthèse

Dans ce chapitre, nous venons de suivre l'évolution que connut la Société chimique des usines du Rhône de la deuxième moitié du XIXe siècle à la Première Guerre mondiale, période marquée par le déclin de l'industrie chimique organique française, puis par son relatif rétablissement. Nous reprendrons, en guise de synthèse, trois des principaux points qui nous paraissent avoir été significatifs dans le cas particulier de la SCUR.

En premier lieu, la mise au point d'un procédé de fabrication de l'indigo synthétique apparut comme un enjeu fondamental marquant le retour de l'industrie chimique française des colorants, en crise depuis déjà trop longtemps. Malheureusement, la SCUR, dont la gestion était chancelante, ne parvint ni à dégager les importantes sommes nécessaires à une telle fabrication ni à résister aux attaques de la concurrence allemande qui faisait fortement baisser les prix. Elle n'eut pas d'autre choix

---

[45] On suppose qu'un tel changement de stratégie fut fortement influencé par Joseph Koetschet, directeur scientifique, et Nicolas Grillet, directeur technique, mais la documentation de l'époque ne donne aucune preuve directe du rôle joué par chacun.

[46] P.-V. Usines du Rhône, séances des 12 septembre 1910 et 30 janvier 1912.

[47] Société des produits chimiques du Rhône-Poulenc, *op. cit.*

[48] J. Gérard (ed.), *op. cit.*, t. II, p. 1290.

que de se retirer complètement et définitivement du secteur des colorants. Cet épisode rappelle étrangement l'échec de l'alizarine synthétique, essuyé par la S.A. Saint-Denis, et que nous avons étudié dans le chapitre précédent.

En second lieu, un groupe de banquiers, organisé autour de la Société générale, s'engagea activement au début du siècle à assainir les comptes de la SCUR, et réussit à remettre durablement sur pied l'entreprise en tant que fabricant de produits pharmaceutiques, ainsi que nous l'avons vu dans la section IV du présent chapitre. Ainsi, c'est dans la décennie qui précéda le déclenchement de la Première Guerre mondiale que la SCUR établit les bases de son développement futur en tant qu'entreprise française incontournable dans le secteur de la chimie organique. Les efforts industriels poursuivis, alliés à une politique d'investissements importants dans le secteur de la recherche, qui ne s'est jamais démentie depuis la création de la société anonyme en 1895, commencèrent enfin à porter leurs fruits à la veille du conflit.

En troisième lieu, il convient de souligner une nouvelle fois la remarquable contribution apportée par la SCUR pour répondre aux besoins militaires pendant la Première Guerre mondiale : celle-ci ne fut possible que parce que l'entreprise disposait de technologies industrielles qu'elle avait mises au point juste avant le déclenchement des hostilités. Certes, la SCUR dégagea d'importants bénéfices de la production de guerre qu'elle mit en place pendant le conflit, et ils joueront un rôle non négligeable dans le développement futur de l'entreprise. Mais, à l'exception de la production d'un gaz toxique, l'ypérite, toutes les productions de guerre de la SCUR ne furent que des prolongements de techniques qu'elle maîtrisait avant la guerre, et qui avaient déjà trouvé d'autres applications industrielles. Ainsi, on peut dire que les productions de guerre n'étaient rien de plus qu'un renforcement des efforts industriels dynamiques menés avant 1914 : il ne s'agissait en aucun cas d'un changement de cap qui aurait nécessité la mise au point de techniques de production novatrices. La seule exception fut l'ypérite, plus connue sous l'appellation de gaz moutarde, qui fut utilisé pour la première fois le 11 juillet 1917 à Ypres, en Belgique, d'où son nom[49]. Au grand étonnement de l'Allemagne, la France décida alors de l'utiliser assez systématiquement, et à grande échelle. Ce fut un groupe de chimistes autour de Koetschet qui mit au point le procédé français de fabrication, bien supérieur à celui que les Allemands connaissaient. L'armée de terre française ne fut pas la seule à faire usage de ce produit, les autres armées alliées purent également bénéficier de la qualité de ce nouveau procédé de fabrication. Cet épisode illustre bien le niveau

---

[49] *Grand Dictionnaire encyclopédique Larousse*, t. 15, Paris, 1985, p. 10983.

technique atteint par la SCUR au moment de la Première Guerre mondiale[50].

Mais pendant la guerre, la principale production de guerre de la SCUR restait le phénol synthétique, livré intégralement à l'armée française. L'entreprise s'efforça cependant de répondre à d'autres besoins, notamment en offrant à l'État des produits pharmaceutiques de synthèse, ou de l'acétate de cellulose servant à enduire les avions militaires, ou encore en produisant du gaz moutarde aussi bien pour l'armée française que pour les armées alliées. Cet exemple montre bien que le niveau technique et industriel de la France n'avait rien à envier à celui d'autres pays.

---

[50] Rapport Usines du Rhône, 27 mai 1919 ; J. Gérard (ed.), *op. cit.*, t. II, p. 1289 ; Fr. Quarré, *op. cit.*, p. 37.

CHAPITRE VIII

Les Établissements Poulenc Frères

I. Introduction

Le présent chapitre examinera l'histoire des Établissements Poulenc Frères, entreprise qui fut, avec la SCUR, un des rares fabricants français de produits pharmaceutiques du début du siècle. Mais contrairement à la Société chimique des usines du Rhône, qui dut faire face à une grave crise de management, les Établissements Poulenc Frères connurent une croissance régulière et soutenue remontant au milieu du XIXe siècle. D'ailleurs si, au tournant du siècle, il fut un temps question d'absorber la SCUR, c'est bien parce que la gestion de l'entreprise Poulenc était suffisamment solide pour envisager une telle fusion. C'est en tout cas la preuve qu'elle était en bien meilleure santé que sa concurrente. Pourtant, les deux sociétés connurent par la suite des destins complètement différents. En 1928, quand la fusion fut finalement réalisée, c'est la SCUR qui, *de facto*, absorba Poulenc, et non le contraire. Pourquoi un tel renversement de situation ? Doit-on l'attribuer à une erreur de gestion de la part de la direction des Établissements Poulenc Frères ? Nous tenterons de répondre à ces interrogations au cours de ce chapitre, à travers une analyse des activités de Poulenc entre le milieu du XIXe siècle et la Première Guerre mondiale, que nous étaierons d'une comparaison des structures de R&D chez Poulenc et à la SCUR.

II. Poulenc Frères dans la deuxième moitié du XIXe siècle

L'origine des Établissements Poulenc Frères remonte à une droguerie fondée en 1848 par Pierre Wittmann. Né dans une famille de notables alsaciens, Wittmann n'était pas destiné au négoce de médicaments. Il commença sa carrière comme boulanger-pâtissier à Paris, mais gardait de son adolescence passée comme préparateur en pharmacie une vive prédilection pour la chimie. Sa boutique ayant subi les attaques des insurgés de la Révolution de février 1848, Wittmann décida de saisir l'occasion pour changer d'activités et se lancer dans le négoce de produits pharmaceutiques. En 1851, il s'associa à son gendre, Étienne Poulenc, jeune diplômé de l'École de pharmacie de Paris, pour fonder Wittmann et Poulenc jeune, une entreprise qui, sous l'impulsion de son

jeune dirigeant, connut un développement rapide, amorçant une spécialisation vers des produits nouveaux destinés à l'industrie de la photogra-
phie qui connaissait alors un essor fulgurant. L'entreprise commença
ainsi à fabriquer collodions, fixateurs et révélateurs utilisés pour sensibi-
liser les pellicules photographiques, ainsi que différents produits leur
servant de matière première. Dès 1855, l'entreprise présente certaines de
ses réalisations à l'Exposition universelle de Paris de 1855 et se voit
décerner le Premier prix hors concours, ce qui prouve l'excellent niveau
des fabrications dès cette époque. Avec le départ à la retraite de
Wittmann en 1858, l'entreprise fut dirigée par le seul Étienne Poulenc,
qui, dès l'année suivante, acheta un terrain industriel à Ivry-sur-Seine,
dans la banlieue parisienne, qui devait devenir le point d'ancrage du
développement ultérieur des activités manufacturières de la famille
Poulenc à partir des années 1860[1].

Peu de documents internes existent sur la situation économique et
financière de l'entreprise entre 1860 et 1900, si bien qu'il est difficile de
s'en faire une idée précise. Cependant, si l'on en croit les ouvrages et
autres publications externes dont nous disposons, il semble que son
développement fut prospère tout au long de cette période. À la mort
d'Étienne Poulenc en 1878, son fils aîné, Gaston, diplômé de l'École
supérieure de pharmacie de Paris, reprit les affaires familiales. D'après
les archives du ministère du Commerce sur la Légion d'honneur[2] dont
Gaston Poulenc fut décoré plus tard, l'entreprise dégageait en 1878 un
chiffre d'affaires d'un million de francs. Or, dès 1896, il dépassait
6 millions de francs, dont 2 millions réalisés à l'exportation. Deux productions avaient connu un développement important depuis la fondation
de la société : celle destinée à l'industrie pharmaceutique et celle destinée à l'industrie photographique. Pour ce qui est de la première catégorie, la firme fabriquait déjà du temps d'Étienne Poulenc du bromure, de
l'iodure et différents phosphates, auxquels vinrent s'ajouter, après son
départ, des productions de sels de calcium, de tartrate, d'oléate, ou
encore de glucose. Aux expositions universelles de Paris (1878), de
Melbourne (1880) et de Barcelone (1888), des médailles d'or vinrent
récompenser tous ces efforts industriels, couronnés en 1889 par un
grand prix à l'Exposition de Paris. Ces exemples prouvent que la firme
affichait une volonté ferme de rechercher constamment des améliorations techniques. Cependant, Poulenc Frères, nom de la raison sociale à
partir de 1881, était encore loin de recueillir une reconnaissance généra-

---

[1] Société des usines chimiques Rhône-Poulenc, *Histoire de la S.A. les Établissements Poulenc Frères*, document dactylographié, chap. 1, p. 1-12.

[2] A.N., F[12] 5242, Légion d'honneur, Propositions individuelles, dossier de M. Gaston Poulenc.

lisée du milieu industriel. En effet, ses activités se limitaient essentiellement à celles d'un laboratoire : l'entreprise achetait des produits chimiques, les analysait, les contrôlait, éventuellement les modifiait grâce à une production restreinte dans des secteurs pointus, puis les revendait. Il s'agissait donc d'une activité plus commerciale que manufacturière, et ce qu'elle fabriquait ne nécessitait pas de processus industriel lourd. Voilà ce qui différenciait clairement Poulenc de la S.A. Saint-Denis et de la SCUR, que nous avons analysée dans les deux précédents chapitres. Voilà également ce qui explique que l'entreprise n'eut pas à entrer directement en concurrence avec l'industrie chimique organique allemande. De là, son développement régulier, à l'abri des aléas du secteur chimique. Le tableau 8-1 présente la répartition des effectifs de Poulenc Frères en 1896 : on constatera aisément que la division commerciale était bien dotée, tandis que les chimistes et les ingénieurs étaient largement sous-représentés.

Selon Jonathan Liebenau[3], la situation semble avoir été similaire chez la plupart des fabricants de produits pharmaceutiques anglais avant la Première Guerre mondiale, à l'exception de Burroughs, Wellcome & Co. Seuls quelques chimistes étaient recrutés par ces firmes.

Pourtant, Poulenc Frères entamera une métamorphose complète pendant la deuxième moitié des années 1890. En 1893, Camille Poulenc, le troisième des frères Poulenc après Gaston et Émile[4], rejoignit la direction de l'entreprise familiale. Élève du Prix Nobel de chimie Henri Moissan, Camille avait poursuivi des travaux de recherche sous sa direction et soutenu une thèse de doctorat à l'Université de Paris. Très rapidement, il s'attela à doter Poulenc Frères d'une structure interne de recherche. En 1896, il convainquit Maurice Meslans, professeur agrégé de pharmacie à l'Université de Nancy, et également ancien élève de Moissan, d'entrer chez Poulenc Frères. C'est sous sa direction que le premier laboratoire et le premier centre d'essais furent aménagés[5]. Le tableau 8-2 résume la répartition des effectifs par catégorie de personnel en 1900, au moment de l'ouverture de l'Exposition universelle. En le comparant au tableau 8-1, on note un changement radical, avec une hausse rapide du nombre de chimistes et de chercheurs. Parmi eux se trouvait le naturaliste Georges Roché, qui avait été autrefois un condisciple de Camille Poulenc. Ainsi, avec l'arrivée de Camille, Poulenc Frères passa progressivement du statut de simple officine pharmaceutique à but purement commercial, comme il en existait beaucoup à

---

[3] J. Liebenau, « Industrial R & D in Pharmaceutical Firms in the Early Twentieth Century », *Business History*, 1984, p. 335-340.

[4] Le célèbre compositeur français Francis Poulenc est le fils d'Émile.

[5] Société des usines chimiques Rhône-Poulenc, doc. cit., p. 21-23.

l'époque, à celui d'entreprise de chimie organique, un secteur qui en était encore à ses débuts. Sa transformation en société anonyme en juillet 1900 fut vraisemblablement inspirée par Camille, désireux d'asseoir durablement des fondements scientifiques solides à l'entreprise familiale.

La société anonyme Les Établissements Poulenc Frères fut constituée avec un capital de 4 millions de francs, soit presque le double de la raison sociale précédente au capital de 2,1 millions de francs. Il semble donc que l'apport de capitaux fut une des raisons principales de la réorganisation en société anonyme. Sur ce total, 1,8 million était attribué aux trois frères Poulenc sous forme d'apports en nature[6]. D'après Pierre Cayez[7], sur les 2,2 millions de francs restants, 1,5 million fut également souscrit par Gaston, Émile et Camille Poulenc, si bien que seuls 700 000 francs étaient détenus par les 4 autres membres du conseil d'administration. Notons que deux de ces administrateurs externes à la famille Poulenc étaient des représentants de la Banque privée industrielle, commerciale et coloniale Lyon-Marseille, qui devait jouer un rôle décisif dans le développement de Poulenc dans les années 1920. La présence également de Louis Pradel[8], figure éminente du monde des affaires lyonnais et président de la Chambre de commerce de Lyon, eut ultérieurement des retombées non négligeables dans le processus de modernisation de l'entreprise. Dans la section suivante, nous nous proposons de cerner l'évolution des Établissements Poulenc Frères à partir de leur formation en tant que société anonyme, et plus particulièrement de nous pencher sur le processus qui leur permit de se départir de leur structure commerciale pour devenir une entreprise pharmaceutique moderne.

**Tableau 8-1. Répartition des effectifs de Poulenc Frères en 1895
par catégorie de personnel**

Catégorie de personnel	Effectifs
Commerciaux	128 personnes [a]
Ouvriers	143 personnes
Chimistes	3 personnes
Ingénieurs [b]	2 personnes
Total	276 personnes [c]

a. Y compris 6 personnes chargées des relations extérieures.
b. Portant le titre de « directeurs techniques » dans les archives de l'entreprise.

---

[6] A.N., 65 AQ P269, Compte rendu de l'Assemblée générale constitutive des actionnaires des Établissements Poulenc Frères, 23 juin 1900.

[7] P. Cayez, *Rhône-Poulenc...*, *op. cit.*, p. 27.

[8] A.N., F[12] 8703, Légion d'honneur, Propositions individuelles, dossier de M. Louis Pradel.

c. Auxquelles il faut ajouter 22 agents de représentation en France, et 16 à l'étranger.

Source : Tableau réalisé à partir de : A.N., F¹² 5242, Légion d'honneur, Propositions individuelles, dossier de M. Gaston Poulenc.

Tableau 8-2. Répartition des effectifs de Poulenc Frères en 1900 (au moment de l'Exposition universelle de Paris) par catégorie de personnel

Catégorie de personnel	Effectifs
Commerciaux	]
Ouvriers	] 300 personnes*
Chimistes	10 personnes
Ingénieurs	2 personnes
Total	312 personnes

* Estimation d'après les archives disponibles.

Source : Tableau réalisé à partir de : *Exposition universelle internationale de 1900 à Paris, Rapports du jury international : Groupe XIV-Industrie chimique*, t. II, Paris, 1902, p. 330.

III. Les Établissements Poulenc Frères de 1900 à 1914

A. Situation financière de 1900 à 1914

Le tableau 8-3 résume l'évolution du chiffre d'affaires des Établissements Poulenc Frères (ci-après abrégé en « Poulenc ») entre 1900 et 1914. On remarque la différence flagrante avec les résultats enregistrés par la SCUR[9], notamment entre 1909 et 1913. En effet, cette dernière se contentait de ventes oscillant entre 3,5 et 7,5 millions de francs : on imagine facilement que les activités de Poulenc étaient nettement plus importantes en taille et en quantité que celles de la SCUR. Mais la nature de leurs activités différait fondamentalement, car Poulenc commençait tout juste à se constituer en véritable firme industrielle de chimie organique et à mettre au point ses propres procédés de fabrication et de recherche. Tout d'abord, son principal fonds de commerce restait encore à cette époque la revente de produits pharmaceutiques dérivés de la chimie minérale à des pharmaciens, des céramistes ou des verriers, après analyse, contrôle et légère transformation. La nature commerciale de l'entreprise pesait donc nettement plus lourd que ses timides avancées vers l'industrialisation. D'autre part, contrairement à la SCUR qui s'était très tôt spécialisée dans la chimie organique avec le lancement de parfums de synthèse et de produits pharmaceutiques synthétiques, Poulenc proposait une large gamme de produits – médicaments, produits et appareils photographiques, produits chimiques

---

[9]   Cf. tableau 7-4, au chapitre VII du présent ouvrage.

destinés à l'industrie de la céramique, produits et appareils de laboratoire (essentiellement dans le secteur de la verrerie), etc. Or, pour beaucoup de ces articles, Poulenc ne jouait finalement qu'un rôle d'intermédiaire, de simple représentant de commerce. Dernier point, qui n'est d'ailleurs pas sans relation avec les deux précédents, les marges bénéficiaires sur le chiffre d'affaires étaient loin d'être mirobolantes. Nous avons essayé de récapituler dans le tableau 8-4 les marges bénéficiaires de Poulenc et de la SCUR pour les années 1911 à 1913, années où les archives sont suffisantes pour permettre une comparaison : il en ressort que la SCUR dégageait toujours des bénéfices plus importants que Poulenc pendant ces années, alors même que Poulenc affichait une amélioration de ses résultats depuis 1908[10]. Pour réduire l'écart, il n'y avait pas d'autre choix que de rationaliser ses activités et de se lancer dans l'aventure industrielle de façon plus systématique.

**Tableau 8-3. Évolution du chiffre d'affaires
des Établissements Poulenc Frères (1900-1901 à 1913-1914)**

Exercice fiscal	Chiffre d'affaires	Exercice fiscal	Chiffre d'affaires
1900-1901	8 139 218,49	1907-1908	11 047 808,28
1901-1902	8 723 863,98	1908-1909	11 537 920,47
1902-1903	9 027 490,61	1909-1910	11 638 177,34
1903-1904	10 138 312,51	1910-1911	13 399 548,75
1904-1905	10 489 810,87	1911-1912	13 847 945,21
1905-1906	11 117 952,31	1912-1913	14 936 188,34
1906-1907	11 964 208,24	1913-1914	15 750 746,77

Unité : franc

Source : tableau réalisé à partir des Archives Rhône-Poulenc (P.-V. du Conseil d'administration des Établissements Poulenc Frères – ci-après abrégé en P.-V. Poulenc –, séances du 2 août 1901 au 4 août 1914).

**Tableau 8-4. Comparaison des marges bénéficiaires de la Société chimique
des usines du Rhône et des Établissements Rhône-Poulenc**

	SCUR				Poulenc		
Exercice fiscal	Chiffre d'affaires (A)	Bénéfice net (B)	B/A (%)	Exercice fiscal	Chiffre d'affaires (A)	Bénéfice net (B)	B/A (%)
1911	7 318 621	2 148 207	29,4	1910-1911	13 699 548	912 949	6,7
1912	6 534 943	2 239 568	34,3	1911-1912	13 847 945	708 064	5,1
1913	7 682 191	2 359 742	30,7	1912-1913	14 936 188	721 845	4,8

Unité : franc

---

[10]   Archives Rhône-Poulenc, P.-V. du Conseil d'administration des Établissements Poulenc Frères (ci-après abrégé en P.-V. Poulenc), séances de septembre 1908.

Sources : Tableau réalisé à partir de : P.-V. Poulenc, 1911-1914 ; Archives Rhône-Poulenc, P.-V. du Conseil d'administration de la Société chimique des usines du Rhône (ci-après abrégé en P.-V. Usines du Rhône), 1911-1914 ; A.N., 65 AQ P288, Compte rendu de l'Assemblée générale des actionnaires de la Société chimique des usines du Rhône, 1911-1913, A.N., 65 AQ P269, Compte rendu de l'Assemblée générale des actionnaires des Établissements Poulenc Frères, 1911-1913.

B. Organisation de la direction

Ainsi que nous l'avons précisé plus haut, au moment de sa fondation, le conseil d'administration des Établissements Poulenc Frères était composé des trois frères Poulenc et de quatre autres administrateurs : deux industriels représentant la Banque privée, commerciale et coloniale Lyon-Marseille (ci-après abrégée sous le nom « Banque privée de Lyon »), un ingénieur ami de la famille Poulenc et Georges Roché. À ce petit groupe s'ajoutèrent très rapidement deux chimistes-chercheurs engagés par Poulenc, à savoir Maurice Meslans, chargé de la direction scientifique et technique des usines, et Lucien Soret, directeur d'une des usines. Le conseil d'administration comprenait donc neuf personnes en tout[11], dont quatre membres ou proches de la famille Poulenc, deux administrateurs « externes » détachés de la banque, et trois administrateurs recrutés dans les rangs des scientifiques de la firme. Mais Meslans et Roché, entrés depuis peu chez Poulenc, n'étaient pas à proprement parler des spécialistes de la gestion d'entreprise. Pourtant, outre le président Gaston Poulenc et son frère Camille, Roché fut nommé administrateur délégué, tout comme Meslans en 1903, qui assumait également la direction scientifique et technique des usines[12]. Lors du conseil d'administration du 28 septembre 1900, la proposition de création d'une commission des études techniques et d'une commission financière et commerciale fut approuvée. Ces structures avaient obligation d'établir des rapports clairs et précis au conseil d'administration sur l'avancée des dossiers qu'on avait soumis à leur examen, de même que de mentionner les recherches qu'ils jugeaient nécessaires. Nous ne disposons malheureusement que de très peu de documents concernant le contenu exact des activités fournies par ces commissions, mais, si on en juge par les procès-verbaux des conseils d'administration, il semble que les avis qu'elles émettaient étaient sérieusement pris en compte au moment de prendre des décisions importantes.

Les quatre administrateurs délégués formaient ce qu'on a appelé le conseil privé, et furent les véritables dirigeants de l'entreprise jusqu'à la Première Guerre mondiale. Il convient cependant de ne pas minimiser le

---

[11] *Ibid.*, séance du 28 septembre 1900.
[12] *Ibid.*, séance du 24 juillet 1903.

rôle particulier joué par un autre administrateur, qui ne faisait pas partie de ce petit cercle officiellement chargé de la gestion au jour le jour : nous voulons ici parler de Louis Pradel, de la Banque privée de Lyon. En effet, ce dernier ne s'est pas contenté d'être un intermédiaire entre sa banque et Poulenc pour toutes les questions liées au financement de l'entreprise. Il n'a pas hésité à prodiguer ses conseils en matière de gestion d'entreprise, éclairant les dirigeants de Poulenc sur leurs compétences en tant qu'administrateurs ou sur le rôle du conseil d'administration, se fondant sur sa vaste expérience de banquier et d'industriel. Par ailleurs, il fut celui qui suggéra comment Poulenc pouvait se développer en imitant le modèle des entreprises chimiques allemandes, alors que les dirigeants d'une firme familiale comme Poulenc étaient plutôt enclins, à l'exception de Camille, à rester d'une taille modeste, au détriment d'une possible expansion. Jusqu'en 1910 cependant, c'est le clan des réticents à l'élargissement, représentés par Gaston Poulenc, qui l'emporta.

Ces réticences apparaissent assez clairement dans les débats du conseil d'administration concernant les moyens de s'assurer des financements ou concernant l'éventuel rachat d'autres entreprises. Pour ce qui est du premier point, alors que Pradel soulignait qu'il serait préférable d'augmenter le capital plutôt que d'émettre des obligations, Gaston refusa en arguant que cela irait à l'encontre de l'intérêt des « anciens actionnaires »[13]. Il va de soi que ces « anciens actionnaires » n'étaient autres que les membres de la famille Poulenc. Ce choix était clairement dicté par la crainte de voir s'affaiblir le pouvoir des Poulenc par rapport à d'éventuels autres investisseurs désireux de participer à l'augmentation de capital. Le même raisonnement balaya les possibilités de rachats de plusieurs entreprises pourtant prometteuses. Ce fut par exemple le cas en 1904 quand fut discutée une éventuelle fusion avec la SCUR : certes, on argua de raisons techniques pour repousser l'offre, notamment le fait que les domaines de production de la SCUR dépassaient largement les capacités de Poulenc, mais la véritable raison résidait dans le fait qu'il fallait que Poulenc acceptât un financement externe pour réaliser ce rachat[14]. Pradel, qui voyait dans la SCUR une excellente opportunité de développement, étant donné le haut niveau technique de la compagnie, expliqua qu'il suffisait que Poulenc distribuât aux actionnaires de la SCUR de nouvelles actions Poulenc, émises via une augmentation de capital rendue nécessaire par la fusion. Mais le clan des réticents ne fut pas convaincu. Pourtant, comme nous l'avons vu dans le chapitre précédent, la SCUR devait par la suite réussir à redresser sa situation financière grâce au soutien de la Société générale.

---

[13] *Ibid.*, séance du 16 juillet 1907.
[14] *Ibid.*, séance du 22 mai 1907.

Forte d'une croissance rapide faisant d'elle un des fleurons français de l'industrie chimique organique, ce sera finalement la SCUR qui finira par absorber Poulenc à la fin des années 1920.

Ainsi, pendant toute la première décennie du siècle, la réalité de Poulenc ne se différenciait guère de la société en nom collectif qu'elle avait été avant de devenir société anonyme, et sa nature familiale restait fortement ancrée dans une tradition de gestion qui mettait l'accent plus sur la stabilité que sur le développement. Cependant, si l'on observe les changements d'organisation interne, on peut constater que Poulenc jetait les bases solides d'un développement futur, notamment à travers l'aménagement d'une structure de R&D, dont Camille Poulenc se faisait l'ardent promoteur.

C. Organisation de la R&D

Il était de notoriété publique que l'industrie chimique allemande devait son essor fulgurant dans la deuxième moitié du XIXe siècle à l'aménagement de structures internes de recherche et de développement, mises en place avant celles de ses concurrents étrangers. La France, qui avait été le berceau de la chimie moderne, ressentait d'autant plus fortement son incapacité à concurrencer désormais l'Allemagne et s'intéressait de près à comprendre les raisons de ce décalage. Comme nous l'avons vu au chapitre II, de nombreux intellectuels avaient analysé les structures de R&D dont s'était dotée l'Allemagne ainsi que les différences entre les deux systèmes d'enseignement de la chimie, fondements même de la recherche. Malgré cet intérêt des intellectuels de l'époque, il y avait peu de chances pour qu'une entreprise chimique française réalisât activement les investissements nécessaires en la matière avant la Première Guerre mondiale et imitât le modèle allemand[15]. Et de fait, même Saint-Gobain, une des entreprises les plus puissantes de l'époque, ne disposait pas de laboratoires chimiques capables de faire plus qu'une simple analyse de produits ou qu'un examen des procédés de fabrication mis au point à l'étranger. Les efforts de R&D consentis par la SCUR avant le déclenchement de la guerre de 1914, tels que nous les avons décrits au chapitre précédent, paraissaient donc plus l'exception que la règle. Mais c'est aussi la raison pour laquelle nous avons choisi les Établissements Poulenc Frères pour cette étude de cas.

En effet, c'est à l'initiative de Camille Poulenc que fut construit en juin 1899, juste avant la réorganisation en société anonyme de l'entreprise familiale, un laboratoire de recherches sur un terrain indépendant du site de production. À cette époque, les chercheurs autour de Camille

---

[15] Cf. J.-P. Daviet, *Un destin international…, op. cit.*

Poulenc et de Meslans étaient pour la plupart d'anciens élèves de l'éminent électrochimiste Moissan : c'est donc tout naturellement dans le domaine de l'électrochimie que le laboratoire présenta ses premières découvertes, dont certaines furent d'ailleurs primées dès l'Exposition universelle de 1900. Il semble pourtant que, très tôt, Camille envisageait d'orienter l'entreprise familiale vers la chimie organique, en mettant à profit sa production pharmaceutique traditionnelle[16]. Mais le laboratoire de chimie organique ne disposait pas de chimiste ayant l'expérience ou le talent d'un Meslans en électrochimie, si bien que l'entreprise Poulenc ne pouvait réellement espérer mettre au point de nouveaux produits pharmaceutiques par elle-même, surtout que le conseil d'administration rejeta le rachat de la SCUR, où exerçaient des chimistes comme Koetschet qui s'était fait un nom en réussissant la synthèse de l'indigo. Cependant, il convient de souligner que, depuis que Gaston Poulenc avait repris l'affaire familiale en 1878, des relations de confiance avaient été nouées avec de nombreux scientifiques qui fréquentaient les Établissements Poulenc pour approvisionner leurs laboratoires et centres de recherche universitaires en produits chimiques et matériels de laboratoire. Par rapport à d'autres entreprises, Poulenc était donc en contact étroit avec le monde de la recherche et pouvait ainsi en suivre les évolutions de relativement près[17]. L'arrivée dans la firme familiale de Camille Poulenc, qui avait étudié la pharmacie et avait également des connaissances en chimie, renforça d'autant la coopération entre Poulenc et le monde scientifique. C'est notamment cette forme de collaboration avec des chercheurs externes qui fut décisive pour le développement des produits pharmaceutiques de synthèse[18].

Le premier de ces collaborateurs apparut juste après la réorganisation en société anonyme en octobre 1900. Il s'agit de Francis Billon qui avait mis au point diverses spécialités pharmaceutiques à base de lécithine. En échange de la prise en charge des frais de recherche et des frais commerciaux (un devis estimait à 4 000 francs par mois les frais encourus pour le lancement publicitaire et les études de marché), Billon céda à Poulenc ses droits sur le procédé de fabrication, mais l'accord passé stipulait que

---

[16] P.-V. Poulenc, séances des 30 octobre 1900 et 30 novembre 1900 ; Société des usines chimiques Rhône-Poulenc, doc. cit., p. 21-26 et 29-40.

[17] Fr. Quarré, *op. cit.*, p. 28-29.

[18] Ainsi que nous l'avons vu au chapitre II, le professeur Haller, rapporteur du jury de la section chimie à l'Exposition universelle de 1900, avait souligné que le déclin de l'industrie chimique française était en grande partie dû à l'absence de relations entre le monde industriel et le monde scientifique. Si Poulenc se distingua dès le début du XXᵉ siècle comme un des rares représentants français de l'industrie chimique organique, c'est peut-être aussi parce que l'entreprise avait su maintenir des relations étroites avec les chercheurs – une « exception » en France.

l'inventeur continuerait à recevoir 50 % des bénéfices nets que Poulenc dégagerait de la vente de ses produits. Par la suite, il poursuivit sa collaboration avec le laboratoire de chimie organique de Poulenc, en tant que chercheur externe[19]. Cette forme de coopération continua jusqu'à ce que Billon ferme sa pharmacie et accepte de devenir un administrateur officiellement rétribué chez Poulenc. Notons cependant que le produit fabriqué par Poulenc sous la marque Ovolécithine Billon n'était pas directement commercialisé par Poulenc, mais par la pharmacie de Billon et ses agents de distribution. Nous reviendrons plus tard sur les raisons d'un tel système.

Le laboratoire des recherches organiques, qui avait donc commencé ainsi grâce à la collaboration de Billon, réussit à mettre au point sa première invention d'importance grâce à Ernest Fourneau, qui, comme Billon, dirigeait sa propre pharmacie tout en collaborant avec Poulenc où il avait accepté de superviser les travaux de recherche[20]. Ce dernier inventa en effet la stovaïne, premier anesthésique synthétique au monde capable de remplacer la cocaïne[21]. Ce nouveau produit fut lancé sur le marché en 1905-1906, à grands renforts d'une campagne publicitaire qui s'éleva à 156 000 francs : plutôt que de dégager des bénéfices, Poulenc espérait surtout améliorer son image de marque internationale en tant que fabricant pharmaceutique. Un contrat garantissant à Fourneau un pourcentage sur les bénéfices des ventes du produit qu'il avait mis au point le liait également à Poulenc. En 1905, au moment de renouveler son contrat, il obtint que ses parts des bénéfices s'élevassent à un minimum de 6 000 francs[22], renforçant ainsi son rôle dans la structure de R&D des produits pharmaceutiques de Poulenc. Puis la proposition de lui verser un fixe de 12 000 francs annuels en qualité de « conseiller technique », afin de s'assurer de façon plus régulière sa collaboration, fut adoptée par le conseil d'administration du 7 février 1910. Mais, nommé professeur du département de chimiothérapie de l'Institut Pasteur qu'il avait fondé, Fourneau choisit de quitter Poulenc en décembre. Il convient cependant de mettre en avant l'énorme contribution qu'il apporta pour faire des Établissements Poulenc Frères un des grands de l'industrie pharmaceutique française.

Ainsi le laboratoire de recherches de Poulenc, qui avait progressivement renforcé ses capacités grâce à la coopération des deux collaborateurs externes mentionnés ci-dessus, prenait forme. Le rapport technique

---

[19] P.-V. Poulenc, séances du 30 octobre 1900 au 22 mars 1901.

[20] *Ibid.*, séances des 7 septembre 1904 et 22 décembre 1905.

[21] R. Fabre & G. Dilleman, *Histoire de la Pharmacie*, Paris, 1963, p. 93.

[22] P.-V. Poulenc, séance du 24 avril 1905.

soumis au conseil d'administration du 4 octobre 1910[23] en fait la description suivante. Sis à Ivry-sur-Seine, le centre de recherche comporte 4 laboratoires : celui de chimie minérale, celui de microbiologie, celui des recherches organiques et celui de physiologie – les deux derniers étant placés sous la direction de Fourneau et de Billon. Le rapport fait également état des dépenses occasionnées par ces laboratoires : 57 671 francs pour l'exercice 1908-1909, 73 200 francs pour 1909-1910. Ainsi, on peut dire que vers 1910, la R&D de Poulenc s'était développée en une structure d'une certaine ampleur, et que le développement en interne de produits pharmaceutiques, souhaité par Camille Poulenc, avait également donné des fruits, même s'il avait fallu pour cela s'assurer une collaboration externe. En 1911, Poulenc réussit la synthèse de l'arsénobenzol, produit permettant de traiter la syphilis, grâce, une fois de plus, à la coopération de chimistes externes[24], ouvrant la voie à l'essor que connaîtra l'entreprise pendant la Première Guerre mondiale.

Nous venons donc de retracer l'histoire de l'organisation de la R&D chez Poulenc jusqu'à la Première Guerre mondiale, mettant principalement l'accent sur la recherche pharmaceutique. Reste à évaluer les problèmes que soulevait un tel système. En premier lieu, les principaux chercheurs en charge de la mise au point de nouveaux produits étaient extérieurs à l'entreprise, à commencer par Fourneau et Billon. Pourquoi donc ce choix ? N'était-il donc pas possible de les recruter avec un contrat salarié à temps plein ? Dans le cas de Billon, il semble qu'une embauche classique était difficile. Le chercheur avait en fait espéré diriger une filiale à créer entre sa propre pharmacie et les Établissements Poulenc : cette filiale aurait été chargée de fabriquer et de commercialiser les produits qu'il aurait lui-même inventés. Devant le refus de Poulenc, c'est une forme un peu bâtarde de collaboration qui fut finalement adoptée, en compromis entre les deux positions. Dans le cas de Fourneau, il semble que le chimiste avait demandé, au moment de négocier son premier contrat en avril 1903, d'être rémunéré par un fixe, mais que Poulenc refusa[25]. Cette attitude illustre l'extrême prudence de la direction qui ne voulait pas s'engager trop avant dans la recherche sur les produits pharmaceutiques de synthèse, un secteur où les risques étaient encore trop importants à ses yeux. En second lieu, comme pour contrebalancer cette timidité dans le domaine de la chimie organique, Poulenc a dispersé ses efforts de recherche dans des secteurs industriels où l'entreprise n'avait pas vraiment l'intention de se lancer à grande

---

[23] *Ibid.*, séance du 4 octobre 1910.

[24] *Ibid.*, séance du 6 juin 1911.

[25] *Ibid.*, séance du 28 avril 1905.

échelle, comme le prouvent par exemple les études poursuivies en électrochimie par Meslans, ou encore les soutiens financiers accordés à de nombreux chercheurs externes. Par exemple, l'assistance offerte à Jean-Baptiste Senderens pour ses travaux sur les catalyseurs, ou aux époux Curie pour leurs travaux sur le radium, a certes contribué au développement de la recherche scientifique, mais les retombées directes sur l'entreprise et sur la croissance de ses activités restent à démontrer. En bref, on peut dire que la théorisation interne des activités de R&D était tout à fait insuffisante. En troisième lieu, quantitativement parlant, on était loin des effectifs de plusieurs centaines de chimistes recrutés par les grandes entreprises chimiques allemandes[26], loin également des embauches de son concurrent français, la SCUR, comme on peut le constater dans le tableau 8-5. Certes, la SCUR avait dû réduire ses effectifs de chercheurs au début du siècle, pour cause de crise financière interne, mais dès que le redressement fut confirmé, c'est-à-dire dans les années 1910, elle n'hésita pas à agrandir ses structures de R&D, à tel point que plus de 100 chimistes et ingénieurs travaillaient pour elle en 1923. Poulenc par contre, en plus des deux raisons invoquées plus haut, ne faisait pas preuve du même dynamisme que l'on pouvait constater à la SCUR. La fusion de 1928 peut sans doute aussi s'expliquer par ce manque de vision.

Malgré tout, même si elle ne s'était pas formée aussi rapidement qu'à la SCUR, la structure de R&D de Poulenc, pensée par Camille, s'était mise en place, et il convient d'apprécier ce développement à sa juste valeur. Par rapport à l'industrie pharmaceutique anglaise par exemple, Poulenc disposait à la veille de la Première Guerre mondiale de chercheurs dont le niveau était nettement supérieur à ses concurrents britanniques, à l'exception cependant de Burroughs, Wellcome & Co. Les Établissements Poulenc s'étaient fait un nom dans les spécialités pharmaceutiques, et la réussite de la fabrication industrielle de l'arsénobenzol ne leur a pas simplement ouvert les portes du marché britannique, elle fut également pour eux l'occasion de se placer en position de force par rapport à un fabricant de produits pharmaceutiques, May & Baker, ce qui, comme nous le verrons plus loin, eut des retombées importantes pour Poulenc. Malheureusement, la direction eut du mal à gérer cette catégorie de produits que sont les spécialités pharmaceutiques. Nous reviendrons sur ce problème dans la section suivante.

---

[26] Sur l'organisation de la R&D dans les entreprises chimiques allemandes de l'époque, cf. S. Kaku, *op. cit.*, chapitre IV.

Tableau 8-5. Comparaison des effectifs de chimistes et d'ingénieurs embauchés par la Société chimique des usines du Rhône et par les Établissements Poulenc Frères

	SCUR		Établissements Poulenc Frères		
Année	Chimistes	Ingénieurs	Chimistes	Ingénieurs	Pharmaciens
1896	environ 20		3	2	–
1900	27	3	10	10	–
1914	21	8	–	–	–
1923	102	27	57	12	24*

* dont 3 médecins.

Sources : Tableau réalisé à partir de : A.N., 65 AQ P288, doc. cit., 29 avril 1896, A.N., F^{12} 5242, doc. cit. ; *Exposition universelle internationale de 1900...*, *op. cit.*, t. II, p. 27 & 330 ; J. Gérard (éd.), *Dix ans d'efforts scientifiques et industriels*, vol. 2, Paris, 1926, p. 1220 & 1290.

D. Développement du secteur des spécialités pharmaceutiques

Nous avons déjà expliqué plus haut que l'intérêt de Poulenc pour les spécialités pharmaceutiques trouva son origine dans la découverte par Billon du procédé de l'Ovolécithine Billon, racheté par Poulenc. La recherche dans ce secteur fut alors poursuivie sous la forme de collaborations avec des chimistes externes comme Billon et Fourneau. La mise au point de la stovaïne, puis de l'arsénobenzol fit progressivement connaître dans le monde entier le nom de Poulenc, désormais considéré comme un fabricant de produits pharmaceutiques avec lequel il fallait compter. Pourtant, le nombre de spécialités pharmaceutiques que Poulenc réussit à lancer avant la Première Guerre mondiale fut minime. Un rapport soumis au conseil d'administration d'avril 1908 ne fait état que de 8 produits dans cette catégorie, dont 5 seulement avaient réellement été créés par Poulenc : la lécithine, deux types de stovaïne, l'atoxyle, et le quiétol[27]. En 1911, l'arsénobenzol, une forme améliorée de l'atoxyle, s'ajouta à la gamme, mais l'ensemble ne représentait qu'une très faible partie des produits vendus par Poulenc à la veille de la Première Guerre mondiale.

Or il convient de rappeler ici que l'industrie pharmaceutique française à cette époque était confrontée à plusieurs obstacles qui entravaient son développement et l'empêchaient de concurrencer sur un pied d'égalité l'industrie allemande. Tout d'abord, la législation sur les brevets de 1844[28] ne reconnaissait pas la possibilité de déposer un brevet pour un produit pharmaceutique – une telle politique n'incita guère les

---

[27] P.-V. Poulenc, séances des 13 janvier 1908 et 6 avril 1908.

[28] Voir le chapitre IV pour plus de détails sur la législation de 1844 concernant les brevets.

chimistes à se lancer dans cette voie. Fourneau lui-même expliqua le retard de la recherche française dans la chimiothérapie par ce frein juridique[29], et l'on peut supposer à juste raison que les retombées néfastes ne furent pas simplement limitées aux milieux universitaires.

Ensuite, la loi du 21 germinal an XI (11 avril 1803), promulguée sous le Consulat, ne permettait qu'à un détenteur d'un diplôme en pharmacie de posséder ou de gérer un établissement fabriquant des médicaments : ainsi une entreprise comme Poulenc dont les administrateurs n'étaient pas des pharmaciens aurait été déclarée hors-la-loi si elle investissait par exemple dans un laboratoire de pharmacie[30]. La législation en vigueur était sans doute justifiée au début du XIXe siècle, alors que seules les officines fabriquaient les médicaments à la demande, mais à l'approche du XXe siècle où l'industrie pharmaceutique s'était modernisée, cette législation peut paraître anachronique. Ces dispositions expliquent pourquoi Poulenc ne diffusait pas directement ses spécialités pharmaceutiques, mais passait par la pharmacie de Billon pour les commercialiser. Si on appliquait à la lettre la législation en vigueur, même ce chemin détourné pouvait être considéré comme illégal, mais il semble que les magistrats aient fermé les yeux, de même que sur certaines façons de contourner l'article 419 du Code pénal sur les cartels. Quoi qu'il en soit, même si on pouvait apparemment trouver des « palliatifs »[31] à une législation inadaptée, il n'en reste pas moins que leur usage ajoutait une charge supplémentaire et inutile à l'industrie pharmaceutique.

Troisièmement, en admettant qu'un nouveau médicament révolutionnaire fût mis au point, il n'était reconnu en tant que tel que grâce à des commandes de l'État ou grâce à une publication dans le bulletin annuel de l'Académie royale de médecine, sinon il était alors considéré comme un « remède secret », tombant sous le coup de l'interdiction de vente dans le cadre de la loi de germinal – et ce fut le cas de nombreuses spécialités pharmaceutiques. Même l'arsénobenzol, qui sauva pourtant nombre de vies humaines françaises et britanniques pendant la Première Guerre mondiale, ne parvint pas à se défaire de ce nom d'opprobre de « remède secret ». Ainsi jusqu'à la Première Guerre mondiale, on peut dire que l'industrie pharmaceutique était traitée en parent pauvre, dans un environnement social et juridique qui était loin d'encourager son

---

[29] E. Fourneau, « Sur la question des brevets en matière de produits chimiques », *Chimie et Industrie*, vol. 8, n° 5, 1922, p. 209 ; *id.*, « L'organisation des recherches de chimiothérapie », *Chimie et Industrie*, vol. 9, n° 6, 1923, p. 241-249.

[30] R. Fabre & G. Dilleman, *op. cit.*, p. 107-108 ; P.-V. Poulenc, séance du 3 octobre 1911.

[31] R. Fabre & G. Dilleman, *op. cit.*, p. 108.

développement. Pourtant l'administration n'ignorait pas les inconvénients que suscitaient ces textes, puisqu'en 1926, une réforme permit par exemple de simplifier la procédure de reconnaissance des médicaments, afin de régler le troisième point ci-dessus[32]. Quant au second point, il y eut bien, juste après la guerre, un large débat en vue d'une réforme de fond du statut des pharmaciens, mais la vive opposition des syndicats de pharmaciens empêcha l'aboutissement du projet de loi[33]. Il fallut attendre le déclenchement de la Seconde Guerre mondiale pour que les entreprises pharmaceutiques françaises puissent avoir un réel droit de cité.

Revenons au cas de Poulenc et à ses spécialités pharmaceutiques. En 1907-1908, cette catégorie de produits dégagea pour la première fois des excédents. Pourtant en 1911, le déficit cumulé était encore de 124 882 francs. Les meilleurs chiffres enregistrés n'avaient donc pas permis d'éponger toutes les pertes précédentes. Ce qui signifie que cette branche, loin de contribuer aux bénéfices de l'entreprise, participait à entretenir la stagnation des marges bénéficiaires que nous avons pu constater plus haut, en tout cas jusqu'en 1908. Malgré cela, le conseil d'administration de décembre 1911 décida de renforcer sa branche spécialités pharmaceutiques. Pourquoi donc ? Certes, les chiffres montraient qu'elle était excédentaire depuis 1908, même si les bénéfices étaient encore limités. Cette catégorie de produits était également considérée comme particulièrement prometteuse. Mais il semble que les véritables raisons qui motivèrent la direction de Poulenc se trouvaient ailleurs. Tout d'abord, la mise au point et la vente de spécialités pharmaceutiques contribuaient à améliorer l'image de marque de Poulenc, aussi bien en France qu'à l'étranger. Deuxièmement, entre 1908 et 1913, Poulenc investit plus de 3,7 millions de francs (prix du terrain non compris) pour construire une nouvelle usine à Vitry-sur-Seine. Or ces nouvelles installations étaient destinées à développer les activités de l'entreprise non seulement dans le domaine des spécialités pharmaceutiques, mais plus généralement dans le secteur de la chimie organique[34].

Voici donc comment Poulenc, à la veille de la Première Guerre mondiale, se retrouva, à l'initiative insistante de Camille, à développer avec succès le secteur pharmaceutique et à mettre sur le marché des produits qui allaient se révéler importants, comme la stovaïne et l'arsénobenzol. Malgré cette apparente réussite, ces médicaments ne formaient pas encore une base suffisamment solide pour l'entreprise,

---

[32] *Ibid.*, p. 107.

[33] E. Fourneau, « À propos du projet de loi sur l'exercice de la pharmacie », *Chimie et Industrie*, vol. 8, n° 2, 1922, p. 71-72 ; P.-V. Poulenc, séance du 3 avril 1922.

[34] P.-V. Poulenc, séance du 5 décembre 1911.

que ce soit au niveau des bénéfices ou au niveau de la recherche. Ceci explique que le conseil d'administration du 5 décembre 1911 décida de ne plus plafonner les dépenses liées au secteur des spécialités pharmaceutiques et de laisser une grande marge de manœuvre à la direction pour garantir l'essor de cette fabrication. La construction d'une nouvelle usine dans le but clairement affiché d'accroître de façon significative les capacités de production de produits pharmaceutiques de synthèse marquait également un premier pas vers une amélioration de la rentabilité, puisque le projet permettait de mettre en place une production de masse qui faisait jusqu'ici défaut. Mais ces ajustements internes étaient encore insuffisants pour compenser la fragilité des capacités de mise au point de nouveaux produits de Poulenc. Par exemple, l'entreprise ne maîtrisait pas certaines technologies fondamentales comme celles permettant la fabrication des dérivés de l'acide salicylique, essentielles pour créer de nouveaux médicaments organiques de synthèse, et en ce sens était incapable de concurrencer la SCUR, considérée comme le principal fabricant français de produits pharmaceutiques. Face à une telle situation, Poulenc avait tout intérêt à envisager le rachat d'une ou plusieurs entreprises détentrices des techniques qui lui faisaient défaut. Or une telle occasion se présenta en 1913, juste avant que n'éclate la Première Guerre mondiale.

E. Changement de cap dans la stratégie d'entreprise : d'une politique de stabilité à une logique d'expansion

Nous avons vu que vers 1910, la direction était plutôt réticente à prendre des risques, et préférait garantir la stabilité de l'entreprise plutôt que de se lancer dans une politique de développement rapide. Cette attitude prudente fut illustrée entre autres par le refus de racheter la SCUR – une bonne occasion que Poulenc laissa pourtant passer. Pourtant, à partir de 1910, on constate un revirement avec l'abandon de cette politique de « stabilité avant tout », typique des entreprises familiales. La direction afficha subitement une nette volonté d'accroître les activités de son entreprise : elle décida d'investir dans de nouvelles installations à Vitry, pour une somme qui dépassait pourtant largement le budget disponible à l'époque[35], elle se lança dans le développement des spécialités pharmaceutiques, un secteur dont la rentabilité n'était pas encore garantie, elle finança ces investissements par une augmentation de capital en 1912, etc. Ce dynamisme se retrouvait partout, et nous nous proposons d'en donner un autre exemple ici.

---

[35]   *Ibid.*, séance du 4 novembre 1913.

Le procès-verbal du conseil d'administration du 5 août 1913 rapporte en détail les négociations en cours avec Serre Père et Fils, une entreprise familiale qui fabriquait des produits pharmaceutiques et photographiques. Le compte rendu des débats explique les grandes lignes de ce qui était envisagé pour conclure un accord[36]. MM. Serre, père et fils, industriels à Loriol-sur-Drôme, s'étaient lancés dans la production du gaïacol, un composé organique utilisé pour la fabrication de médicaments, grâce à l'aide financière d'une société suisse, et avaient mis au point des procédés de fabrication pour l'acide salicylique et ses dérivés. Ils souhaitaient développer la production de l'analgésine (une antipyrine). À la recherche d'un financement pour cette diversification, ils s'étaient adressés à Poulenc, tout en faisant une demande à l'entreprise suisse qui les avait aidés jusque-là. Si Poulenc voulait signer un accord, il fallait donc faire vite. Plusieurs membres du conseil d'administration signifièrent qu'il serait plus simple d'absorber purement et simplement l'entreprise Serre, mais comme les deux industriels refusèrent en soulignant clairement qu'ils tenaient à leur indépendance et désiraient uniquement une aide financière, l'accord qui fut conclu fut un compromis : on décida de créer une société en participation, gérée en commun par les deux parties. L'analgésine serait produite dans l'usine Poulenc de Vitry, aménagée en conséquence, et sous la supervision technique des Serre. La production des salicylés serait organisée dans l'usine de Loriol des Serre, et les bénéfices qui en résulteraient seraient partagés équitablement entre Poulenc et les Serre. D'autre part, les Serre cédaient à Poulenc le brevet du gaïacol, qui serait exploité à Vitry par un chimiste étranger connaissant bien cette technique. D'autres dispositions sur les conditions de rachat des installations de production ou la garantie d'un prix minimum furent ajoutées dans le contrat final, mais dans ses grandes lignes, l'arrangement ci-dessus fut mis en pratique dès l'année suivante. Cependant le déclenchement de la Première Guerre mondiale devait donner une orientation inattendue à cet accord. Nous nous proposons d'analyser dans la section suivante les activités des Établissements Poulenc Frères pendant la guerre, en mettant un accent particulier sur cette nouvelle orientation que rendait possible la collaboration avec les Serre.

IV. Les Établissements Poulenc Frères pendant la Première Guerre mondiale

Cette nouvelle orientation fut déterminée par une subite demande importante en phénol, matière première aussi bien pour les antiseptiques

---

[36] *Ibid.*, séance du 5 août 1913.

salicylés que pour les poudres pour explosifs. La SCUR avait déjà répondu à l'appel de l'armée et livrait au service des poudres du phénol, dont elle maîtrisait la synthèse depuis quelques années. Mais elle ne pouvait répondre seule à une demande importante en temps de guerre, si bien qu'une collaboration avec d'autres producteurs français était inévitable. Elle s'adressa donc tout naturellement à Poulenc, qui s'intéressait à la fabrication d'acide salicylique. Bien que les Serre aient poussé la direction de Poulenc à répondre favorablement à cette requête, surtout qu'ils étaient parvenus à réaliser la synthèse du phénol en laboratoire, la décision de passer à une production à grande échelle tardait. Non seulement Poulenc ne disposait pas d'assez d'aisance financière pour cela, mais en plus rien ne garantissait que la production industrielle réussirait du premier coup. Le conseil d'administration du 7 avril 1914 décida donc de repousser à l'année suivante le démarrage de la production du phénol synthétique. Six mois plus tard, l'armée de terre proposa des conditions avantageuses à Poulenc pour se lancer dans une telle production : cette perche tendue fut alors saisie sans hésitation[37].

Le 19 novembre 1917, un contrat fut signé entre Poulenc et le service des Poudres du ministère de l'Armement, dont les conditions étaient les suivantes. Dans un premier temps, Poulenc devait aménager des installations provisoires permettant de fabriquer 30 à 35 tonnes de phénol par mois. Le financement de ces aménagements (50 000 francs) serait entièrement pris en charge par l'État, sous la forme d'une majoration de 2 francs par kilo livré à l'armée. Dans la phase suivante, il faudrait installer des équipements plus importants dont la dépense de 250 000 francs serait amortie pour moitié par l'État, selon un même système de majoration des prix pour les livraisons destinées à l'armée. C'est ainsi que Serre put se lancer dans la fabrication industrielle de l'acide phénique de synthèse, et dès 1916 cette production fut rentable[38]. Par contre, la fabrication d'acide salicylique fut reportée, car les commandes de phénol de l'État étaient prioritaires. En octobre 1916, les usines de Loriol furent finalement rachetées aux Serre par Poulenc pour 900 000 francs. En septembre 1916, la société Poulenc acquit également une usine au Pouzin, dans l'Ardèche, afin d'y fabriquer du trinitrotoluène (TNT) pour le service des Poudres, production qui démarra dès la fin de l'année suivante[39].

Poulenc tira donc largement avantage de la production de guerre : ses impôts sur les bénéfices s'élevèrent d'ailleurs à 8,4 millions de francs pour l'ensemble de cette période. Mais entre le 30 juin 1914 et le 30 juin

---

[37] *Ibid.*, séance du 8 décembre 1914.
[38] *Ibid.*, séance du 4 avril 1916.
[39] *Ibid.*, séances des 5 septembre 1916 et 18 décembre 1917.

1919, les immobilisations augmentèrent de 8,7 millions et les stocks de 8,6 millions, ce qui fait que Poulenc ne put distribuer pendant cette période que 9,75 millions de dividendes. Or une première augmentation dc capital en 1916 (6 millions de francs) fut insuffisante pour compenser l'accroissement constant des immobilisations et des réserves[40]. La firme décida donc de nouvelles augmentations de capital : 8 millions de francs en novembre 1919, et de nouveau 20 millions en novembre 1920. Le tableau 8-6 résume l'évolution du chiffre d'affaires de la SCUR et de Poulenc pendant la Première Guerre mondiale : on constate que la SCUR enregistra une très forte hausse, avec une multiplication de ses ventes par 11 à 15 par rapport à ses résultats d'avant-guerre, tandis que Poulenc se contenta de les doubler ou de les tripler. Quand on sait que l'inflation avait multiplié par 3,5 les prix à la consommation entre 1914 et 1919[41], Poulenc avait finalement réussi au mieux à maintenir son activité au niveau d'avant-guerre. Le tableau 8-7 démontre bien l'inégale participation des deux entreprises à l'effort de guerre. D'un côté, la SCUR, qui maîtrisait la production du phénol synthétique avant 1914, se lança, dès le déclenchement des hostilités, dans une production massive accélérée pour répondre à la demande de guerre, et réussit de la sorte, plus rapidement que les autres entreprises, à réduire ses coûts de production en améliorant ses procédés de fabrication[42]. D'autre part, elle était en mesure de proposer d'autres produits mis au point avant la guerre, comme l'aspirine, l'acétate de cellulose ou la saccharine, et n'hésita pas à augmenter leur volume de production pendant la guerre. Enfin, elle mit au point de nouveaux produits, notamment le gaz asphyxiant ypérite, qui participa également à augmenter son chiffre d'affaires.

D'un autre côté, Poulenc commença la production de phénol synthétique, alors que l'entreprise ne maîtrisait pas encore parfaitement son procédé de fabrication, et dans le cas du TNT, elle interrompit ses livraisons à peine 8 mois après en avoir lancé la production[43]. Cela s'explique en partie par le fait qu'il revenait moins cher à l'armée de s'approvisionner aux États-Unis. Mais ce qui nous intéresse ici est de savoir si les productions de guerre ont permis à Poulenc de maîtriser de nouvelles technologies. Alors que le phénol synthétique, élément indispensable dans la fabrication d'acide salicylique, était un produit d'une importance stratégique pour une entreprise cherchant à s'affirmer dans

---

[40] *Ibid.*, séance du 4 août 1920.

[41] F. Caron, *op. cit.*, p. 194.

[42] Archives Rhône-Poulenc, P.-V. du Conseil d'administration de la Société chimique des usines du Rhône, séance du 24 mai 1917.

[43] P.-V. Poulenc, séance du 7 mai 1918.

l'industrie pharmaceutique, le conseil d'administration du 9 avril 1919 décida l'arrêt de cette production, car « il [était] plus avantageux de se procurer du phénol synthétique auprès d'autres concurrents français qui [disposaient] d'équipements de production nettement supérieurs.** » Et ce ne fut sans doute pas un hasard si en 1921, Poulenc renonça également à produire de l'acide salicylique, qui était pourtant un objectif recherché, sous prétexte que l'entreprise « ne [pouvait] concurrencer la technologie de qualité que [maîtrisait] la SCUR** ». Il en fut de même pour l'analgésine[44].

Ainsi, alors que le rachat de Serre Père et Fils, à la veille de la Première Guerre mondiale, apportait à Poulenc l'espoir de développer de nouvelles productions, la fabrication de l'acide salicylique et de l'analgésique fut, au bout du compte, abandonnée par manque de compétitivité. Par contre, la production de gaïacol, démarrée en septembre 1919, connut un développement régulier. C'est l'usine de Loriol qui réalisait l'essentiel de cette production, parallèlement à une fabrication de glycérophosphates et d'hypophosphites[45]. Mais à en juger par les archives de l'entreprise, notamment les procès-verbaux des conseils d'administration, ces produits ne participaient pas de façon importante au chiffre d'affaires. Ce qui signifie que l'acquisition de l'usine de Loriol, à l'exception de bénéfices dégagés de façon ponctuelle pour des productions de guerre, ne joua pas un rôle déterminant dans le développement des Établissements Poulenc Frères. Mais il serait faux de croire que la Première Guerre mondiale n'eut aucun effet positif sur la croissance ultérieure de l'entreprise. En effet, comme nous l'avons déjà souligné, la production de l'arsénobenzol (et du novarsénobenzol) lui permit de s'ouvrir les portes de l'important marché britannique.

En effet, si le Royaume-Uni d'avant-guerre occupait une place prépondérante dans l'industrie pharmaceutique minérale et les alcaloïdes, les entreprises allemandes s'étaient arrogé la quasi-exclusivité de la fabrication de produits pharmaceutiques organiques de synthèse. Avec le déclenchement des hostilités, l'approvisionnement de certains produits devenait particulièrement problématique pour l'Angleterre. Elle craignait notamment de manquer cruellement de médicaments de base comme l'aspirine, les anesthésiants locaux ou les antisyphilitiques Salvarsan et Néosalvarsan[46]. L'arrêt total des importations de Salvarsan, monopole de l'allemand Hoechst, eut d'ailleurs des conséquences graves en favorisant la propagation de maladies vénériennes, à tel point que les données disponibles indiquent « que 1 soldat sur 5 contracta des

---

44   *Ibid.*, séance du 8 septembre 1921.
45   *Ibid.*, séances du 9 avril 1919 et du 8 septembre 1921.
46   Cf. M. Robson, art. cit., p. 83-90.

maladies sexuellement transmissibles »[47] pendant la Première Guerre mondiale. La fabrication démarrée par une seule entreprise anglaise, Burroughs, Wellcome & Co., se révéla insuffisante pour répondre à la demande en temps de guerre[48]. C'est dans ce contexte que les Établissements Poulenc Frères purent faire leur entrée en scène. Le gouvernement britannique leur accorda une licence de vente pour l'arsénobenzol et le novarsénobenzol, spécialités qui furent distribuées par l'intermédiaire de May & Baker grâce à un accord de représentation signé avec l'entreprise française en 1915. Poulenc s'implantait ainsi sur le marché britannique[49]. Notons que la société May & Baker, fondée en 1834, s'était spécialisée dans la fabrication de médicaments d'origine minérale, et faisait à l'époque partie des fabricants pharmaceutiques les plus réputés de Grande-Bretagne. Dès 1904, Poulenc avait noué des relations étroites avec cette firme, pour gérer en commun leur approvisionnement en cristaux d'amblygonite, minéral servant de matière première à la fabrication de médicaments[50]. Cependant, la guerre devait porter un coup aux activités de May & Baker. L'interdiction décrétée par le gouvernement de toute exportation de produits pharmaceutiques lui fit perdre sa clientèle étrangère et limitait ses débouchés. À cela s'ajouta le décès de Heath, son principal actionnaire, provoquant une grave crise financière[51]. Face à une telle situation, l'alliance avec Poulenc, entreprise avec laquelle elle entretenait de bonnes relations depuis plusieurs années, apparaissait comme un excellent moyen de se redresser. De fait, grâce à la collaboration technique de Poulenc, May & Baker parvint à maîtriser la fabrication d'arsénobenzol et de novarsénobenzol à compter de 1916[52]. Ainsi la firme britannique s'embarquait-elle vers les rivages jusque-là inconnus pour elle de la chimiothérapie.

Mais le rapprochement avec May & Baker était également pour Poulenc l'occasion de défricher de nouveaux horizons. Par l'entremise de son allié anglais, Poulenc accédait au marché britannique et à celui de son Empire, mais cette entente permit également de « négocier avec succès avec le Japon, la Chine, les Indes néerlandaises, les États-Unis et la Scandinavie** »[53]. Pour s'implanter dans ces contrées où Poulenc n'avait pas encore ses entrées, May & Baker représentait pour le fabricant français le partenaire idéal. Les deux sociétés prirent des participa-

[47] J. Slinn, *A History of May & Baker, 1834-1984*, Cambridge, 1984, p. 91.
[48] M. Robson, art. cit., p. 90-94.
[49] J. Slinn, *op. cit.*, p. 92.
[50] *Ibid.*, p. 77-78 ; P.-V. Poulenc, séance du 29 janvier 1904.
[51] *Ibid.*, p. 89-91 ; M. Robson, art. cit., p. 94.
[52] J. Slinn, *op. cit.*, p. 92-93.
[53] P.-V. Poulenc, séance du 6 juin 1916.

tions croisées et s'échangèrent des administrateurs en 1916 pour sceller plus solidement leur rapprochement, déjà fermement ancré grâce à la vente et à la fabrication d'arsénobenzol[54]. L'accord apparaît à cette époque comme équilibré pour les deux parties ; en outre, selon les procès-verbaux des conseils d'administration de Poulenc, une clause permettait à la firme française d'augmenter ultérieurement jusqu'à 50 % sa participation dans le capital de May & Baker[55]. De fait, à la fin des années 1920, Poulenc détenait 85 % du capital de May & Baker, faisant de cette dernière une filiale pure et simple du fabricant français, alors rebaptisé Rhône-Poulenc[56]. Une stratégie similaire fut mise en œuvre pour conquérir le marché italien : Poulenc développa des relations avec une firme milanaise pour commercialiser localement l'arsénobenzol, puis en 1921 acquit 35 % du capital de celle-ci à l'occasion de sa restructuration, dont l'objectif était justement de lui permettre de réaliser cette production[57].

Ainsi, pendant la Première Guerre mondiale, les Établissements Poulenc Frères firent des deux usines nouvellement acquises de Loriol et du Pouzin les centres des productions de guerre, tout en y poursuivant la recherche qui leur permettrait plus tard de se diversifier dans le secteur pharmaceutique. Ces efforts furent partiellement couronnés de succès avec l'industrialisation réussie du gaïacol, mais Poulenc dut abandonner la production d'acide salicylique et de l'analgésine, incapable de concurrencer la SCUR dans ce domaine. Cependant, la part des productions de guerre fut nettement moins importante qu'à la SCUR ou que chez des grands groupes chimiques comme L'Air Liquide ou Pechiney[58]. D'ailleurs, elles eurent plutôt pour conséquence de détériorer la situation financière de Poulenc, du fait d'une augmentation soudaine des immobilisations et des stocks. En comparaison, son rival immédiat, la SCUR, n'hésita pas à se lancer plus lourdement dans les productions de guerre, dont elle maîtrisait les techniques avant le déclenchement des hostilités, si bien qu'elle en tira des bénéfices colossaux. Ces deux histoires contrastées devaient déterminer leur sort dans

---

[54] Poulenc acquit 6 000 actions ordinaires (£6 000) de la firme anglaise, May & Baker acheta 4 800 actions (d'une valeur nominale de 500 francs chacune) de son partenaire français. P.-V. Poulenc, séances du 5 juin 1916 et 4 juillet 1916 ; J. Slinn, *op. cit.*, p. 97.

[55] P.-V. Poulenc, séance du 5 juin 1916.

[56] J. Slinn, *op. cit.*, p. 97-98.

[57] P.-V. Poulenc, séance du 3 avril 1922 ; P. Cayez, *op. cit.*, p. 90.

[58] Sur les productions de guerre des entreprises chimiques françaises pendant la Première Guerre mondiale, cf. A. Fontaine, *L'Industrie française pendant la Guerre*, Paris, 1925, pp. 231-263 ; C. Moureu, *La Chimie et la Guerre, science et avenir*, Paris, 1920.

les années 1920. D'un côté, la SCUR qui commençait à se faire connaître à la veille de la Première Guerre mondiale pour l'excellence de ses produits décida d'accélérer d'un coup ses activités avec le conflit. L'arrêt de la fabrication du phénol synthétique et de l'acide salicylique chez Poulenc est symbolique de la force de son concurrent. Mais cet échec ne doit pas faire oublier d'autres résultats nettement plus porteurs, qui furent le fruit de la politique de développement du secteur pharmaceutique dont Camille Poulenc était l'actif promoteur depuis le début du siècle. Le plus important fut sans aucun doute l'implantation de l'entreprise sur les marchés étrangers, notamment britannique et italien, rendus accessibles grâce à la maîtrise de la production industrielle de l'arsénobenzol.

Tableau 8-6. Évolution du chiffre d'affaires de la Société chimique des usines du Rhône et des Établissements Poulenc Frères pendant la Première Guerre mondiale

SCUR		Poulenc	
Exercice fiscal	Chiffre d'affaires	Exercice fiscal	Chiffre d'affaires
1913	7 682 191	1913-1914	15 750 746
1914	–	1914-1915	13 244 896
1915	–	1915-1916	29 999 188
1916	121 622 255	1916-1917	35 627 490
1917	103 622 996	1917-1918	41 783 191
1918	90 340 388	1918-1919	42 691 809

Unité : franc

Les chiffres de la SCUR pour 1914 et 1915 ne sont pas connus.

Sources : Tableau réalisé à partir de : P.-V. Poulenc, 1913-1919 ; P.-V. Usines du Rhône, 1913-1919.

Tableau 8-7. Structure, par production, du chiffre d'affaires de la Société chimique des usines du Rhône et des Établissements Poulenc Frères pendant la Première Guerre mondiale (1916 [a])

SCUR		Poulenc	
Productions de guerre (phénol synthétique)	100 462 947	Productions de guerre	13 505 809
Parfums de synthèse	959 061	Autres produits chimiques	22 121 680
Produits pharmaceutiques et divers [b]	20 200 246		

Unité : franc

a. Pour Poulenc, exercice fiscal 1916-1917.

b. Certaines productions de guerre peuvent avoir été incluses également dans cette rubrique.

Sources : Tableau réalisé à partir de : P.-V. Poulenc, séance du 20 novembre 1917 ; P.-V. Usines du Rhône, séance du 29 janv. 1916.

V. Synthèse

Le présent chapitre vient donc d'analyser l'histoire des Établissements Poulenc Frères du milieu du XIXe siècle au lendemain de la Première Guerre mondiale, en s'efforçant de comparer son développement à celui de la SCUR. Il convient désormais de faire la synthèse de la problématique sur laquelle nous engagent les réflexions que nous venons de livrer.

Tout d'abord, il apparaît que les productions de guerre lancées par Poulenc n'eurent pratiquement aucune conséquence sur le savoir-faire technologique de l'entreprise. La raison est la même que pour la SCUR : les productions destinées à l'armée pendant la Première Guerre mondiale ne furent que des extensions des productions démarrées avant le conflit, elles ne furent nullement à l'origine d'une révolution technologique. Il aurait pu en aller différemment pour Poulenc si l'entreprise avait continué après la guerre la fabrication de phénol synthétique, mais dans les faits, l'aventure se solda par une simple production ponctuelle et sans lendemain. Par contre, la maîtrise des techniques de fabrication de l'arsénobenzol, mises au point avant 1914, lui permit non seulement de répondre à une demande nationale en forte augmentation pendant la guerre, mais encore de se lancer dans une politique prometteuse d'internationalisation. Par ailleurs, la Première Guerre mondiale eut des répercussions sur la structure financière de Poulenc : les productions de guerre incitèrent l'entreprise à s'agrandir, entraînant plusieurs augmentations de capital de suite, et réduisant ainsi progressivement le caractère familial de la société.

Deuxièmement, l'analyse du présent chapitre semble indiquer que l'indéniable suprématie technique de la SCUR des années 1910 s'expliquait essentiellement par une structure de R&D originale par rapport aux autres entreprises. D'où provenait cette différence ? Tout d'abord, la SCUR s'était spécialisée dans la chimie organique de synthèse à partir d'un travail sur les colorants synthétiques, tandis que Poulenc devait son développement à la pharmacie – partie d'une simple officine, l'entreprise s'était progressivement transformée en un fabricant pharmaceutique produisant des médicaments d'origine minérale et des alcaloïdes. Si on regarde la situation de l'Allemagne, on note que ce sont les entreprises qui ont démarré en produisant des colorants à base de goudron de houille, à savoir Bayer et Hoechst, qui parviennent à surpasser tout le monde quant il s'agit de mettre au point des produits pharmaceutiques de synthèse. Or, à la veille de la Première Guerre mondiale, ces sociétés disposaient déjà d'une structure de recherche employant plusieurs centaines de chimistes. Face à eux, Merck ou Schering, deux sociétés pharmaceutiques réputées, qui avaient débuté comme simples officines, étaient incontestablement désormais en posi-tion d'infériorité[59]. Du milieu du XIXe siècle à la Première Guerre mondiale, l'industrie chimique organique se développa au rythme de la compétition autour de la découverte de colorants à base de goudron de houille – il n'était que naturel que le prolongement de cette recherche aboutisse à la naissance de l'industrie pharmaceutique organique de synthèse. Un autre élément qui peut expliquer aussi la faiblesse tech-nique de Poulenc pourrait être la très large gamme de produits fabriqués par l'entreprise, l'empêchant de concentrer ses efforts sur l'unique développement de produits pharmaceutiques. De fait, jusqu'en 1908, les ventes de médicaments ne dégageaient aucun bénéfice : dans ces condi-tions, il n'est pas étonnant que ce fut une politique de demi-mesures qui régit l'aménagement d'une structure de R&D dans ce domaine.

Il ne faut pas pour autant sous-estimer les efforts de Camille Poulenc pour promouvoir la recherche dans son entreprise, qui parvint, avant-guerre déjà, à produire industriellement la stovaïne et l'arsénobenzol. Certes, elle ne put concurrencer la SCUR dans le secteur des produits salicylés ni sur le terrain de l'analgésine, mais juste après la guerre, elle réussit à mettre au point la fabrication industrielle de médicaments importants, comme le phénobarbital – sédatif connu en France sous son nom déposé Gardénal – ou le stovarsol – médicament capable de guérir la syphilis, le pian ou la dysenterie amibienne. D'autre part, elle domina sans rival possible le marché français des composés organiques à base d'arsenic[60]. Or ces bons résultats ne furent possibles que grâce à l'expérience accumulée par Émile Poulenc depuis le début du siècle. En d'autres termes, les bases de l'organisation de la recherche chez Poulenc furent établies avant la Première Guerre mondiale.

---

[59] L.F. Haber, *The Chemical Industry, 1900-1930*, *op. cit.*

[60] J. Gérard (ed.), *Dix ans d'efforts...*, *op. cit.*, vol. 2, Paris, 1926, p. 1220-1221 ; Société des usines chimiques Rhône-Poulenc, doc. cit., chap. 3, p. 360-392.

Troisième partie

Les relations entre l'État et l'industrie chimique en France pendant l'entre-deux-guerres

CHAPITRE IX

L'industrie chimique française dans les années 1920

I. Introduction

Dans la troisième partie de cet ouvrage, nous nous efforcerons de porter notre réflexion sur les relations qui s'instaurèrent entre l'État et le monde industriel pendant l'entre-deux-guerres, à travers l'étude de deux secteurs particulièrement représentatifs de l'industrie chimique française de l'époque : l'azote et les colorants. Afin de fixer le contexte de cette analyse, le présent chapitre commencera par dresser un tableau général de l'industrie chimique française des années 1920, via une comparaison internationale des volumes de production et des échanges commerciaux. Nous nous appuierons essentiellement sur le « Rapport sur les entreprises chimiques »[1] adopté par le Conseil national économique en octobre 1932, car ce document est, à notre connaissance, celui qui fournit les données statistiques les plus complètes sur la place de l'industrie chimique française dans le monde dans les années 1920.

Sans plus attendre, attelons-nous donc à décrire l'évolution que connut l'industrie chimique française dans les années 1920, en la comparant avec celle d'autres pays, sur la base du Rapport ci-dessus mentionné.

II. L'évolution générale de l'industrie chimique française dans les années 1920

Le tableau 9-1 indique la part détenue par l'industrie chimique française dans la production mondiale et son évolution au cours des années. On constate que la France a largement accru sa production, en termes de chiffre d'affaires, entre 1913 et la fin des années 1920, mais que sa part de marché dans la production mondiale a perdu 1,8 point. Cela signifie que d'autres pays ont enregistré une croissance plus soutenue que la France : c'est notamment le cas pour les États-Unis qui deviennent un

---

[1] A.N., F^{12} 8796, Conseil national économique, Rapport sur les industries chimiques, octobre 1932.

incontournable géant de la chimie, ou pour le Japon et le Canada qui enregistrent un développement rapide. En d'autres termes, ces pays se sont installés dans la brèche ouverte par le relatif déclin de l'industrie allemande pendant la Première Guerre mondiale ; la France ne réussit pas à s'arroger une part de ce gâteau.

Par contre, la position de la France en termes de parts de marché à l'exportation apparaît satisfaisante, comme on peut le découvrir dans le tableau 9-2. Cependant, il convient de noter que les exportations allemandes retrouvent leur dynamisme[2] à la fin des années 1920 et que l'écart se creuse alors de nouveau avec la France et le Royaume-Uni.

Du côté des importations, le tableau 9-4 montre qu'elles restent à un niveau bas pendant toute la période étudiée, si bien que la France parvient à dégager un excédent commercial de l'ordre de 1,5 milliard de francs[3] pour le seul secteur de la chimie à la fin des années 1920. Ce résultat s'explique par les efforts constants de l'industrie française, qui réussit, d'une part, comme nous le verrons dans le chapitre XI, à produire les matières premières, intermédiaires et produits finis des colorants à base de goudron de houille qu'elle importait jusqu'alors essentiellement d'Allemagne et, d'autre part, à augmenter progressivement son autosuffisance en azote et en engrais potassiques, pour lesquels elle avait également longtemps dépendu des importations allemandes.

Le tableau 9-5 permet de saisir les particularités de la production chimique française. Tout d'abord, notons que les produits pharmaceutiques dégagent à peu près le même chiffre d'affaires à l'exportation que la chimie lourde[4]. Il est aussi intéressant de découvrir que les cosmétiques représentent le premier poste à l'exportation, une spécialité incontestablement bien française. Le tableau 9-6, quant à lui, présente l'évolution des exportations de médicaments à la fin des années 1920 : on constate que le développement de l'industrie pharmaceutique de synthèse, qui avait démarré à la veille de la Première Guerre mondiale

---

[2]   Sur l'évolution des exportations allemandes dans les années 1920 et leur signification macro-économique, cf. A. Amemiya, « Changements dans la structure économique de l'Allemagne dans les années 1920 et ses limites* », *Keizai Kenkyü [Études économiques]*, Université de Chiba, vol. 9, n° 2, 1994, p. 263-297.

[3]   Le franc de référence pour le présent chapitre est le franc de 1928 (Franc Poincaré). Tous les prix antérieurs à cette date ont été convertis en francs Poincaré, d'une valeur correspondant à un cinquième du franc d'avant la Première Guerre mondiale.

[4]   L'expression « industrie lourde » que nous employons dans le présent chapitre correspond à l'anglais « heavy chemical industry » – ce qu'on a longtemps également appelé en français la « grande industrie chimique ». À noter cependant qu'en règle générale, la « grande industrie chimique » comprenait les engrais chimiques, alors que le rapport du C.N.E. sur les industries chimiques fait la distinction.

comme nous l'avons vu dans les chapitres VII et VIII, se confirme clairement après le conflit.

Essayons maintenant de saisir la situation des échanges commerciaux par catégorie de produits. Nous ne pouvons nous permettre ici d'entrer dans le détail de chacune des productions, statistiques précises à l'appui : nous nous contenterons de dresser un tableau des grandes tendances pour chaque secteur chimique. Tout d'abord, pour ce qui est de la chimie lourde, les résultats se maintiennent à un niveau très satisfaisant, tout comme c'était le cas avant la Première Guerre mondiale. Par exemple, la France, 4e producteur mondial d'acide sulfurique avant la Grande Guerre, passe même au 2e ou 3e rang mondial selon les années, comme le montre le tableau 9-7 – et la production d'acide sulfurique concentré, ou vitriol, connaît un essor fulgurant, alors que les volumes étaient presque insignifiants avant 1914. La situation est identique pour les produits à base de soude ; d'ailleurs la production nationale de carbonate de sodium dépasse largement la demande interne, si bien que chaque année, plus de 100 000 tonnes sont exportées[5]. D'autres produits, qui n'étaient pratiquement pas fabriqués en France avant la guerre, commencent progressivement à l'être dans les années 1920, et enregistrent une croissance régulière. C'est notamment le cas du sulfate, de l'iode, du chlore, du brome, du sulfate de chrome, dont certains deviennent des postes importants à l'exportation[6]. On pense notamment au chlore, dont la production par électrolyse a fortement crû à partir de la Première Guerre mondiale : ainsi la France exportait à la fin des années 1920 12 000 tonnes de chlorures décolorants, et entre 2 500 et 3 700 tonnes d'acide hypochloreux[7].

La production d'engrais chimiques connaît également un essor sans précédent, du moins en termes de volume. Bénéficiant d'importantes richesses naturelles en phosphate présentes dans son sol et dans celui de ses colonies d'Afrique du Nord, qui, ensemble, représentent près de 50 % de l'extraction mondiale, la France, qui détenait déjà avant la guerre une place prépondérante dans l'industrie des engrais phosphatés, maintient son rang de premier producteur en Europe, comme on peut le constater dans le tableau 9-8[8]. Le retour de l'Alsace permet à la France de devenir le 2e producteur mondial d'engrais potassiques, juste derrière l'Allemagne[9], alors qu'elle était obligée de les importer d'outre-Rhin avant la guerre. Nous étudierons en détail dans le chapitre suivant la

---

[5]   A.N., F[12] 8796, doc. cit., p. 76-80.

[6]   *Ibid.*, p. 80-91.

[7]   *Ibid.*, p. 84-86.

[8]   *Ibid.*, p. 92-97.

[9]   *Ibid.*, p. 97-106.

situation pour les engrais azotés : il suffit ici de dire qu'à la fin des années 1920, la production s'était accrue suffisamment pour être en mesure de répondre largement à la demande interne. Ainsi, la production de toutes les catégories d'engrais chimiques avait connu un développement important et régulier tout au long des années 1920. Ajoutons qu'en parallèle, la consommation d'engrais chimiques par les agriculteurs français avait également suivi une courbe ascendante en forte croissance[10].

La chimie organique, un secteur dans une situation désastreuse à la veille de la Première Guerre mondiale, enregistre de remarquables résultats dans les années 1920. Les progrès de l'industrie des colorants seront examinés en profondeur dans le chapitre XI, mais il convient ici simplement de dire un mot du problème de l'approvisionnement en matières premières. Pour fabriquer des colorants synthétiques, tout comme des produits pharmaceutiques, il faut pouvoir se procurer du coaltar ou d'autres produits dérivés de la distillation de la houille. Avant la Première Guerre mondiale, cette matière première indispensable au développement de la chimie organique était loin d'être disponible en quantités suffisantes dans l'Hexagone, et la France s'était retrouvée obligée de dépendre de l'Allemagne ou de l'Angleterre pour une grande partie de son approvisionnement. Comme nous l'avons vu au chapitre I, en 1913, elle importait plus de 86 000 tonnes de dérivés de goudron de houille (benzol, toluène, anthracène, phénol, etc.), en provenance essentiellement de pays européens, dont l'Allemagne (38 403 tonnes), le Royaume-Uni (29 559 tonnes) et la Belgique (16 451 tonnes)[11]. Pourtant, dès les années 1920, la France parvient pratiquement à subvenir à ses besoins en matières premières : par exemple, la consommation intérieure de benzol était en 1930 de 93 100 tonnes, et l'industrie nationale en produisait 81 400 tonnes, soit un taux d'autosuffisance de près de 90 %[12]. La situation est identique pour les grands intermédiaires. Si avant 1914, la France achetait la plus grande partie de ces intermédiaires (nitrobenzène, aniline, nitrotoluène, naphtylamine, acide phtalique, etc.) en Allemagne[13], dans les années 1920, l'industrie chimique française se met progressivement à les fabriquer elle-même jusqu'à atteindre un

---

[10]   Pour juger de la consommation d'engrais azotés, phosphatés et potassiques, il suffit de noter qu'entre 1913 et 1928 la consommation d'azote, de pentoxyde de phosphore et de chlorure de potassium, principaux éléments des engrais ci-dessus, avait augmenté respectivement de 128 %, 34 % et 482 %. *Ibid.*, p. 92.

[11]   Ministère du Commerce, *Rapport général sur l'industrie française, sa situation et son avenir*, t. II, Paris, 1919, p. 192-201.

[12]   A.N., F[12] 8796, doc. cit., p. 115-117.

[13]   Ministère du Commerce, *op. cit.*, p. 199-201.

niveau suffisant, de telle sorte que toute la chaîne de production, des matières premières au produit fini, devient désormais entièrement nationale.

Ainsi, en suivant pas à pas l'évolution de l'industrie chimique française dans les années 1920, on se rend compte qu'elle enregistre des progrès tout à fait satisfaisants si on prend le secteur dans son ensemble. Émile Fleurent, professeur au Conservatoire national des arts et métiers et auteur du Rapport sur les industries chimiques adopté par le Conseil national économique, donne une première évaluation positive de l'état de ce secteur, en avançant les arguments suivants. *Primo*, les progrès de l'industrie chimique organique de synthèse ont accéléré à grande échelle le développement de la chimie minérale. *Secundo*, alors que le montant global des importations de produits chimiques a enregistré une baisse par rapport à 1913, celui des exportations a augmenté d'un milliard de francs. *Tertio*, de ce fait, le secteur a dégagé un excédent commercial de l'ordre d'1,3 milliard de francs[14]. Cette analyse sera reprise par R. Richeux dans son étude statistique de l'histoire de l'industrie chimique en France soutenue en 1958. Il présente les faits sous une forme un peu différente, mais arrive à la même conclusion : le secteur connaît une forte croissance, puisque l'indice de production de l'industrie chimique est passé de 52 à 100 entre 1913 et 1929, soit une progression de 92 %, alors que la croissance moyenne de l'ensemble de l'industrie française est de l'ordre de 41 % sur cette même période. Par ailleurs, en mettant en avant le développement de l'industrie chimique organique de synthèse et de la production d'engrais azotés désormais capable de répondre aux besoins du pays, Richeux applaudit aux efforts de l'industrie chimique française, qui réussit à s'affranchir de ses dépendances anciennes et à acquérir sa propre autonomie[15].

Tableau 9-1. Évolution de la production chimique dans le monde en termes de chiffre d'affaires, par pays (1913-1928)

Pays	1913		1924		1927		1928	
	Production	Part de marché	Production	Part de marché	Production	Part de marché	Production	Part de marché
États-Unis	20 400	34	50 000	44,6	57 000	41,6	66 000	45,8
Allemagne	14 400	24	18 000	16,1	21 600	15,8	24 000	16,7
Royaume-Uni	6 600	11	15 000	13,4	non connu	non connu	18 000	12,5
France	5 100	8,5	7 500	6,7	9 000	6,6	9 600	6,7
Italie	1 716	2,9			4 380	3,2		

---

[14] A.N., F[12] 8796, Conseil national économique, Rapport de M. Fleurent sur « les industries chimiques », 15 octobre 1932.

[15] R. Richeux, *op. cit.*, p. 276-280.

Japon	900	1,5			3 300	2,4		
Canada	720	1,2			3 240	2,4		
Belgique	1 500	2,5			2 700	2,0		
Pays-Bas	900	1,5			2 100	1,5		
Suisse	1 020	1,7			1 920	1,4		
Suède	660	1,1			1 200	0,9		
Production mondiale	60 000		112 000		137 000		144 000	

Unités : million de francs, %

Source : tableau réalisé à partir de : A.N., F^{12} 8796, Conseil national économique, Rapport sur les industries chimiques, octobre 1932, p. 10-16.

Tableau 9-2. Évolution des parts de marché à l'exportation de produits chimiques des 4 principaux producteurs (1913-1925)

Pays	1913	1925
Allemagne	28,4	23
États-Unis	10	16
Royaume-Uni	15,6	13,6
France	10	13,3

Unité : %

Source : A.N., F^{12} 8796, doc. cit., p. 18.

Tableau 9-3. Chiffres d'affaires à l'exportation des 4 principaux pays producteurs de produits chimiques, dans les années 1920

Pays	1927	1928	1929	1930
Allemagne	6 960	7 825	8 520	7 200
États-Unis	4 260	5 250	4 800	3 800
Royaume-Uni	3 600	4 125	4 136	3 396
France	3 240	3 375	3 200	2 910

Unité : million de francs

Source : A.N., F^{12} 8796, doc. cit., p. 18.

Tableau 9-4. Chiffres d'affaires à l'importation des 4 principaux pays producteurs de produits chimiques, dans les années 1920

Pays	1927	1928	1929	1930
États-Unis	3 240	3 576	3 972	2 586
Royaume-Uni	2 400	2 528	2 634	2 171
Allemagne	2 160	1 870	1 950	1 606
France	1 600	1 734	1 896	1 430

Unité : million de francs

Source : A.N., F^{12} 8796, doc. cit., p. 18.

Tableau 9-5. Exportations françaises de produits chimiques en termes de chiffre d'affaires, par catégorie

Catégorie de produit	1929	1930
Cosmétiques	631,2	519,6
Chimie lourde	555,6	478,8
Pharmaceutiques	496,8	443,4
Rayonne	234	326,6
Essences et arômes, parfums de synthèse	244,8	177
Colorants minéraux	172,8	163,2
Explosifs	62,4	115,2
Substances tannantes	85,8	91,2
Engrais phosphatés	90,6	77,4
Colorants à base de goudron de houille	64,2	73,2
Autres produits chimiques	492,8	444,6
Total	3 131,0	2 910,2

Unité : million de francs

Source : A.N., F^{12} 8796, doc. cit., p. 18.

Tableau 9-6. Importations et exportations des principaux produits pharmaceutiques en France (1928-1930)

	Importations			Exportations		
	1928	1929	1930	1928	1929	1930
Chloroforme	19	66	42	148	207	642
Chloral	56	100	103	91	18	7
Chlorure d'éthyle	4	7	11	281	220	266
Hexaméthylènetétramine*	513	736	584	11	5	22
Résorcine (à usage pharmaceutique)	0	3	2	250	609	678
Phénolphtaléine	50	104	127	0	0	3
Gaïacol	98	173	154	209	457	399
Acide salicylique	9	66	50	383	286	82
Salicylates	68	187	75	814	774	689
Salol (salicylate de méthyle)	6	2	6	108	200	95
Aspirine (acide acétylsalicylique)	47	160	135	1 402	1 198	1 308
Phénacétine	8	70	74	570	788	659
Antipyrine (Analgésine)	11	28	64	12	97	553

Unité : quintal (100 kg)

*Désinfectant interne des voies urinaires à base d'aldéhyde formique en solution aqueuse.

Source : Tableau réalisé à partir de : A.N., F^{12} 8796, doc. cit., p. 140.

Tableau 9-7. Volumes de production d'acide sulfurique dans le monde, par pays (1925-1930)

Pays	1925	1929	1930
États-Unis	6 300	7 196	5 924
France	1 840	1 650	1 330
Allemagne	1 800	2 336*	non connu
Royaume-Uni	1 300	1 550	772
Italie	1 075	1 304	1 230
Belgique	740	936	non connu
Pologne	320	388	308
Espagne	230	750	non connu
Tchécoslovaquie	210	400	non connu
Danemark	175	120	non connu

Unité : millier de tonnes

* estimation.

Source : Tableau réalisé à partir de : A.N., F^{12} 8796, doc. cit., p. 70.

Tableau 9-8. Évolution des volumes de production de perphosphate de calcium dans le monde, par pays (1913-1929)

Pays	1913	1928	1929
États-Unis	3 248	3 200	4 240
France	1 920	2 350	2 430
Allemagne	1 819	792	843
Italie	972	1 050	1 307
Royaume-Uni	820	530	530
Belgique	450	570	570

Unité : millier de tonnes

Source : Tableau réalisé à partir de : A.N., F^{12} 8796, doc. cit., p. 95.

III. Synthèse

Le présent chapitre s'est donc efforcé d'esquisser les grandes lignes de la production et des échanges commerciaux avec l'étranger de l'industrie chimique française dans les années 1920, en se fondant sur la documentation compilée par le Conseil national économique. Ainsi qu'Émile Fleurent le souligne, au début des années 1930, le niveau de ce secteur apparaît comme tout à fait satisfaisant, débarrassé notamment de ses faiblesses d'avant-guerre. Des progrès indéniables ont permis de mettre sur pied une structure de production équilibrée. De ce fait, il a été possible de réduire les importations par rapport à 1913, et d'augmenter les exportations, si bien que le secteur dans son ensemble dégage un excédent commercial de plus de 1 milliard de francs à la fin des années 1920. Cependant il convient de souligner que le tableau n'est pas rose uniformément pour toutes les branches du secteur de la chimie. La part détenue par l'industrie française sur l'ensemble de la production mondiale se rétrécit, et certains pays réalisent une croissance nettement plus forte que la France. D'autre part, le redressement progressif de l'industrie allemande lui fait de l'ombre, comme le laisse supposer la stagnation des exportations françaises de produits chimiques à la fin des années 1920 – un marasme qui traduit également les difficultés de la France pour gagner des contrats face à une concurrence internationale de plus en plus dure.

Ainsi, en étudiant l'industrie chimique française des années 1920 d'un point de vue quantitatif, on peut distinguer divers problèmes en filigrane des chiffres apparemment bons. Il faudrait pour cela réaliser un examen qualitatif détaillé de chaque secteur et de chaque entreprise d'une certaine taille. Pour mieux saisir la réalité contrastée de l'industrie française pendant l'entre-deux-guerres, nous nous proposons dans les chapitres suivants d'étudier les deux secteurs-clés de l'époque, c'est-à-dire l'industrie de l'azote et celle des colorants.

CHAPITRE X

Les relations entre l'État et l'industrie de l'azote dans l'entre-deux-guerres

Réflexions autour de la création de l'Office national industriel de l'azote

I. Introduction

Avant de nous atteler à l'examen détaillé des relations entre l'État et les industriels de la chimie dans la France de l'entre-deux-guerres, nous nous sommes efforcé, dans les deux parties précédentes, de dresser un tableau de l'industrie chimique française à la veille de la Première Guerre mondiale. Deux points retiendront notre attention pour ce chapitre. Tout d'abord, il existait en 1913 une différence flagrante entre les volumes de production allemand et français. Dans le secteur de la chimie organique de synthèse, le « retard » de la France était indéniable, de même qu'était incontestable la suprématie de l'Allemagne. La situation était tout particulièrement préoccupante pour le secteur-clé des colorants dérivés de la distillation des goudrons de houille, puisque, à l'exception de la Société anonyme des matières colorantes et produits chimiques de Saint-Denis, toutes les entreprises opérant sur le territoire français étaient tombées sous la coupe de firmes allemandes. Par contre, la chimie minérale se maintenait à un niveau satisfaisant, rappelant que la France avait été autrefois une grande puissance chimique. Mais en y regardant de plus près, un certain « retard » par rapport à l'Allemagne apparaissait dans ce domaine aussi, notamment pour les engrais azotés, puisque la France était obligée de dépendre en grande partie d'importations pour satisfaire sa consommation intérieure. Ainsi, les colorants et l'azote avaient pris un retard inquiétant par rapport à l'Allemagne. Or tous deux étaient des secteurs industriels sensibles en termes de défense nationale. Avec le déclenchement de la Première Guerre mondiale, leur redressement devenait un enjeu d'intérêt national supérieur.

Un deuxième point sur la situation d'avant-guerre mérite d'être souligné dans le cadre de ce chapitre : même si, au niveau macro-économique, l'ensemble de l'industrie chimique était structurellement « à la traîne », plusieurs entreprises s'efforçaient, au niveau individuel, de développer, tant quantitativement que qualitativement, des activités spécifiques, et ce avec succès. C'est notamment le cas de la Société chimique des usines du Rhône (SCUR), pour le secteur de la chimie organique de synthèse, comme nous avons pu le voir dans le chapitre VII. Après l'échec de la fabrication industrielle de l'indigo de synthèse à la fin du XIXe siècle, la SCUR dut faire face à une grave crise de management, dont elle réussit à sortir en s'orientant vers un nouveau domaine de production, la pharmacie. C'est sans doute grâce à cette toute récente expérience qu'elle parvint à quelques bons résultats avec la mise au point de nouveaux produits prometteurs pendant et au lendemain de la Première Guerre mondiale. La situation était pratiquement la même dans le secteur de la chimie minérale. C'est l'exemple de la société L'Air Liquide que nous voudrions évoquer ici, car cette entreprise illustre parfaitement le sujet du présent chapitre. Fondée en 1902 pour lancer la production industrielle d'air liquide selon un nouveau procédé de fabrication mis au point par Georges Claude, l'entreprise connut un remarquable essor, grâce à l'invention du chalumeau oxyacétylénique à peu près à la même époque. En 1913, L'Air Liquide s'était développé en un grand groupe international avec des sites de productions dans 17 pays, y compris au Japon (1910)[1]. En un très court laps de temps, la firme avait réalisé une prodigieuse expansion, du moins en termes quantitatifs, sur un segment très spécifique, celui des composés gazeux oxygénés. Mais L'Air Liquide ne se contenta pas de développer cette branche d'activités : une énergique politique de R&D pour maîtriser d'autres fabrications fut menée en parallèle. Par exemple, en 1912, l'entreprise lança un extracteur d'azote qu'elle vendit aux principaux producteurs de cyanamide calcique[2]. Forte de cet acquis, elle

---

[1]   Société L'Air Liquide, *Cinquantenaire de la Société L'Air Liquide, octobre 1902-octobre 1952*, p. 9-17 ; Archives L'Air Liquide, Chronologie des implantations dans le monde.

[2]   Au sujet de l'extracteur d'azote, on trouve les données suivantes dans les comptes rendus des assemblées générales des actionnaires de L'Air Liquide.
[1911] 1. Livraison de deux machines d'un rendement de 400 m^3/h à la Societa Italiana per il Carburo di Calcio. Aucun problème de fonctionnement.
2. Enregistrement d'une commande de 2 machines d'un rendement de 500 m^3/h par la société suédoise Alby United Carbide Factories Limited.
[1912] 1. Livraison de 2 machines d'un rendement de 500 m^3/h à la société Alby.
2. Commande d'1 machine par la société Stockholms Superfosfat Fabriks Aktiebolag.
[1913] Commandes de machines par des entreprises suisse, autrichienne, japonaise et américaine, productrices de cyanamide calcique.
[1914] Livraison aux entreprises suisse, autrichienne, japonaise et américaine mentionnées ci-dessus.

réussit après la guerre à mettre au point un autre procédé original, la synthèse de l'ammoniaque par oxydation catalytique (méthode Claude).

Revenons sur le premier point. Le « retard » de l'industrie française des colorants et de l'azote à la veille de la Première Guerre mondiale était très préoccupant, d'autant qu'avec le déclenchement des hostilités, il devenait synonyme de grave handicap. Les munitions devenaient en effet une production indispensable et leur fabrication était une nécessité absolue. Ainsi, les fabricants des principaux produits chimiques, notamment de colorants et d'azote, furent placés sous le contrôle de l'État et strictement réglementés. De ce fait, l'avenir de cette industrie après la guerre fut planifié dans les ministères, essentiellement par le ministère du Commerce. L'approche préconisée par l'État ne devait pas toujours plaire aux dirigeants de ces entreprises qui avaient connu un développement récent et rapide, et des antagonismes apparurent, mais au bout du compte, c'est le dirigisme d'État qui l'emporta et qui encadra ces deux branches tout au long des années 1920. L'objectif du présent chapitre est de proposer une appréciation des relations qu'entretinrent l'État et l'industrie pendant l'entre-deux-guerres, avec d'abord une étude du secteur de l'azote pour illustrer notre propos.

II. L'industrie française de l'azote pendant la Première Guerre mondiale

Commençons par dresser un tableau de l'état de l'industrie de l'azote à la veille de la Première Guerre mondiale, en nous inspirant du rapport Clémentel[3]. En 1913, les trois principales productions à base d'azote étaient les suivantes : le nitrate de sodium à base de salpêtre du Chili, le sulfate d'ammonium, récupéré dans les usines à gaz et les fours à coke, et la cyanamide calcique, à base de carbure de calcium. Du nitrate de calcium avait commencé à être fabriqué juste avant la guerre, selon le procédé de l'arc électrique inventé par les Norvégiens Birkenland et Eyde pour réaliser la synthèse de l'acide nitrique. D'autre part, le procé-

---

A.N., 65 AQ P4, Rapports des Assemblées générales de L'Air Liquide, 6 avril 1911, 14 mai 1912, 5 mai 1913, 26 mai 1914.

L'entreprise japonaise qui passa commande d'extracteurs d'azote à L'Air Liquide serait la société Nihon Chisso Hiryo Kabushiki-kaisha. Dans son étude, Li Jin-Miueng confirme l'arrivée des premières machines en 1914, et ajoute qu'un total de 13 machines d'un rendement de 500 m^3/h fut livré à cette entreprise nipponne jusqu'en 1925. Li Jin-Miueng, « L'Air Liquide, Pioneer of French Industrial Presence in Japan between 1910 and 1945 », in T. Yuzawa & M. Udagawa (eds.), *Foreign Business in Japan before World War II*, Tokyo, 1990, p. 226.

[3] A.N., F^{12} 8048, Dossier n° 23, Série CC, « Acide azotique » ; Ministère du Commerce, *Rapport général…*, *op. cit.*, p. 35-47.

dé Haber-Bosch, qui permet de fixer l'azote atmosphérique, fut mis au point en 1913. Cependant l'application industrielle du procédé de l'arc électrique n'en était qu'à ses débuts. La synthèse catalytique de l'ammoniaque par réaction de l'azote atmosphérique n'avait pas dépassé, quant à elle, le stade de l'expérimentation en laboratoire. Ce sont donc les trois premières productions, et notamment celle de nitrate de sodium, qui formaient l'écrasante majorité des productions du secteur à la veille de la Première Guerre mondiale.

Le tableau 10-1 résume la consommation de nitrate de sodium dans le monde en 1913. Sur les 320 000 tonnes consommées par la France, 88 % l'étaient par le secteur agricole sous la forme d'engrais. Le nitrate de sodium était donc avant tout recherché pour répondre à une forte demande en engrais azotés. La production française de sulfate d'ammonium, par contre, était relativement réduite, comme l'indique le tableau 10-2 : en 1913, sur les 93 267 tonnes consommées en France, 21 827 tonnes, soit 23 %, étaient importées essentiellement d'Allemagne (8 347 tonnes) et d'Angleterre (8 336 tonnes). Cette situation s'explique par le retard qu'avait pris la France par rapport à l'Allemagne pour équiper ses fours à coke en récupérateurs de produits dérivés[4].

Alors que pour ces deux produits traditionnels, la France dépendait entièrement ou partiellement d'importations, il n'en fut pas de même pour la cyanamide calcique qui venait de faire son apparition au début du siècle : la production nationale connut, dès le début des années 1910, un développement rapide et croissant. Le tableau 10-3 montre en effet que la production dépassait largement la consommation intérieure (7 500 tonnes) en 1913. De plus, l'extracteur d'azote, mis au point et commercialisé par L'Air Liquide, était vendu dans le monde entier, comme le montre le tableau 10-3.

C'est également la cyanamide calcique qui permit de répondre à la soudaine hausse de la demande en produits azotés provoquée par le déclenchement des hostilités. Après la construction d'une usine à Bellegarde, capable de produire 25 000 tonnes par an, de nouvelles unités de production furent édifiées les unes après les autres dans les Alpes et les Pyrénées, portant la capacité nationale totale à 300 000 tonnes – soit une multiplication par 10. Parallèlement, la production de nitrate de sodium connut également une forte expansion pendant la guerre, provoquant un doublement des importations de salpêtre du Chili : de 25 000 tonnes en 1915 à 54 000 l'année suivante. Cependant cette dépendance vis-à-vis des importations de matière première limitait les perspectives d'avenir

---

[4] A.N., F^{12} 8055, Rapport général, ch. 27, « Les Produits de la distillerie de la houille et les produits synthétiques en dérivant ».

pour ce procédé, d'autant que l'approvisionnement en salpêtre du Chili n'était pas toujours fiable. Le rapport Clémentel prévoyait d'ailleurs plutôt un développement de la production de sulfate d'ammonium après la guerre. Dans la réalité, l'invasion allemande eut pour effet de diminuer de plus de la moitié cette production, qui tomba à 34 500 tonnes en 1917. Le procédé de l'arc électrique paraissait plus prometteur. En Norvège où il avait été inventé, 73 034 tonnes de nitrate de calcium étaient déjà produites en 1913, et en France, une première usine d'une capacité annuelle de 4 500 tonnes fut construite à Pierrefitte dans les Hautes-Pyrénées. Cependant le rapport Clémentel émettait des réserves concernant la rentabilité d'un tel mode de fabrication, pénalisé par sa forte consommation en énergie électrique. Par contre, le procédé Haber-Bosch, qui n'en était qu'au stade expérimental avant la guerre, représentait un espoir plus réaliste pour l'industrie, et de fait, il porta ses fruits pendant la guerre, puisqu'il joua un rôle non négligeable comme source de fabrication d'azote pour l'Allemagne.

Les gouvernements n'étaient pas les seuls à s'intéresser au procédé Haber. Saint-Gobain, la plus grande firme chimique française de l'époque, avait perçu très tôt l'avenir de ce procédé pour la fabrication d'engrais azotés, dont la consommation augmentait régulièrement depuis quelques années. On trouve trace, dans les archives de la société, de négociations pour obtenir une licence du procédé qui auraient débuté dès août 1913[5] ; un autre rapport fait état de l'envoi de personnel à l'usine BASF d'Oppau en octobre 1913. Le procès-verbal du conseil d'administration du 15 décembre explique cependant que les négociations ne débouchèrent sur aucun accord, du fait des relations commerciales franco-allemandes extrêmement tendues[6]. De son côté, L'Air Liquide, qui était loin d'être novice en matière de production d'azote, s'intéressait de très près, à travers les travaux de recherche de Georges Claude[7], à une nouvelle méthode de fixation de l'azote atmosphérique tirant parti du procédé Haber. Quand la guerre éclata, le physicien mit dans un premier temps ses connaissances techniques au service de l'armée, mais dès 1917, il démarra de façon approfondie une étude des possibilités de fixation de l'azote

---

[5]   Archives Saint-Gobain, Boîte n° 4, P.-V. et Minutes des Conseils d'administration, Produits chimiques, 23 octobre 1913 ; Boîte n° 36, Produits chimiques – Notes d'information pour les Conseils d'administration, 23 août 1913, 11 septembre 1913, octobre 1913.

[6]   Archives Saint-Gobain, Boîte n° 36, doc. cit., 15 décembre 1913.

[7]   D'après une brochure publiée par L'Air Liquide à l'occasion du centenaire de la naissance de Georges Claude, le physicien se serait rendu à Oppau pour visiter les usines BASF et aurait été impressionné par l'étendue des installations de fabrication de l'ammoniaque synthétique. Société L'Air Liquide, *Centenaire de la naissance de Georges Claude*, 1970.

atmosphérique. Ses efforts furent vite couronnés de succès, avec une production réussie en laboratoire en 1919[8].

On aura compris, dans l'analyse qui précède, que l'industrie française de l'azote connut un tournant important avec la Première Guerre mondiale. En 1913, l'agriculture française ne consommait qu'une quantité infime d'engrais azotés[9], ce qui n'encouragea pas l'industrie nationale à développer des produits. Au contraire, elle accumula un retard par rapport à ses voisins outre-Rhin, et la France se contentait essentiellement de répondre à la demande par des importations. La demande augmenta cependant rapidement pendant la guerre, si bien que la production enregistra un essor fulgurant, notamment pour la cyanamide calcique. Mais pendant ce temps, l'Allemagne parvenait de son côté à mettre au point les applications industrielles du procédé Haber, et, bien qu'il n'existât pas de données sur les coûts de fabrication, les industriels français manifestèrent un vif intérêt pour cette nouvelle méthode. Au bout du compte, la synthèse réussie de l'ammoniaque rendit Georges Claude célèbre. On pourrait croire que cette découverte si attendue permettrait à l'industrie française de l'azote de jouer les premiers rôles après la guerre, mais le sort en décida autrement. Nous nous proposons dans la section suivante d'analyser la réalité de cette industrie pendant l'entre-deux-guerres, à travers ce qu'on a appelé « le problème de l'azote », qui mettait en concurrence le procédé Claude et le procédé Haber.

Tableau 10-1. Consommation de nitrate de sodium dans le monde à la veille de la Première Guerre mondiale (1913)

Pays	Consommation (en tonnes)	Part mondiale (%)
Allemagne	835 000	32,7
États-Unis	590 000	23,1
France	322 000	12,6
Belgique	318 000	12,4
Pays-Bas	203 000	7,9
Royaume-Uni	130 000	5,1
Italie	50 000	2,0
Égypte	25 000	1,0
Espagne	15 000	0,6
Divers	67 000	2,6
TOTAL	2 555 000	100,0

---

[8]   Archives L'Air Liquide, P.-V. de la Conférence et Yves Mercier, 29 octobre 1956 ; Archives L'Air Liquide, *L'Air Liquide, une histoire inventive ;* Société L'Air Liquide, *Cinquantenaire...*, *op. cit.*, p. 40.

[9]   La consommation d'engrais azotés par le secteur agricole français avant la Première Guerre mondiale représentait à peine le tiers de la consommation allemande. Paul Hugon, *De l'Étatisme industriel en France et des Offices nationaux en particulier,* thèse pour le doctorat, Amiens, 1930, p. 89-91.

Source : Tableau réalisé à partir de : Ministère du Commerce, *Rapport général sur l'industrie française, sa situation et son avenir*, t. II, Paris, 1919, p. 36. Les données originales proviennent de documents de propagande de l'Association nitratière.

**Tableau 10-2. Production de sulfate d'ammonium dans le monde
à la veille de la Première Guerre mondiale**

Pays	Production (en tonnes)	Part mondiale (%)
Allemagne	550 000	37,9
Royaume-Uni et Commonwealth	428 700	29,6
États-Unis	176 000	12,1
France	75 000	5,2
Belgique	48 000	3,3
Empire austro-hongrois	40 000	2,8
Italie	15 000	1,0
Espagne	15 000	1,0
Russie	8 000	0,6
Japon	8 000	0,6
Divers	85 000	5,9
TOTAL	1 448 700	100,0

Source : tableau réalisé à partir de : Ministère du Commerce, *op. cit.*, p. 44. Les données originales proviennent de : E. & M. Lambert, *Annuaire statistique des engrais et produits chimiques destinés à l'agriculture*, Paris, 1912.

**Tableau 10-3. Production de cyanamide calcique à travers le monde
à la veille de la Première Guerre mondiale**

Nom de l'entreprise	Usine	Production (1912)	Production (1913)	Part mondiale (1913)
Société des produits azotés	N.-D. de Briançon	7 500	7 500	2,8
Id.	Martigny	7 500	12 000	4,5
Société de production d'azote de Bavière	Trotsberg	15 000	15 000	5,7
Société anonyme allemande des engrais azotés	Knapsack	15 000	45 000	16,9
Société La Cyanamide d'Europe du Nord-Ouest	Odda	24 000	52 000	19,5
Id.	Alby	15 000	15 000	5,7
Id.	Meraker	-	12 000	4,5
Stockholms Superfosfat Fabriks Aktiebolag	Joannisfors	-	15 000	5,7
Societa Italiana per il Carburo di Calcio	Terni	24 000	24 000	9,0
Piemonte Carbide	Saint-Marcel	3 500	3 500	1,3
Société hydraulique de Dalmatie	Sebenice	5 000	5 000	1,9
American Cyanamide	Niagara Falls	24 000	24 000	9,0
Id.	Alabama	-	24 000	9,0

Nihon Chisso Hiryo Kabushiki-kaisha	Osaka *	12 000	12 000	4,5
TOTAL			266 000	100,0

Unités : tonne, %

* Le document français indique la ville d'Osaka, mais il est évident qu'il s'agit d'une erreur, puisque c'est l'usine de Minamata, sur l'île de Kyushu, qui fabriquait pour Nihon Chisso Hiryo K.K. la cyanamide calcique. Cf. T. Ooshio, *Étude sur le conglomérat Nihon Chisso*, Tokyo, Nihon Keizai Hyôron-sha, 1989, chap. 1 ; L.F. Haber, *The Chemical Industry*, traduction japonaise par M. Satô & M. Kitamura, supervisée par H. Suzuki, Tokyo, Nihon Hyôron-sha, 1984, p. 137-139.

Source : tableau réalisé à partir de : Ministère du Commerce, *op. cit.*, p. 40. Les données originales proviennent de la revue *Zeitschrift für angewandte Chimie*.

III. L'industrie française de l'azote pendant l'entre-deux-guerres (1) : les origines de la création de l'Office national industriel de l'azote

À la fin de la Première Guerre mondiale, l'article 297 du traité de Versailles stipulait que le procédé Haber-Bosch devenait désormais propriété du gouvernement français. Mais pour tirer parti de ce brevet et réussir la synthèse de l'ammoniaque, une collaboration technique avec BASF était indispensable. Les négociations reprirent donc, et aboutirent le 11 novembre 1919 à un accord dont les conditions étaient, dans leurs grandes lignes, les suivantes[10]. La société BASF était tenue d'offrir toutes les informations techniques concernant la production d'ammoniaque synthétique et sa transformation en sulfate d'ammonium et en nitrate d'ammonium (article 1). Elle devait envoyer en France des ingénieurs capables de superviser et d'expliquer la construction et le fonctionnement d'une usine de fabrication d'ammoniaque synthétique (article 4). BASF se voyait également interdire l'utilisation du procédé Haber en France, dans les colonies et les protectorats français (article 2). En contrepartie, la France s'engageait à payer à la société BASF un premier versement de 5 millions de francs, suivi de redevances d'un montant de 5 à 12 centimes par kilo d'azote pour toute fabrication de plus de 30 tonnes (article 10). Pendant toute la durée de validité de la convention (quinze ans à partir du moment où commencerait la production), les représentants et le personnel de la partie française étaient autorisés à circuler librement dans n'importe quelle usine de BASF (article 8). Cette convention fut ratifiée par l'Assemblée nationale à une écrasante majorité (555 voix pour, 5 voix contre). Le débat national porta ensuite sur la forme que prendrait l'exploitation du procédé Haber.

---

[10] Ed. Bernard, *Le Problème de l'azote en France*, Paris, 1933, p. 128-129.

L'État gérerait-il directement les unités de production d'ammoniaque synthétique ? Confierait-il plutôt cette production au secteur privé ? Ou bien choisirait-on une troisième formule sous la forme d'une entreprise semi-publique ? Le gouvernement devait trancher.

Au début, il semble que le gouvernement aurait aimé que la production d'ammoniaque soit gérée par un consortium réunissant les principales entreprises chimiques du pays. D'ailleurs, avant la signature de la convention avec BASF, le gouvernement français avait pesé de toute son influence pour que soit créée la Société d'études de l'azote[11], réunissant les principales firmes chimiques, minières et sidérurgiques. Cet organisme apparaissait comme le réceptacle naturel du projet de l'ammoniaque de synthèse. Certes, dans son texte fondateur, le nom du procédé Haber n'est nullement mentionné, mais il ne fait aucun doute que la plupart des membres fondateurs l'avaient en tête. Par exemple, le procès-verbal du 26 mai 1919 du conseil d'administration de la SCUR, membre de la Société d'études de l'azote, explique que l'on est en présence « d'un projet de création d'une entreprise habilitée à utiliser le procédé Haber en France, qui concerne toutes les grandes entreprises chimiques françaises** ». L'ordre du jour du conseil d'administration du mois suivant indiquait également qu'un rapport sur la Société d'études de l'azote serait présenté au point intitulé « Procédé Haber »[12]. Le lien entre les deux était donc clairement établi dans les esprits.

La méthode Claude surpassait techniquement le procédé Haber sur deux points : elle utilisait des hautes pressions pouvant aller jusqu'à 1 000 bars (contre 200 avec le procédé Haber)[13] et, d'autre part, elle exploitait les gaz des fours à coke comme gaz hydrogène. Mais, si la synthèse de l'ammoniaque à des pressions de 1 000 bars, réalisée dès 1917, donnait en laboratoire des résultats supérieurs au procédé Haber, leur transcription dans un environnement industriel semble avoir posé des difficultés. Georges Claude admit lui-même n'être pas parvenu à surmonter tous les problèmes techniques de la synthèse de l'ammo-

---

[11] Les membres de la Société d'études de l'azote au moment de sa création étaient : Saint-Gobain, Produits chimiques Alais et Camargue (Pechiney), Société des produits azotés, L'Air Liquide, Société d'électrochimie, Société générale des nitrures, Gillet et Fils, Kuhlmann, Compagnie nationale de matières colorantes et de produits chimiques, Émile Lambert, Schneider, Société chimique des usines du Rhône, Société des mines de Lens, Compagnie des mines de Béthune. Le président de la Société d'études de l'azote fut Élie Reumaux, président de la Société des mines de Lens. Cf. J.-P. Daviet, *Un Destin...*, *op. cit.*, p. 494.

[12] Archives R.-P., P.-V. du Conseil d'administration de la Société chimique des usines du Rhône, séance du 28 juin 1919.

[13] Il s'agit de l'application pratique de la théorie du physicien et chimiste français Henry Le Chatelier.

niaque sous haute pression avant juin 1920[14]. Quant à l'extraction de l'hydrogène, elle se faisait à l'époque d'abord par électrolyse[15], puis, jusqu'en 1921, grâce à une méthode utilisant les gaz à eau, tout comme dans le procédé Haber. Or la France ne disposait pas des grandes quantités de charbon de l'Allemagne, si bien qu'elle se trouvait dans une position désavantageuse en termes de coûts. D'où l'idée de Claude de liquéfier les gaz des fours à coke pour en extraire l'hydrogène. Cette méthode devint opérationnelle à partir de 1922[16], date à laquelle la production de l'ammoniaque synthétique selon le procédé Claude put commencer à prendre son véritable essor.

En juin 1919, alors que le procédé Claude n'en était qu'au stade de l'expérimentation, la Compagnie de Saint-Gobain, qui manifestait depuis longtemps un fort intérêt pour la synthèse de l'ammoniaque, et L'Air Liquide passèrent un accord qui donnait naissance à une filiale commune, la Société chimique de la Grande Paroisse, au capital de 14 millions de francs[17]. Par ce biais, L'Air Liquide limitait les coûts et les risques engagés jusqu'à ce que l'application industrielle soit mise au point[18], tandis que Saint-Gobain, en tant que plus grand fabricant français d'engrais chimiques, était assurée de la sorte de ne pas se laisser devancer dans ce secteur par d'autres entreprises françaises. Dans la réalité, cette décision de Saint-Gobain modifia durablement les relations entre l'État et les différents acteurs privés concernés par la synthèse de l'ammoniaque. Ce choix de privilégier le procédé Claude déclencha en France un vaste débat sur « le problème de l'azote », comme on peut le constater en lisant les archives internes de L'Air Liquide[19], la presse spécialisée[20], les publications scientifiques[21] et les journaux[22] de

[14] Georges Claude, « Comment j'ai réalisé la synthèse de l'ammoniaque par les hyperpressions », *Chimie et Industrie*, vol. 11, n° 6, 1924, p. 1064.

[15] J.-P. Daviet, *op. cit.*, p. 484.

[16] G. Claude, art. cit., p. 1066 ; A.N., 65 AQ P4, Rapports des Assemblées générales de L'Air Liquide, 31 mai 1922.

[17] A.N., 65 AQ P4, doc. cit., 26 juin 1919.

[18] Archives L'Air Liquide, Discours prononcé par M. Paul Delorme à l'occasion du vingt-cinquième anniversaire de l'entreprise, le 13 octobre 1927.

[19] Nous éviterons ici de faire une liste exhaustive des pièces d'archives mentionnant le « problème de l'azote », il suffit de dire qu'elles sont nombreuses. On comprendra que la synthèse de l'ammoniaque selon le procédé Claude était pour L'Air Liquide un projet d'une importance primordiale qui déciderait de l'avenir de l'entreprise.

[20] *Chimie et Industrie*.

[21] Ed. Bernard, *op. cit.* ; P. Hugon, *op. cit.* ; E. Roux & J.-A. Douffiagues, *La Politique française de l'azote*, extrait des *Annales des Mines*, avril 1935.

[22] *Nation Belge*, 18 janvier 1923, 18 février 1923, 1er avril 1923, 13 février 1924, 20 mars 1924. Les quotidiens et les revues qui menèrent campagne en faveur de la

l'époque. Nous nous efforcerons dans les pages suivantes de retracer les différentes étapes de cette affaire qui déboucha *in fine* sur la création de l'Office national industriel de l'azote.

Commençons par analyser les relations qui ont influé sur la position de la Société d'études de l'azote sur le procédé Claude. D'après les plus récentes publications de Jean-Pierre Daviet, Saint-Gobain en fut membre au moins jusqu'à la fin de 1919. À partir du moment où il devint clair que l'État interviendrait activement dans la gestion de l'entreprise créée pour appliquer la convention passée en novembre 1919 avec BASF, et que le gouvernement affichait sa réticence à utiliser le procédé Claude, Saint-Gobain considéra qu'il ne servait à rien de rester dans la Société d'études de l'azote[23]. D'autres membres quittèrent à leur tour le consortium, comme la Compagnie des mines de Béthune qui acheta à titre individuel les droits d'application de la méthode Claude[24]. La Société d'études de l'azote finit donc par devenir une coquille vide. Un autre groupe, autour de Kuhlmann et de Solvay, se forma bien, mais en mars 1920, ces deux entreprises mirent brutalement un terme à leur collaboration avec le gouvernement. Les négociations achoppèrent en effet sur l'emplacement de la nouvelle usine. L'État, pour des raisons de sécurité nationale, insistait pour réutiliser le site d'une ancienne usine d'explosifs sise à Toulouse, tandis que Solvay et Kuhlmann, dont les centres de production étaient situés dans le nord de la France, considéraient Toulouse comme un sérieux handicap pour l'approvisionnement et le transport des matières premières. Kuhlmann proposa quand même d'offrir son assistance technique au gouvernement, mais ce projet avorta aussi[25]. Solvay décida finalement d'utiliser la méthode américaine NEC, tandis que Kuhlmann choisit en 1924 le procédé italien de Casale. Le gouvernement n'eut donc d'autre solution que d'exploiter le procédé Haber pour la synthèse de l'ammoniaque par ses propres moyens. Une question se pose. Pourquoi ni l'État ni Kuhlmann ne voulurent-ils utiliser la méthode Claude ? Et pourquoi Kuhlmann fut-elle la dernière entreprise à tenter jusqu'au bout de collaborer avec l'État dans cette affaire ? Pour bien comprendre les tenants et aboutissants, il convient de rappeler les rapports de force à l'œuvre dans l'industrie chimique française au lendemain de la Première Guerre mondiale.

méthode Claude furent nombreux. Parmi eux, *Le Normand* fut sans doute le plus virulent à dénoncer l'attitude du gouvernement.

[23] J.-P. Daviet, *op. cit.*, p. 496-498.
[24] Ed. Bernard, *op. cit.*, p. 130.
[25] J.-P. Daviet, *op. cit.*, p. 498-499.

En 1919, la Compagnie de Saint-Gobain était toute-puissante : elle détenait 45 % du marché des superphosphates, qui représentait la plus importante production de l'industrie chimique française de l'époque. Elle avait une longueur d'avance dans le secteur de la chimie lourde, notamment dans les acides sulfuriques[26]. À son initiative, un réseau d'ententes avait été mis en place pour couvrir et contrôler les principales productions chimiques[27]. Face à ce géant, Kuhlmann n'était au départ qu'une petite entreprise de province installée dans le nord de la France. Mais la guerre transforma radicalement sa position dans le paysage industriel français. Alors que l'invasion allemande lui fit perdre près de la moitié de ses installations, Kuhlmann réagit en apportant son soutien plein et entier au gouvernement et aux commissions des Finances du Parlement, qui exigeaient d'augmenter les volumes de toutes les productions chimiques étroitement liées aux besoins de l'armée. Violant les règles de l'entente du secteur chimique, Kuhlmann décida de s'agrandir rapidement en ouvrant des sites de production dans toute la France[28]. L'entreprise ne se contenta pas de renforcer ses acquis dans le secteur de la chimie minérale, elle n'hésita pas à répondre également très favorablement à l'idée de créer une grande entreprise de colorants, projet cher au ministre du Commerce Clémentel. Elle parvint de la sorte à rejoindre, voire à supplanter, les grands de la chimie organique de l'époque qu'étaient Saint-Gobain et la SCUR, et à jouer un rôle prépondérant dans les politiques de développement du secteur[29]. Kuhlmann était ainsi

---

[26] Nous ne disposons d'aucune donnée sur la production d'acide sulfurique par Saint-Gobain avant la Première Guerre mondiale, mais en août 1915, l'entreprise produisait 14 000 tonnes sur les 24 885 tonnes mensuelles (à 66 degrés Baumé) fabriquées par la France. La compagnie détenait donc 56 % du marché, mais ces chiffres n'incluent pas les productions des usines Kuhlmann, passées aux mains des Allemands avec l'invasion de leurs troupes sur le territoire français. On estime donc que la part de marché de Saint-Gobain avant la guerre devait être légèrement inférieure. Par ailleurs, Saint-Gobain occupait également une place prépondérante sur le marché des oléums (acides sulfuriques fumants), avec une production mensuelle de 2 770 tonnes, soit 69 % des 4 010 tonnes fabriquées en France. A.N., 94 AP 105, Papiers A. Thomas, Note pour le Sous-Secrétariat d'État de l'Artillerie et des Munitions, 28 août 1915.

[27] J.-P. Daviet, *op. cit.*, chap. 6-7.

[28] Établissements Kuhlmann, *Cent ans d'industrie chimique. Les Établissements Kuhlmann, 1825-1925*, Paris, 1925, p. 21-34. Kuhlmann acheta ou fit construire en tout 9 usines pendant la guerre : une à Port-de-Bouc, dans le Midi, une à Marseille, deux à Bordeaux, une à Ivry-sur-Seine (dont il se séparera rapidement du fait d'un emplacement peu pratique), une à Aubervilliers dans la banlieue parisienne, une à Nevers, une à Petit-Quevilly près de Rouen, et une à Nantes. Un laboratoire de recherche de grande envergure fut également construit à Levallois-Perret, aux abords de Paris. Il n'y a donc rien d'étonnant à ce que Saint-Gobain manifeste une certaine irritation en observant cette expansion des Établissements Kuhlmann.

[29] Voir le chapitre XI pour plus de détails sur ce sujet.

devenu un puissant groupe industriel de chimie organique avec la guerre, et avait, de plus gagné la confiance des plus influents décideurs de l'économie de guerre, à commencer par Étienne Clémentel, ministre du Commerce, et Albert Thomas, ministre de l'Armement. Saint-Gobain, par contre, ne s'était jamais départi de son extrême réticence à produire pour l'armée, et ses relations avec le pouvoir de l'époque étaient loin d'être excellentes. Dans les papiers d'Albert Thomas qui se trouvent réunis aux Archives nationales, on trouve une note[30] critiquant la « politique d'accaparement » de Saint-Gobain dont la stratégie d'entreprise avait clairement pour but d'éliminer la concurrence. Cet exemple éclaire de façon assez typique la réaction passionnelle qu'inspirait Saint-Gobain au gouvernement de l'époque. Cela ne veut pas dire pour autant que tous les services d'État avaient toujours été en conflit ouvert avec Saint-Gobain. Le service des Poudres du ministère de l'Armement par exemple avait longtemps eu une attitude très amicale envers le géant de la chimie et son approche était très différente de celle d'Albert Thomas[31]. Cela explique sans doute que Lheure, directeur du service des Poudres, fut le premier directeur général de la Société chimique de la Grande Paroisse, au moment de sa fondation en 1919. Mais cette nomination compliqua *de facto* les relations entre l'État et Saint-Gobain, car Patard, le successeur de Lheure à la direction du service des Poudres, suivit une politique totalement différente de son prédécesseur. Ainsi, en plaçant Lheure à la tête de la Société chimique de la Grande Paroisse, Saint-Gobain réduisait finalement sa marge de manœuvre dans ses négociations avec l'État sur le problème de l'azote[32].

Cet antagonisme avec Kuhlmann et le gouvernement fut certainement pour Saint-Gobain un élément qui pesa dans la balance au moment de prendre la décision de développer le procédé Claude par ses propres moyens. De même, le choix de Kuhlmann d'exploiter le procédé Casale – qui aux yeux de Georges Claude n'était qu'une contrefaçon de son propre procédé[33] – peut également s'expliquer par le contexte que nous venons de décrire. Mais il paraît plus difficile de justifier l'obstination du gouvernement à utiliser le procédé Haber par un simple désaccord

---

[30] A.N., 94 AP 105, Papiers A. Thomas, Note pour M. Albert Thomas, Acide Sulfurique. Ce document a déjà été mis en avant par John Godfrey, mais son approche ne le replace pas correctement dans le contexte de l'histoire de l'industrie chimique française, si bien que l'historien canadien se contente du point de vue d'Albert Thomas. Cf. J.F. Godfrey, *Capitalism at War. Industrial Policy and Bureaucracy in France, 1914-1918*, New York, 1987, p. 160-163.

[31] A.N., 94 AP 105, Papiers A. Thomas, Note de M. Albert Thomas pour le Capitaine Exbrayat, 1er février 1916.

[32] J.-P. Daviet, *op. cit.*, p. 495.

[33] Georges Claude, *Ma Vie et mes inventions*, Paris, 1950, p. 120.

avec la Compagnie de Saint-Gobain. Mais quelle autre raison trouver à son rejet affiché de la méthode Claude, alors qu'elle apparaissait comme techniquement viable ? Quoi qu'il en soit, le gouvernement dut renoncer, comme nous l'avons vu plus haut, à son projet de construction et de gestion d'une usine en coopération avec les entreprises privées, qui fabriquerait à Toulouse de l'ammoniaque synthétique selon le procédé Haber. Faute de mieux, il entama donc une procédure pour créer une usine sur le budget de l'État. Mais les réactions ne se firent pas tarder : pourquoi sacrifier un procédé « made in France » – celui de Claude – pour un autre exploité par une entreprise allemande – venant donc d'un pays ennemi il n'y a pas si longtemps que cela ? Pour couper court à la polémique, le gouvernement décida en décembre 1920 de créer une commission, composée de sept membres de l'Académie des Sciences et chargée de comparer les deux méthodes et de donner son avis sur la meilleure. Le rapport remis par la commission en juillet de l'année suivante ne fut pas publié, si bien qu'on n'en connaît pas les détails, mais la conclusion était qu'il n'existait pas de différence substantielle entre les deux procédés. Malgré ce rapport, malgré une opinion publique hostile, malgré les véhémentes protestations de Georges Claude en personne, la production d'ammoniaque de synthèse selon le procédé Haber démarra sous les auspices de l'État[34]. La section suivante se penchera sur la situation administrative et la politique commerciale de l'Office national industriel de l'azote, créé à cet effet par l'ordonnance du 11 avril 1924 et placé sous la tutelle du ministère des Travaux publics. L'analyse inclura également une étude de l'évolution de l'industrie française de l'azote dans son ensemble dans les années 1920.

IV. L'industrie française de l'azote pendant l'entre-deux-guerres (2) : les relations entre l'Office national industriel de l'azote et l'industrie chimique privée

La fabrication industrielle de l'ammoniaque synthétique démarra en France à la fin de 1924, date à laquelle la première usine fut mise en

---

[34] Ch. Lormand, « Sur la fabrication de l'ammoniaque synthétique », *Chimie et Industrie*, vol. 9, n° 1, 1923, p. 183-187 ; J. Carlioz, « La fabrication de l'ammoniaque synthétique par le procédé Haber-Bosch », *Chimie et Industrie*, vol. 11, n° 1, 1924, p. 170-175 ; Ch. Lormand, « La fabrication de l'ammoniaque », *Chimie et Industrie*, vol. 11, n° 5, 1924, p. 1001-1002. Louis Loucheur, ministre chargé de la reconstruction économique de la France juste après la guerre, fut un des protagonistes qui introduisirent le procédé Haber en France en négociant la convention avec BASF de novembre 1919. Pourtant, devant les critiques de l'opinion, il déposa plus tard un projet de loi qui prenait en compte le procédé Claude. Ce geste montre à quel point le projet gouvernemental qui refusait catégoriquement le procédé Claude faisait l'unanimité contre lui.

service. Elle utilisait le procédé Claude en extrayant l'hydrogène des gaz des fours à coke de la Compagnie des mines de Béthune[35]. Entre 1924 et 1925, le procédé connut un essor fulgurant. La Société chimique de la Grande Paroisse, qui détenait les droits d'exploitation du procédé, passa des accords de licence avec la Société des Houillères de Saint-Étienne et la Société de Commentry, Fourchambault et Decazeville. Elle créa également, en partenariat avec la Compagnie des mines d'Aniche, une filiale baptisée L'Ammoniaque Synthétique afin de construire une usine de grande capacité. À l'international, L'Air Liquide, maison-mère de la Société chimique de la Grande Paroisse, mena une politique agressive en multipliant les licences et les participations financières avec des entreprises étrangères. Tous ces efforts aboutirent à une diffusion rapide du procédé Claude dans le monde entier[36]. Les licences octroyées à l'américain Du Pont et au japonais Suzuki Shoten sont restées dans les annales, même s'il en existait beaucoup d'autres. En effet, d'après Jean-Pierre Daviet[37], qui se fonde sur les archives Saint-Gobain[37], Suzuki aurait payé des droits de brevet s'élevant à £150 000[38] (soit 7,8 millions de francs) pour s'approprier la licence. Or ce montant équivalait à plus de la moitié du capital de la Société chimique de la Grande Paroisse (14 millions) !

Dans la deuxième moitié des années 1920, la concurrence avec les Établissements Kuhlmann qui avaient adopté le procédé Casale fut rude, mais jusqu'en 1928, le procédé Claude domina, ainsi que le montre le tableau 10-4. La production d'azote grâce à la synthèse de l'ammoniaque selon la méthode Claude s'élevait, toutes entreprises confondues

---

[35] Ed. Bernard, *op. cit.*, p. 119-126.

[36] A.N., 65 AQ P4, Rapports des Assemblées générales de L'Air Liquide, séances des 18 juin 1924 et 3 juin 1925.

[37] J.-P. Daviet, *op. cit.*, p. 487.

[38] Les documents et témoignages japonais font état d'une redevance de £500 000. Si ce chiffre est correct, L'Air Liquide aurait exigé une somme démesurément excessive par rapport à ce qu'elle demandait dans d'autres pays pour avoir le droit d'exploiter le brevet du procédé Claude. Toujours d'après Daviet, le contrat passé deux ans plus tard avec l'italien Azogeno stipulait le versement d'un premier montant de 1,1 million de francs (71 100 dollars), suivi de redevances s'élevant à 5 % du chiffre d'affaires généré à compter du lancement de la fabrication industrielle. Dans le cas d'entreprises françaises, la situation était nettement plus favorable : aucun droit d'entrée pour la Compagnie des mines de Béthune, seulement une redevance de 4 % sur le chiffre d'affaires. Pour plus de détails sur les relations entre les entreprises chimiques occidentales et l'industrie japonaise de l'azote, cf. T. Suzuki, *Débat historique sur l'industrie japonaise du sulfate d'ammonium**, Kurume, Kurume Daigaku Sangyô Keizai Kenkyûjo [Institut d'économie industrielle de l'Université de Kurume], 1985, chap. 1 ; T. Ooshio, *Étude sur le conglomérat Nihon Chisso**, Tokyo, Nihon Keizai Hyoron-sha, 1989, chap. 2 ; A. Kudô, *Stratégie...*, *op. cit.*, chap. 2.

en France, à 11 320 tonnes en 1928, tandis que le procédé Casale engendrait 8 175 tonnes, en incluant la part de l'Office national industriel de l'azote. Mais le rapport de force se renversa l'année suivante. En effet, le Rapport sur les industries chimiques du Conseil national économique[39] fait état d'une production industrielle totale d'ammoniaque synthétique (convertie en équivalent azote) de 47 200 tonnes en 1929, dont 23 150 tonnes par le procédé Claude et 24 050 tonnes par le procédé Casale. L'écart se creusa encore l'année suivante : 28 338 tonnes pour le procédé Claude, contre 34 695 pour le procédé Casale, qui connut alors un développement particulièrement rapide. Ainsi, dans les années 1920, la concurrence acharnée entre les deux méthodes, auxquelles vinrent s'ajouter plus tard deux autres procédés, NEC et Mont-Cenis, entraîna un accroissement exponentiel de la production française d'ammoniaque synthétique. Les fabrications dérivées suivirent la même courbe, comme dans le cas du sulfate d'ammonium (cf. tableau 10-5). Voilà donc pour la situation du secteur privé. Qu'en a-t-il été d'autre part de l'Office national industriel de l'azote, créé avec des fonds publics en 1924 ? Suivons son évolution, en reprenant à partir de ses débuts.

Commençons par analyser le statut juridique et administratif de l'Office national industriel de l'azote. Alors que l'État était propriétaire à 100 % de l'organisme, une certaine autonomie de gestion et d'administration lui fut accordée, du moins en apparence. Sur les 18 administrateurs nommés par décret, 9 étaient des représentants des différents ministères – Finances (2), Travaux publics (2), Agriculture (3), Armement (2) –, mais les 9 autres étaient issus du secteur privé, à savoir les coopératives agricoles (3 représentants), les chambres de commerce (2), les compagnies d'électricité (1), les sociétés houillères (1) et l'industrie de l'azote (1). Ce conseil d'administration se vit attribuer les fonctions habituelles de gestion de l'entreprise[40]. Cette structure tirait probablement sa source de la volonté originelle de l'État de créer une entité privée, puis semi-publique[41] ; elle fut sans doute également une parade aux critiques d'« étatisme » souvent faites au gouvernement français. Dans la réalité, il serait faux de croire que l'Office national industriel de l'azote pouvait gérer ses affaires de façon indépendante de l'État. Placé sous la tutelle du ministère des Travaux publics, l'Office devait tout naturellement lui remettre chaque année son rapport d'activités. Ses

---

[39] A.N., F^{12} 8796, Conseil national économique, Rapport sur les industries chimiques, octobre 1932, p. 90.

[40] Ch. Lormand, « La fabrication de l'ammoniaque », *Chimie et Industrie*, vol. 11, n° 5, 1924, p. 1001-1001 ; Ed. Bernard, *op. cit.*, p. 132-133.

[41] Ch. Lormand, « Sur la fabrication de l'ammoniaque synthétique », *Chimie et Industrie*, vol. 9, n° 1, 1923, p. 183-187.

comptes étaient contrôlés par le ministère des Finances et la Cour des comptes et il devait suivre les orientations votées par le Parlement, une fois son rapport étudié dans les commissions des Finances du Sénat et de l'Assemblée nationale[42]. Par contre, il était en mesure de se procurer des financements à des conditions nettement plus avantageuses que les entreprises privées. Entre septembre 1925 – date à laquelle les premiers administrateurs furent nommés et à laquelle démarra la construction de l'usine d'ammoniaque – et la première moitié des années 1930, l'État injecta la somme colossale de 460 millions de francs dans l'Office national industriel de l'azote[43] pour la construction d'un immense site de production, comme il n'en existait nulle part ailleurs en France. Et pourtant ses activités étaient loin de donner les résultats escomptés.

La plus grande erreur fut d'être obligé de retarder considérablement le lancement de la véritable production industrielle, initialement prévue pour 1927. Plusieurs raisons peuvent être invoquées. Tout d'abord, il y eut certainement une erreur d'appréciation de Patard, nommé à la tête du conseil d'administration. Ingénieur de formation, il succéda à Lheure à la direction du service des Poudres, mais fut surtout un de ceux qui jusqu'au bout refusèrent d'adopter le procédé Claude. Or c'est lui qui fut choisi pour présider l'Office national industriel de l'azote à ses débuts. Cette nomination était déjà une provocation pour les partisans de la méthode Claude, mais il y eut plus étonnant encore : le procédé que Patard décida finalement d'exploiter ne fut pas celui de Haber mais celui de Casale, pour des raisons qui restent obscures. Jean-Pierre Daviet avance la thèse selon laquelle ce choix permettait à l'Office de développer ses activités sans l'aide des Allemands[44]. Quoi qu'il en soit, en prenant cette décision, les arguments jusqu'ici avancés pour rejeter le procédé Claude perdaient tout leur sens. Revenons à l'erreur de jugement de Patard. L'usine construite, l'Office national industriel de l'azote commença début 1927 à produire 27 à 30 tonnes d'ammoniaque par jour. Il était prévu qu'elle augmente sa cadence progressivement pour atteindre son rythme de croisière de véritable production industrielle au milieu de l'année. Mais entre juin et novembre, le rendement tomba à 8-10 tonnes par jour, puis les chaînes de fabrication s'arrêtèrent complètement en décembre. C'est le système d'épuration des gaz hydrogènes, mis au point par Patard lui-même, qui fut à l'origine de cet arrêt de la production. Le procédé n'avait en effet pas encore atteint le stade de l'application industrielle[45]. La direction prit bien sûr la décision de

---

[42]   P. Hugon, *op. cit.*, p. 114-119 ; Ed. Bernard, *op. cit.*, p. 132-133.

[43]   E. Roux & J.-A. Douffiagues, *op. cit.*, p. 19.

[44]   J.-P. Daviet, *op. cit.*, p. 501.

[45]   P. Hugon, *op. cit.*, p. 127-132.

changer de système d'épuration, mais la livraison des machines commandées au moment de la mise en service de l'usine prit du retard, à quoi s'ajouta une série d'accidents, qui firent que l'on ne put reprendre la production qu'à la fin de 1928. Il fut par ailleurs décidé en 1929 de revenir au procédé Haber[46]. Bref, ce n'est qu'à cette date que l'Office national industriel de l'azote passa au stade d'une réelle production industrielle d'ammoniaque synthétique, d'ailleurs en constante expansion, comme le montre le tableau 10-6.

Nous venons de voir comment la production d'ammoniaque synthétique décolla rapidement à la fin des années 1920 en France. À la suite d'une erreur de jugement de la direction, l'Office national industriel de l'azote prit du retard sur ses concurrents privés, mais à partir de 1929, il était parvenu à réaliser une production industrielle viable. Or, à partir des années 1930, les fabricants français d'ammoniaque synthétique se retrouvèrent confrontés à un double problème de surproduction.

Tout d'abord, à partir de l'année fiscale agricole 1927-1928, les engrais azotés étaient en excédent dans le monde entier. En effet, l'Allemagne, l'Angleterre, la Norvège (dits pays DEN) et le Chili, les quatre pays traditionnellement fournisseurs d'azote, avaient continué à augmenter leurs fabrications pour approvisionner le marché mondial, tandis que les pays qui jusque-là n'avaient qu'une présence minime dans ce secteur, comme les États-Unis, la France, le Japon ou l'Italie, développèrent dans le même temps leurs capacités de production de façon exponentielle. Le tableau 10-7 résume la situation en 1929 pour les principaux producteurs dans le monde. On note que les pays qui comptaient autrefois pour quantité négligeable dans ce secteur avaient atteint dès 1929 un niveau comparable à celui de la Norvège. Cette situation de surproduction mondiale empira encore en 1928-1929, puisque l'augmentation de la production à l'échelle de la planète fut de 22 %, alors que la demande n'augmenta que de 14 %[47]. De plus, chacun sait que la récession des années 1930 n'épargna pas le secteur agricole, entraînant par ricochet une baisse de la consommation d'engrais chimiques. La signature de la Convention internationale de l'azote en 1930 (CIA) entre les différents pays d'Europe s'inscrit d'ailleurs dans ce contexte de stocks excédentaires d'engrais azotés[48].

---

[46] J.-P. Daviet, *op. cit.*, p. 502.

[47] A.N., F[12] 8796, Conseil national économique, doc. cit., p. 107.

[48] Dans le volume publiant la 18e Fuji Conference, *International Cartels in Business History*, on trouvera les tenants et aboutissants de la Convention internationale de l'azote, et l'exemple de la France y est longuement discuté. Nous nous épargnerons donc ici la peine de les reprendre. Il convient cependant de noter que l'échec de cette entente, moins d'un an après sa formation, s'explique par le fait qu'elle ne regroupait

Le deuxième problème de surproduction se trouve au niveau national. Dès 1930 apparaissent les premiers signes (cf. tableau 10-8). En effet, si, comme nous venons de le voir, la production n'avait cessé d'augmenter rapidement dans la deuxième moitié des années 1920, la consommation avait atteint son maximum en 1929 avant de commencer à décliner[49]. Or c'est justement cette année-là que les importantes installations de l'Office national industriel de l'azote furent réellement opérationnelles, ce qui eut pour effet de détériorer plus vite que prévu la situation jusque-là encore latente de surproduction. En mai 1932, les capacités de production d'ammoniaque synthétique (convertie en équivalent azote) s'élevèrent pour l'ensemble du secteur privé à un total de 153 045 tonnes, tandis que l'Office national industriel de l'azote à lui seul pouvait fabriquer jusqu'à 41 000 tonnes[50]. Il représentait donc 21 % de la capacité française de production. Mais aucune usine ne put tourner à plein régime. Cependant celle de Toulouse réussit à maintenir des taux d'utilisation nettement supérieurs à ceux de ses concurrents privés, les pénalisant d'autant. Par exemple, dans le cadre de la Convention internationale de l'azote de 1930-1931, l'Office national industriel de l'azote réclama jusqu'à 40 % des contingents de vente de sulfate d'ammonium synthétique, ce qui lui fut accordé grâce à l'intervention du ministre des Travaux publics. Ainsi, ses machines purent tourner à 37 % de leurs capacités, tandis que celles du privé étaient limitées à des taux de l'ordre de 20 %[51]. Le rapport de force ne changea pas avec l'abandon de la convention l'année suivante : l'Office réussit à produire jusqu'à 50 % de ses capacités, tandis que ses concurrents tournaient à 35 %[52]. La supré-

---

que 57 % de la capacité de production mondiale et qu'elle excluait des producteurs influents comme le Chili (15 %), les États-Unis (11 %) ou le Japon (5 %). A.N., F[12] 8796, doc. cit., p. 108. Dans les faits, l'accord s'effondra à partir du moment où le Chili, l'année suivante, refusa de se montrer coopératif. Mais il n'existait pas en France, par exemple, de véritable soutien actif en faveur d'un maintien à long terme de la Convention. De plus, pour qu'une entente internationale fonctionne correctement, il faut qu'au niveau national l'industrie soit déjà organisée. En France, le Comptoir de l'azote, fondé en 1923, en tant qu'organisme commun chargé de la commercialisation des engrais azotés, jouait ce rôle. Mais dans les faits, le Comptoir ne réunissait pas la totalité des fabricants. Il fallut attendre 1931 pour que le secteur soit réellement organisé autour du Syndicat industriel des produits azotés. Cf. A. Kudô & T. Hara (eds.), *International Cartels in Business History*, Tokyo, 1992 ; P. Lucas, « Le marché de l'azote va-t-il s'équilibrer ? », *Chimie et Industrie*, vol. 24, n° 6, 1930, p. 1472-1476 ; J.-P. Daviet, *op. cit.*, p. 154.

[49] La consommation d'engrais azotés en France était de 177 000 tonnes en 1929 (conversion en équivalent azote) pour tomber à 156 222 tonnes en 1930-1931. A.N., F[12] 8796, doc. cit.

[50] *Ibid.*, p. 90.

[51] Ed. Bernard, *op. cit.*, p. 172.

[52] *Ibid.*, p. 121.

matie de l'Office national industriel de l'azote fut maintenue par la suite grâce à un traitement préférentiel de l'État. Par exemple, pour réagir au dumping pratiqué à partir de 1931 par les Allemands après l'échec de la CIA, l'industrie de l'azote réclama l'introduction d'un système de restrictions des importations. Le gouvernement accepta, mais en exigeant en contrepartie d'offrir certains avantages à l'Office national industriel de l'azote[53].

Il convient cependant de regarder plus en détail ce système de réglementation des importations. Comme nous l'avons déjà souligné au chapitre V, le secteur agricole bénéficie traditionnellement en France de mesures protectionnistes, si bien qu'à la fin du XIXe siècle, le gouvernement avait par exemple refusé d'appliquer des tarifs douaniers aux importations de superphosphates. Il en fut de même pour les engrais azotés dans les années 1920. En ce sens, l'apparition de restrictions à l'importation pour cette catégorie de produits était en soi une grande nouveauté dans la politique française. Les conditions précises du mécanisme envisagé furent annoncées en octobre 1931[54]. À l'époque, le prix de vente des nitrates de sodium était de 105 francs par quintal (100 kg). Mais en Belgique, pays qui appliquait un régime de libre-échange total, il était de 84 francs. Le nouveau système obligerait désormais les importateurs à livrer à l'État les produits azotés étrangers pour 84 francs. Ceux-ci seraient alors vendus 95 francs sur le marché français, et les 11 francs de différence alimenteraient un fonds d'indemnisation. Il ne s'agissait pas ici d'indemniser les agriculteurs, qui voyaient les prix des nitrates sur le territoire français baisser de 10 francs par rapport à avant la mise en place du système, mais plutôt les fabricants français de nitrates de sodium, obligés d'aligner leurs prix sur le prix des importations. On estimait à 9 millions de francs les pertes encourues, mais le fonds d'indemnisation avait été conçu pour les couvrir en totalité. On avait calculé qu'il permettrait également de couvrir une partie de celles qu'allaient également subir les fabricants de sulfate d'ammonium – estimées en tout à 40 millions de francs –, puisque la baisse des prix de nitrates de sodium entraînerait automatiquement une baisse des prix de sulfates d'ammonium. 24 millions seraient ainsi reversés, tandis que l'industrie devrait payer de sa poche 16 millions en tout. Ce système fut donc mis en vigueur en 1932, mais il fut loin de fonctionner comme on l'avait espéré. Du fait de la surproduction mondiale, les importateurs détenaient en effet des stocks importants de produits chiliens, allemands, américains ou norvégiens, qui leur coûtaient cher à entretenir. Il fut donc impossible d'appliquer le tarif de 84 francs. Au bout du

---

[53] J.-P. Daviet, *op. cit.*, p. 504.
[54] Ed. Bernard, *op. cit.*, p. 181-184.

compte, ce ne fut pas 16 millions de francs que les fabricants de produits azotés durent prendre en charge, mais 55,31 millions ! Dans ces conditions, il n'y a rien d'étonnant à ce que des usines de petite ou moyenne envergure se retrouvèrent obligées de fermer leurs chaînes de production. La situation ne s'améliora pas non plus l'année suivante, les agriculteurs réclamant de nouvelles baisses des prix des engrais. De plus, le gouvernement décida finalement d'arrêter les indemnisations aux fabricants de sulfate d'ammonium synthétique, considérant que ce secteur n'était pas directement lié aux besoins de la défense nationale[55].

Tableau 10-4. Production d'ammoniaque synthétique en France en 1928

Entreprise	Usine	Procédé	Capacité	Production
Société chimique de la Grande Paroisse	Montereau	Claude	1 500	170
Compagnie des mines de Béthune	Béthune	Claude	7 000	9 000
Société des Houillères de Saint-Étienne	Saint-Etienne	Claude	1 500	650
Société de Commentry, Fourchambault et Decazeville	Decazeville	Claude	3 000	1 200
L'Ammoniaque Synthétique	Waziers	Claude	4 000	300
Alais, Froges et Camargue	Saint-Auban	Casale	700	500
Compagnie des mines de Toulouse	Hénin-Liétard	Casale	2 500	1 000
Société chimique Anzin-Kuhlmann	Anzin	Casale	1 500	980
Compagnie des mines et d'ammoniaque de Lens	Lens	Casale	1 500	1 150
Société houillère de Sarre et de Moselle	Carling	Casale	2 550	525
Marles-Kuhlmann	Marles	Casale	6 300	600
Compagnie des mines de Nœux	Drocourt-Vicoigne	Casale	2 550	960
Office national industriel de l'azote	Toulouse	Casale/ Haber	30 000	2 300
Société des produits chimiques	Firminy	Casale	2 300	160
Courrières-Kuhlmann	Courrières	NEC	6 600	–

Unité : tonne

Source : Tableau réalisé à partir de : J.-H. Lucas, « L'Industrie des produits azotés en 1928 », *Chimie et Industrie*, vol. 22, n° 5, 1929, p. 1016-1017.

---

[55] *Ibid.*, p. 185-188.

**Tableau 10-5. Production de sulfate d'ammonium en France
entre 1913 et 1929**

Année	Production
1913	74 800
1921	51 400
1923	65 000
1924	77 000
1927	186 000
1928	215 500
1929	275 000

Unité : tonne

Source : Tableau réalisé à partir des données publiées dans les ouvrages suivants : J. Gérard (ed.), *Dix ans d'efforts scientifiques et industriels*, t. II, Paris, 1926, p. 415 ; J.-H. Lucas, art. cit., p. 1015 ; *id.*, « Le marché de l'azote va-t-il s'équilibrer ? », *Chimie et Industrie*, vol. 24, n° 6, 1930, p. 1474.

**Tableau 10-6. Évolution de la production d'ammoniaque synthétique
de l'Office national industriel de l'azote
(1928-1931)**

Année	Production (convertie en équivalent azote)
1928	2 450
1929	17 600
1930	20 604
1931	41 000

Unité : tonne

Source : tableau réalisé à partir de : A.N., F[12] 8796, Conseil national économique, Rapport sur les industries chimiques, octobre 1932.

Tableau 10-7 : Production d'azote par les principaux fabricants en 1929

Pays	Production
Allemagne	677
Chili	510
Royaume-Uni	110
États-Unis	77
France	64
Norvège	61
Japon	57
Italie	50
Total des 7 principaux pays	1 606

Unité : millier de tonnes

Le chiffre pour la France correspond au chiffre de l'année fiscale agricole 1928-1929.

Source : Tableau réalisé à partir de : A.N., F[12] 8796, doc. cit., p. 108.

Tableau 10-8. Situation de l'offre et de la demande pour les principaux engrais azotés en France dans la première moitié des années 1930

Produit	Année fiscale agricole	Capacité de production	Production		Total	Importations	Consommation
			Secteur privé	Office national industriel de l'azote			
Sulfate d'ammonium	1930-1931	500 000	274 000	80 000	354 000	24 000	378 000
	1931-1932	590 000	279 000	80 000	359 000	0	359 000
	1932-1933	600 000	275 000	80 000	355 000	0	355 000
	1933-1934	565 000	265 000	75 000	340 000	0	340 000
	1934-1935	515 000	276 000	69 000	345 000	0	345 000
Nitrate de sodium	1930-1931	2 000	2 000	0	2 000	355 500	357 500
	1931-1932	6 000	4 400	600	5 000	351 000	356 000
	1932-1933	30 000	13 000	6 800	19 800	250 200	270 000
	1933-1934	100 000	46 500	33 300	79 800	170 200	250 000
	1934-1935	165 000	75 000	55 000	130 000	100 000	230 000
Nitrate de calcium	1930-1931	40 000	39 000	0	39 000	27 800	66 800
	1931-1932	90 000	84 400	0	84 400	16 200	100 600
	1932-1933	110 000	97 200	0	97 200	8 800	106 000
	1933-1934	135 000	114 000	0	114 000	0	114 000
	1934-1935	175 000	126 000	4 000	130 000	0	130 000

Unité : tonne

Source : E. Roux & J.-A. Douffiagues, *La Politique française de l'azote*, extrait des *Annales des Mines*, avril 1935, p. 14.

V. Synthèse

Les réflexions que nous venons de livrer dans le présent chapitre montrent bien que le développement rapide de l'industrie française de l'azote entre les deux guerres fut indéniable en termes de volume, mais il n'apporta jamais les résultats escomptés en termes de bénéfices aux entreprises qui s'étaient pourtant impliquées activement pour exploiter la synthèse de l'ammonium. Trois explications peuvent être avancées. Tout d'abord, l'industrie de l'ammonium synthétique devint réellement opérationnelle au moment où débuta une grave et longue crise agricole. De ce fait, la consommation d'engrais azotés atteignit son apogée en 1929, pour décliner ou stagner dans les années suivantes. Deuxièmement, l'arrivée sur ce marché de l'Office national industriel de l'azote et de ses installations de grande envergure qui faisaient sa fierté n'eut pas simplement pour conséquence de créer une situation de surproduction nationale, mais également d'obliger les entreprises privées à faire fonctionner leurs usines à des régimes extrêmement bas, en raison d'une politique gouvernementale qui avantageait nettement l'Office. Enfin, les fabricants de sulfates d'ammonium, sous prétexte que la sécurité nationale n'était pas directement en cause, furent sacrifiés sur l'autel des très fortes pressions exercées par le monde agricole pour faire baisser les prix des engrais.

L'Office national industriel de l'azote entra en concurrence directe avec des entreprises privées françaises présentes sur la même branche d'activités. On retrouvera une situation similaire dans l'industrie automobile française après la Seconde Guerre mondiale où constructeurs privés et entreprise publique furent en compétition. Cette politique fut-elle bénéfique pour l'azote ? Pour les agriculteurs, il est indubitable que la création de l'Office fut une bénédiction puisque cela leur garantissait une offre stable et à bas prix d'engrais azotés. D'ailleurs, nombreux sont ceux qui, à l'époque, justifièrent et évaluèrent en ces termes positifs la raison d'être de l'Office national industriel de l'azote[56]. D'autre part, cet organisme public assurait au gouvernement une source d'approvisionnement régulière et sûre en acide nitrique, produit stratégique de défense nationale, tout en lui offrant la possibilité d'intervenir dans l'industrie chimique, et plus particulièrement dans celle de l'azote, dont l'importance était capitale à l'époque. Mais les entreprises chimiques privées durent pour cela payer un lourd tribut. Dans le chapitre suivant, nous nous efforcerons d'analyser les relations entre l'État et l'industrie dans un autre secteur chimique primordial qui vit l'ingérence du gouvernement croître avec la Première Guerre mondiale, à savoir celui des colorants.

---

[56] Les économistes Ed. Bernard, E. Roux ou J.-A. Douffiagues, dont les écrits sont cités dans le présent ouvrage, font par exemple partie de ceux qui soulignent le rôle de l'Office national industriel de l'azote sous cet angle.

CHAPITRE XI

Les relations entre l'État et l'industrie des colorants dans l'entre-deux-guerres

Réflexions autour de la création de la Compagnie de matières colorantes et de produits chimiques

I. Introduction

Comme nous avons eu l'occasion de le souligner à plusieurs reprises, l'industrie allemande des colorants à base de goudron de houille éclipsait toutes ses concurrentes à la veille de la Première Guerre mondiale. Ce poids écrasant de l'Allemagne est clairement exprimé dans le tableau 11-1 : elle était responsable d'environ 69 % de la production mondiale de colorants, affirmant ainsi une suprématie incontestée. Or ce pourcentage n'inclut pas les chiffres des entreprises allemandes implantées dans d'autres pays occidentaux, alors que l'on sait qu'elles menaient une politique d'internationalisation très active, ni ceux des productions locales qui n'auraient pas eu droit de cité sans l'approvisionnement par l'Allemagne de produits intermédiaires indispensables à leur fabrication. Ainsi, si l'on tient compte de toutes ces données, l'industrie outre-Rhin détenait en fait en 1913 près de 90 % du marché mondial. On imagine bien que, dans ce contexte, le déclenchement des hostilités allait frapper de plein fouet les utilisateurs de colorants, à savoir essentiellement l'industrie textile. Pour faire face à la pénurie prévisible de colorants et de produits pharmaceutiques de synthèse qu'entraînait la déclaration de guerre, les pays alliés prirent chacun de leur côté des mesures pour soutenir ces deux industries. Même le Japon promulgua en 1915 une législation favorisant son industrie des colorants et des médicaments, mesure qui devait devenir le premier pas de ce pays vers son autosuffisance en matière de colorants. Avec une production en colorants à base de goudron de houille pratiquement inexistante en 1913, on trouve là l'origine de l'industrie nipponne des colorants synthétiques[1].

---

[1] Les documents du ministère du Commerce aux Archives nationales (F^{12}) contiennent un rapport, réalisé par le Ministère, sur l'évolution de l'industrie des colorants en

La situation était cependant très différente en France et au Royaume-Uni qui possédaient déjà une industrie des colorants, même si l'Allemagne et la Suisse étaient largement prépondérantes sur ce marché. Read Holliday & Sons Ltd. et Levinstein Ltd. en Angleterre et la S.A. des matières colorantes et produits chimiques de Saint-Denis (ci-après S.A. Saint-Denis) en France bénéficiaient d'une bonne réputation. Elles étaient donc en mesure de fournir le point de départ d'une éventuelle reconstruction de l'industrie des colorants, à condition de disposer d'un soutien de l'État. Et de fait, à l'initiative de Walter Runciman, ministre britannique du Commerce, une filiale de Read Holliday & Sons Ltd. fut créée en 1915 grâce à un important apport de capitaux du gouvernement : la British Dyes Corporation Ltd. (Société britannique de matières colorantes). Si cette affiliation à Read Holliday & Sons Ltd. entraîna au début des dissensions avec Levinstein Ltd., leur association à partir de 1919 permit de consolider les bases d'une industrie des colorants déjà sur la voie du redressement[2]. Ce soudain interventionnisme du gouvernement dans l'industrie est un fait exceptionnel dans un pays comme le Royaume-Uni qui traditionnellement s'est toujours fait le chantre d'un libéralisme strict. Notons cependant que l'industrie des

---

Angleterre, au Japon, en Italie, en Allemagne, aux États-Unis et en Russie pendant la Grande Guerre. Pour ce qui est du Japon, l'attaché commercial français avait envoyé à cet effet les statuts de la nouvelle Nihon Senryô-sha, créée pendant la guerre, de même qu'un rapport sur les possibles modes de coopération avec cette entreprise. On y souligne notamment le rôle actif que pourrait jouer Katsutarô Inabata. A.N., F[12] 7708, Rapports de Monsieur Knight, attaché commercial pour l'Extrême-Orient. Sur l'état de l'industrie japonaise des colorants dans l'entre-deux-guerres, cf. également les travaux suivants : Y. Yamashita, « Création d'une industrie japonaise des colorants : la Société anonyme japonaise des colorants et Katsutarô Inabata, quelques réflexions du point de vue de l'histoire des entreprises* », *Shôgaku Ronsan [Réflexions commerciales]*, Université Chûô, vol. 3, n° 3, vol. 4, n° 1, vol. 5, n° 5 & 6, 1963-1964 ; M. Shimodani, *Réflexions historiques sur l'industrie chimique japonaise : étude sur la diversification des entreprises chimiques avant la guerre*, Tokyo, Ochanomizu Shobô, 1982, ch. 3 ; Y. Taniguchi, « Création d'une industrie japonaise de colorants synthétiques pendant la Première Guerre mondiale* », *Shakai Keizai Shigaku*, vol. 48, n° 6, 1983, p. 22-50 ; T. Suzuki, « Création et fusion de Miike Chisso [Azote de Miike] et Tôyô Kôatsu [Hautes tensions d'Extrême-Orient]* », *Keiei-shigaku*, vol. 20, n° 4, 1986, p. 1-28 ; H. Miyajima, « Politique industrielle et industrie chimique lourde dans les années 1920 : le cas des colorants* », in *Nenpô Kindai Nihon Kenkyû [Annuaire d'études sur le Japon moderne]*, Tokyo, Éditions Yamakawa, 1991, p. 79-111.

2 W.J. Reader, *Imperial Chemical Industries, A History*, vol. 1, Londres, 1970, p. 258-281. Sur la British Dyes Corporation Ltd. et l'industrie britannique des colorants entre la fin du XIXe siècle et le début du XXe siècle, cf. les articles suivants : S. Yonekawa, « Création et problématique de la British Dyes Corporation Ltd.* », *Hitotsubashi Ronsô [Débats à Hitotsubashi]*, Université Hitotsubashi, vol. 64, n° 3, septembre 1970, p. 23-45 ; T. Nishizawa, art. cit.

teintures, pourtant la première concernée, n'a pas été la plus prompte à soutenir le projet de création de la British Dyes Corporation Ltd. La principale crainte de l'industrie était de voir arriver aux commandes de l'entreprise des gens qui ne soient pas des chimistes[3]. Le *Times* se fit le porte-parole des revendications des teinturiers dans un article critique de 1916. S'ils acceptèrent finalement d'investir dans la British Dyes Corporation Ltd., c'est dans l'espoir de voir jouer la concurrence avec l'apparition sur le marché britannique d'une telle entreprise, et donc de faire baisser les prix des colorants après la guerre, jusque-là entièrement contrôlés par l'Allemagne. Ils espéraient *in fine* faire des économies telles sur l'achat des matières premières qu'elles permettraient de dégager des bénéfices suffisants pour récupérer leur mise de fonds[4]. Mais la British Dyes Corporation Ltd. n'aurait probablement pas vu le jour sans le coup de pouce décisif du gouvernement, dont la détermination à redresser le secteur des colorants ne faisait aucun doute.

L'attitude du gouvernement français vis-à-vis de l'industrie des colorants changea également de façon radicale avec le déclenchement de la Première Guerre mondiale. En 1910, au moment de réajuster les droits de douane, considérant qu'elle n'avait aucune chance d'être compétitive par rapport à son homologue allemande, l'État avait enterré tout projet de redresser ce secteur industriel[5]. Mais avec la guerre, il ne pouvait pas faire la sourde oreille aux requêtes répétées de l'industrie textile qui se retrouvait dans une situation intenable du fait de l'interdiction d'importer colorants et grands intermédiaires d'outre-Rhin. Une autre raison importante explique que l'État s'engagea clairement en faveur de l'industrie des colorants. Tout comme l'azote que nous avons étudié dans le chapitre précédent, les colorants représentaient un secteur étroitement lié avec des intérêts de défense nationale : non seulement la matière première était la même que celle dont on se servait pour la fabrication d'explosifs, mais les produits chimiques, les intermédiaires, voire les machines, utilisés dans les deux processus de fabrication, avaient de nombreux points communs, si bien qu'il était envisageable d'intervertir les chimistes et les ingénieurs d'une chaîne de production à l'autre, étant donné la similitude du travail à effectuer[6]. En d'autres

---

[3] Archives Banque Paribas, 474 dossiers 8, Chimie : Syndicat national, Note technique sur British Dyes Ltd.

[4] *Ibid.*

[5] A.N., F[12] 7711, Rapport de la Commission des mesures douanières de l'Office des produits chimiques et pharmaceutiques.

[6] A.N., F[12] 7708, Projet de loi tendant à la ratification du contrat conclu le 11 septembre 1916 entre le ministre de la Guerre et le Syndicat national des matières colorantes, p. 7-9.

termes, il était très facile de reconvertir les ingénieurs de l'industrie des colorants vers les poudreries en temps de guerre. Dans les faits, la S.A. Saint-Denis, la plus grosse entreprise française de colorants à l'époque, prit l'initiative, dès le déclenchement des hostilités, d'approvisionner en grands intermédiaires, notamment en aniline, les usines d'explosifs[7]. On comprend donc mieux pourquoi les gouvernements s'impliquèrent tout à coup si activement dans le redressement de l'industrie des colorants, qui représentait pour eux un enjeu stratégique. Pourtant, l'ingérence de l'État français ne fut ni aussi rapide ni aussi efficace qu'en Angleterre, et les résultats ne furent pas à la hauteur des espérances. Nous nous proposons d'analyser dans le présent chapitre les relations entre l'État et l'industrie française des colorants entre le début de la Première Guerre mondiale et la période de l'entre-deux-guerres, en essayant de comprendre les raisons de cet échec.

Tableau 11-1. Production de colorants à base de goudron de houille à la veille de la Première Guerre mondiale

Pays	Exercice fiscal 1896	Exercice fiscal 1912
Allemagne	90 000	341 000
Suisse	16 000	32 000
Royaume-Uni	9 000	30 000
France	8 500	25 000
États-Unis	non connu	18 750
Autres pays	non connu	50 000
Total	–	496 950

Unité : millier de tonnes

Tableau établi à partir des sources suivantes : A.N., F^{12} 7708, Projet de loi tendant à la ratification du contrat conclu le 11 septembre 1916 entre le ministre de la Guerre et le Syndicat des matières colorantes, présenté au nom de M. Raymond Poincaré, p. 10. Les données originales proviennent de : *Journal of Industrial Chemistry*, décembre 1914.

II. L'industrie française des colorants pendant la Première Guerre mondiale (1) : la création de la Compagnie nationale de matières colorantes et de produits chimiques

Il va de soi que tous les produits stratégiques furent progressivement placés sous le contrôle de l'État français avec le déclenchement de la guerre. Dans le cas de l'industrie chimique dont nombre de productions étaient directement livrées à l'armée, le décret du 17 octobre 1914 stipulait que toutes les entreprises chimiques seraient désormais contrô-

---

[7] A.N., F^{12} 7707, Lettre du Directeur de l'Office des produits chimiques et pharmaceutiques à M. le Ministre de la Guerre, 28 novembre 1914.

lées par l'Office des produits chimiques et pharmaceutiques, lui-même placé sous la tutelle du ministère du Commerce. Le professeur Auguste Béhal, de la faculté de pharmacie de Paris, fut nommé directeur de cette nouvelle institution. L'article 2 du décret fixe la mission de l'Office : « de constater les quantités existantes de produits chimiques et pharmaceutiques, d'évaluer leur production actuelle et d'assurer les approvisionnements et leur répartition », à laquelle s'ajoutait un deuxième rôle, celui « de développer en France une production plus intense de ces mêmes produits et d'encourager la fabrication des produits nouveaux »[8]. Or dans le cadre de cette deuxième mission, la reconstruction du secteur industriel des colorants de synthèse était présentée comme une urgence. Dès lors, Auguste Béhal multiplia les concertations avec Henri Blazeix, directeur du Service technique du ministère du Commerce, qui aboutit à la remise d'un rapport en décembre 1915 par ledit service au ministre Clémentel, recommandant une nouvelle organisation[9]. Afin d'être en mesure d'être compétitif face à la concurrence allemande au lendemain de la guerre, il convenait de construire un site de grande envergure capable de traiter de façon cohérente et globale l'ensemble de la chaîne de production (matières premières, intermédiaires, produits finis), de préférence à proximité des mines de Lens (Pas-de-Calais). Pour y parvenir, il serait souhaitable de fonder une puissante entité regroupant l'ensemble des parties ayant un intérêt dans l'industrie des colorants. À la lecture de ce rapport, Clémentel prit immédiatement les mesures qui s'imposaient pour faire aboutir ce projet de création d'entreprise.

Tout d'abord, la banque Paribas fut invitée à soutenir financièrement la future société. Elle demanda dès janvier 1916 au professeur Émile Fleurent, du Conservatoire national des arts et métiers, d'effectuer une étude sur la validité du projet du ministère du Commerce. Dans une note du 2 février, Fleurent apporta son soutien à la proposition du ministère, mais aux trois conditions suivantes : (1) attirer les meilleurs ingénieurs dans la société ; (2) obtenir l'appui du gouvernement pour réviser les droits de douane ; (3) obtenir l'autorisation d'utiliser les usines allemandes réquisitionnées, notamment celle de la Société des colorants de Paris, filiale de Hoechst, à Creil[10]. Il est difficile de savoir si c'est ce rapport de Fleurent qui fit pencher la balance, mais toujours est-il que

---

[8] A.N., F^{12} 7707, Décret sur la création de l'Office des produits chimiques et pharmaceutiques, à Bordeaux, 17 octobre 1914.

[9] A.N., F^{12} 7708, Service technique du ministère du Commerce, Rôle du Service technique dans les matières colorantes, 7 février 1917, p. 2 ; Office des produits chimiques et pharmaceutiques, *Rapport sur la reconstruction de l'industrie des matières colorantes en France*, s. d.

[10] Archives Banque Paribas, 598 n° 22, Note du professeur M. E. Fleurent sur le projet de création en France d'une industrie des matières colorantes, 2 février 1916.

Paribas s'engagea à soutenir activement le projet du ministère du Commerce. Quant aux premiers contacts officiels avec les industriels, ils remontent à février 1916. Sur ordre du ministre Clémentel, le secrétaire d'État Denys Cochin rencontra entre février et mars tous les industriels concernés aux quatre coins de la France pour demander leur collaboration. Clémentel alla même jusqu'à recevoir dans son bureau à Paris les représentants des industriels de la région lyonnaise – à l'époque la région la plus importante en termes de consommation de colorants, mais également un grand centre de l'industrie chimique en France – pour solliciter leur coopération. De son côté, Albert Thomas, sous-secrétaire d'État à l'Artillerie et aux Munitions au ministère de l'Armement, informa Clémentel que la poudrerie d'Oissel, construite par l'armée à proximité de Rouen, pouvait être mise à la disposition de la future entreprise[11].

Les préparatifs pour mener à bien le projet Clémentel de reconstruction de l'industrie française des colorants suivaient donc leur cours de manière apparemment satisfaisante. Denys Cochin parvint à s'assurer la collaboration d'un grand nombre d'industriels, qui très vite s'organisèrent en un Syndicat national des matières colorantes. Malheureusement, les entreprises dont la présence aurait été la plus indispensable pour réaliser le projet Clémentel ne vinrent pas se joindre à eux. Ni Saint-Gobain, n° 1 français de la chimie, ni la Société chimique des usines du Rhône (SCUR), l'entreprise en France la plus en pointe dans le secteur de la chimie organique, ni la S.A. Saint-Denis, seule firme française capable de fabriquer des colorants à partir d'intermédiaires, ne répondirent à l'appel.

Les Usines du Rhône déclarèrent « qu'ils estimaient complètement inutile de constituer une Société nouvelle et que les capitaux possédés par les Groupes lyonnais étaient suffisants pour permettre tout le développement désirable. » De son côté, le président de la S.A. Saint-Denis, A. Poirrier, souligna que son entreprise était capable de diversifier sa production et d'en augmenter les volumes par elle-même, puisqu'elle disposait d'importantes réserves financières[12]. En fait, il n'y a rien d'étonnant à ce que de puissantes entreprises aient été réticentes à participer à un projet concurrent qui, de plus, entraverait leur liberté en les mettant sous l'autorité du gouvernement. Même si la SCUR s'était retirée du secteur des colorants après l'échec de la fabrication de l'indigo synthétique, elle n'était pas prête à accueillir à bras ouverts la création d'une grande société nationale qui allait s'installer sur la même branche d'activités qu'elle, à savoir la chimie organique. Et de fait,

---

[11] A.N., F^{12} 7708, Service Technique, doc. cit., p. 2.
[12] *Ibid.*, p. 3.

lorsque le gouvernement la relança en juillet, la SCUR répondit par une fin de non-recevoir, arguant qu'elle ne pouvait apporter son soutien à une société qui deviendrait de toute évidence sa propre concurrente[13]. La S.A. Saint-Denis, quant à elle, mit en avant le fait qu'elle désirait investir des sommes importantes dans d'autres projets et qu'elle ne disposait donc pas de suffisamment de capitaux pour s'engager dans la nouvelle société, que, par ailleurs, elle avait pour politique de ne pas investir à moins de 50 % dans quelque entreprise que ce soit[14]. Mais ces raisons invoquées n'étaient que des prétextes. Son refus est très probablement à mettre sur le compte de l'antagonisme qui existait avec les Établissements Kuhlmann, dont l'extraordinaire développement pendant la guerre était en grande partie dû au soutien de l'État. La conséquence fut que Kuhlmann devint le promoteur du projet Clémentel, à la place des trois grandes firmes ci-dessus mentionnées.

Les Établissements Kuhlmann, qui n'étaient rien de plus qu'une petite entreprise de province du nord de la France avant la guerre, se transformèrent spectaculairement pendant la Première Guerre mondiale, ainsi que nous l'avons déjà expliqué dans le chapitre X. Leur site de production fut complètement détruit avec l'invasion allemande au tout début de la guerre, et c'est paradoxalement ce qui permit à l'entreprise de connaître un nouvel essor. En effet, elle décida alors de s'engager corps et âme dans la production de guerre. Avec l'aide de l'État, elle commença par construire une impressionnante usine d'acide sulfurique dans le sud de la France, à Port-de-Bouc, puis, très rapidement, ouvrit des sites de production un peu partout en France[15]. Il n'y a rien d'étonnant à ce que Saint-Gobain aussi, qui, avant la guerre, bénéficiait d'une supériorité écrasante sur le marché de la chimie minérale et se voyait octroyer des quotas prépondérants dans les cartels concernant les principaux produits, ait été agacé par l'expansion spectaculaire de Kuhlmann. Pendant tout le temps que durèrent les hostilités, Saint-Gobain ne se défit jamais de son attitude très prudente vis-à-vis des productions de guerre, affichant une position diamétralement opposée à celle de Kuhlmann. Étienne Clémentel ou Albert Thomas en conclurent que Saint-Gobain ne voulait pas apporter son concours à des projets gouvernementaux. Pour reconstruire l'industrie des colorants, si

---

[13] Archives Rhône-Poulenc, P.-V. du Conseil d'administration de la Société chimique des usines du Rhône, séance du 27 juillet 1916.

[14] A.N., F[12] 7708, Note du Service Technique sur le Syndicat national des matières colorantes, n° 3 & 4.

[15] Établissements Kuhlmann, *op. cit.*, p. 21-23 ; J.-E. Léger, *op. cit.*, p. 50-53. Pendant la guerre, Kuhlmann acquit ou fit construire 9 usines et 1 laboratoire de recherche. D'autre part, il investit dans la société Lambert-Rivière spécialisée dans le commerce de produits chimiques.

Clémentel requit d'abord la collaboration de Kuhlmann, c'est probablement aussi parce qu'il existait au préalable des relations étroites et des intérêts mutuels bien compris entre eux, via la production de guerre.

Voilà donc comment le projet du ministère du Commerce pour redresser le secteur des colorants se poursuivit avec le soutien d'un groupe d'industriels formé autour des Établissements Kuhlmann. Le Syndicat national des matières colorantes (SNMC) vit le jour le 1er mai 1916 avec un capital de 500 000 francs : il regroupait d'une part l'industrie sidérurgique et les mines de charbon, en tant que principaux fournisseurs de la matière première, la houille, et d'autre part, les teinturiers et les industriels du textile, en tant que consommateurs de colorants. Mais l'industrie chimique, principale concernée, n'était pas présente, à l'exception de quelques entreprises de la nébuleuse Kuhlmann, si bien que, dans la réalité, le syndicat était dirigé par Kuhlmann. Il convient cependant d'ajouter que le projet Clémentel entrait au départ dans un cadre plus vaste, celui d'une coopération économique entre les Alliés, et notamment d'un axe franco-britannique. D'ailleurs, du 3 au 10 juin 1916, soit quelques jours avant la Conférence économique des pays alliés[16], organisée à Paris du 14 au 17 juin à l'initiative de Clémentel, une délégation de la Commission des matières colorantes s'était rendue en Angleterre pour discuter avec les industriels britanniques des colorants des modalités de coopération envisageables pour redresser ce secteur dans les deux pays.

La Commission des matières colorantes, établie par l'arrêté ministériel du 23 mai 1916, avait pour but de réfléchir à des formes de coopération entre pays alliés – France, Angleterre, Belgique, Italie, Russie, etc. – pour la fabrication de colorants. Lors de la réunion préparatoire à l'établissement de cette commission le 30 avril, à laquelle assistaient Clémentel, Denys Cochin, Blazeix, Béhal, des hauts fonctionnaires du service des Poudres et Donat Agache-Kuhlmann[17], représentant les Établissements Kuhlmann, le ministre du Commerce annonça son projet international pour l'industrie des colorants, en le plaçant dans le cadre de la Conférence économique des pays alliés. Le compte rendu de la

---

[16]   Le projet de coopération économique entre les Alliés n'aboutit finalement pas. Cf. G.-H. Soutou, *L'Or et le sang. Les buts de guerre économiques de la Première Guerre mondiale*, Paris, 1989, chap. 7 ; E. Bussière, *La France, la Belgique et l'organisation économique de l'Europe, 1918-1935*, Paris, 1992, chap. 1 ; I. Hirota, « Le Projet d'intégration économique européenne de la France pendant la guerre* », in E. Akimoto, I. Hirota & T. Fujii (eds.), *Marché et régionalisme : une approche historique**, Tokyo, Nihon Keizai Hyôron-sha, 1993, p. 261-292.

[17]   M. Donat Agache-Kuhlmann sera nommé M. Donat Agache dans la suite de l'ouvrage.

réunion[18] retrace les grandes lignes du projet : établir une « société interalliée » de grande envergure capable de fabriquer matières premières et grands intermédiaires, conclure une union douanière permettant de contrer les entreprises allemandes, et créer, dans la mesure du possible, une zone de libre-échange pour les pays membres de cette union. Les Établissements Kuhlmann, par la voix d'Agache, émirent de fortes réserves sur cette proposition ministérielle, mais face à l'enthousiasme de Clémentel qui balaya d'un revers de la main tous les arguments – « Ce sera une alliance internationale comme il n'en a jamais existé auparavant » –, Agache renonça à s'opposer au projet. Cependant, au moment de négocier avec le Royaume-Uni, la France fut obligée de céder sur un certain nombre de points. Alors qu'elle mettait en avant sa vision d'une alliance globale, avec comme condition première la création d'une union douanière, l'Angleterre ne voulut pas entendre parler d'autre chose que d'une coopération qui se limiterait à la simple fabrication d'intermédiaires. Au bout du compte, ce furent les Britanniques qui l'emportèrent puisqu'il fut décidé de créer une filiale conjointe qui produirait des intermédiaires[19]. Ainsi, la grande vision d'une coopération franco-britannique pour tout le secteur des colorants resta lettre morte, tout comme le projet de Conférence économique des pays alliés.

La conséquence fut que le Syndicat national des matières colorantes, créé à l'initiative du ministère du Commerce, avec le fort soutien du ministère de l'Armement et d'un grand groupe financier, poursuivit ses efforts pour établir une société nationale de colorants sur le modèle de la British Dyes Corporation Ltd. Le 11 septembre, un accord officiel fut passé entre le ministère de l'Armement et le SNMC explicitant les modalités d'utilisation de la poudrerie qu'Albert Thomas avait proposé de mettre à la disposition de l'industrie des colorants. Le contrat stipulait le prêt sans compensation financière de la poudrerie d'Oissel, ainsi que d'autres usines d'explosifs que construirait le service des Poudres pendant la guerre. Les principales dispositions étaient les suivantes : (1) la durée du contrat fut fixée à dix-huit ans, renouvelable si un accord pouvait être atteint entre toutes les parties prenantes au moins trois ans avant le terme ; (2) l'intégralité des frais d'entretien et de gestion des bâtiments et du matériel serait entièrement à la charge de la société de colorants, les autres frais étant partagés équitablement par moitié entre l'État et la société, avec cependant un plafond de 100 000 FF pour la part de la société ; (3) l'État se réservait le droit de disposer d'un quart

---

[18] A.N., F[12] 7708, P.-V. de la première séance de la Commission des matières colorantes, 30 avril 1916.

[19] A.N., F[12] 7708, Compte rendu des travaux de la Commission des matières colorantes.

des bénéfices dégagés après versement des dividendes de 5 % aux actionnaires[20]. Avec de telles dispositions, la future société bénéficiait de conditions exceptionnelles. De plus, le 10 octobre, le SNMC signa un accord financier avec Paribas : sur les 80 000 actions qu'émettrait la société, le SNMC en recevrait 20 000. Les 60 000 actions restantes seraient gérées par un syndicat financier formé autour de Paribas[21]. Toutes les conditions étaient donc réunies pour lancer la nouvelle entreprise. En novembre, alors qu'avaient déjà commencé, au sein du SNMC, les souscriptions aux actions de la future compagnie nationale, le gouvernement dut soumettre une demande de modification de l'article 12 des statuts, ce qui mettait en lumière le difficile exercice de l'intervention de l'État. Quoi qu'il en soit, la Compagnie nationale de matières colorantes et de produits chimiques (ci-après abrégée en « Compagnie nationale ») fut officiellement fondée le 17 janvier 1917 avec un capital de 40 millions de francs. Le tableau 11-2 récapitule les principaux actionnaires de la Compagnie nationale tels qu'ils apparaissent dans diverses archives de la banque Paribas[22]. La liste aligne les noms d'entrepreneurs et de firmes réputés des secteurs de la sidérurgie et des charbonnages, mais on ne trouve aucun actionnaire important, en dehors des établissements Kuhlmann, issu de l'industrie chimique, pourtant la première concernée par ce projet. Cette réalité augurait de l'avenir semé d'embûches qui attendait la Compagnie nationale. Dans la section suivante, nous nous proposons d'analyser le lancement difficile de la nouvelle entreprise, face à une S.A. Saint-Denis ouvertement opposée à son développement.

**Tableau 11-2. Principaux actionnaires (détenteurs de plus de 200 actions*)
de la Compagnie nationale de matières colorantes et de produits chimiques
au moment de sa fondation**

Actionnaire	Nombre d'actions	Secteur industriel (profession)
Compagnie des mines de Vicoigne et de Nœux	1 010	charbonnage
Compagnie des forges et aciéries de la Marine et d'Homécourt	1 000	sidérurgie
Société norvégienne de l'azote et de forces hydro-électriques	1 000	chimie

---

[20]   Archives Banque Paribas, 474 dossiers 8, Contrat entre le ministre de la Guerre et le Syndicat national des matières colorantes, 11 septembre 1916.

[21]   A.N., F[12] 7708, Compte rendu de la réunion du 18 novembre 1916 qui concerne la constitution de la Compagnie nationale de matières colorantes et de produits chimiques.

[22]   Archives Banque Paribas, 474 dossiers 8, Contrat entre la Banque Paribas et le Syndicat national des matières colorantes, 10 octobre 1916 ; P.-V. du Conseil d'administration de la Banque Paribas, séance du 10 octobre 1916.

Schneider et Compagnie	900	sidérurgie, mécanique
F. Émile Mouton	600	dirigeant d'aciéries
Établissements Kuhlmann	500	chimie
Société des mines de Lens	500	charbonnage
Blanchisserie et teinturerie de Thaon	500	détergents, teintures
Société Établissements Antoine Chiris et Jeancard Fils réunis	500	chimie
Deutsch de la Meurthe	500	pétrole
Groupe Maison Saint Frères	418	industriel
Aciéries et forges de Firminy	400	sidérurgie
H. Bertrand	300	soie
S.A. des hauts fourneaux et fonderies de Pont-à-Mousson	200	sidérurgie
S.A. des Houillères de Saint-Etienne	200	charbonnage
Société de chauffage, d'éclairage et de force motrice	200	gaz
Gillet et Fils	200	teintures
Giron Frères	200	fabricants de rubans
Compagnie générale de construction de fours	200	mécanique
Compagnie générale pour la fabrication des compteurs et matériel d'usines à gaz	200	mécanique
Schwob Frères	200	industriels
S.A. des blanchiments, teintures et impressions de Villefranche	200	teintures, impression textile
S.A. des Établissements Balsan	200	industrie lainière
S.A. des aciéries de Micheville	200	sidérurgie

* Nombreux furent les cas de souscriptions d'actions au nom du président ou d'autres administrateurs. Nous avons choisi ici de les classer en totalisant le nombre d'actions achetées par les représentants d'une même entreprise. Par exemple, dans le cas des Établissements Kuhlmann, 400 actions furent souscrites au nom de la société et 100 au nom de Donat Agache, à l'époque Président de Kuhlmann.

Source : le tableau a été réalisé à partir des nombreux documents des Archives Banque Paribas, 474 dossiers 6 & 8, notamment les innombrables courriers des souscripteurs. Des annulations ou des réductions du montant des souscriptions initialement envisagé furent enregistrées après la modification des statuts en novembre 1916, mais les chiffres indiqués dans le tableau ci-dessus prennent en considération ces changements.

III. L'industrie française des colorants pendant la Première Guerre mondiale (2) : les débuts de la Compagnie nationale de matières colorantes et de produits chimiques

L'autonomie de la Compagnie nationale de matières colorantes et de produits chimiques, fondée comme une entreprise stratégique, était garantie dans le préambule de ses statuts[23]. Cependant l'article 2 qui

---

[23] A.N., 65 AQ P91, Statuts de la Compagnie nationale de matières colorantes et de produits chimiques.

définit les objectifs de l'entreprise stipulait qu'elle était chargée d'une mission d'intérêt national, à savoir faire en sorte que la fabrication et la vente de colorants et d'intermédiaires reviennent entre les mains des Français, alors que le marché était dominé avant la guerre par les firmes allemandes. D'autre part, il était clairement mentionné comme autre objectif l'application du contrat signé entre le SNMC et le ministère de l'Armement concernant l'utilisation des poudreries. L'article 12, modifié à l'initiative du gouvernement, stipulait aussi que toutes les actions devaient être nominatives, afin d'éviter que certaines soient détenues par des intérêts allemands. Enfin, l'article 19 interdisait de nommer aux postes d'administrateurs des personnes n'ayant pas la nationalité française. Toutes ces mesures expliquent le nom choisi pour la raison sociale, « Compagnie nationale de matières colorantes et de produits chimiques ».

L'article 6 des statuts détaillait aussi les dispositions du contrat avec le ministère de l'Armement : on comprend donc que le principal atout de la Compagnie nationale était ce contrat, dont elle devenait le bénéficiaire à la place du SNMC. En fait, la création même de la Compagnie nationale était conditionnée à la cession des droits du SNMC concernant l'utilisation des usines d'explosifs de l'armée. Malheureusement, ce contrat fit l'objet de vives critiques un peu partout en France. En mars 1917 par exemple, lors d'une séance au Sénat[24], le problème suivant fut soulevé : Albert Thomas, promoteur du contrat en question, avait intentionnellement limité la durée du contrat à dix-huit ans, période pour laquelle l'approbation du Parlement n'était pas nécessaire. Mais la durée de vie de la Compagnie nationale était fixée, à l'article 4 de ses statuts, à une période beaucoup plus longue, en l'occurrence 99 ans. Dans ce cas, n'aurait-il pas été approprié d'obtenir l'approbation du Parlement avant de transférer les droits d'utilisation des usines à la Compagnie nationale ? Par ailleurs, quand on regarde de près les différents articles du contrat, on constate que des privilèges démesurés étaient accordés à la nouvelle entreprise : était-il bien équitable de céder, à titre exclusif, des usines et des installations d'État à une seule entreprise privée ? De son côté, Poirrier, président du conseil d'administration de la S.A. Saint-Denis, envoya également des courriers de protestation au ministre Clémentel et au Président du Conseil à ce sujet. Or Poirrier n'était pas seulement un poids lourd de l'industrie chimique française, il était également sénateur, et l'on ne pouvait négliger son influence politique.

---

[24]   A.N., F^{12} 7708, documents parlementaires Sénat, 25 avril 1917.

Nous nous permettons de citer ici dans son intégralité la lettre du 2 juin 1916 que Poirrier adressa au ministre du Commerce[25] :

[En tête : Société Anonyme des Matières Colorantes de Saint-Denis]

Paris, le 2 juin 1916

Monsieur le Ministre,

J'ai lu ce matin dans plusieurs journaux une note – vraisemblablement communiquée par votre Ministère – concernant l'industrie des matières colorantes en France.

Aux termes de cette note, vous auriez chargé une Commission, dont plusieurs Membres sont nominativement désignés et siégeraient sous votre Présidence, de s'occuper de la « mise au point pratique » d'une industrie de matières colorantes dans notre pays.

Ladite Commission se rendrait prochainement en Angleterre afin d'y conférer avec les « autorités britanniques » et les industriels anglais intéressés.

Les rédacteurs de la note publiée dans la presse paraissent ignorer qu'il existe en France plusieurs fabriques de matières colorantes, entre autres les Établissements de la Société des Matières Colorantes et Produits Chimiques de Saint-Denis, dont j'ai l'honneur d'être le Président ; que ces Établissements fonctionnent depuis la création de l'industrie des matières colorantes artificielles, que plusieurs découvertes intéressantes y ont été exploitées ; que ladite Société vient de porter son capital à un chiffre de près de 10 millions ; que si elle disposait des matières premières et de la main-d'œuvre nécessaires elle serait en mesure de pourvoir aux besoins les plus urgents de la consommation française.

À côté des Usines de cette Société, veut-on créer une industrie d'État des matières colorantes ? Veut-on assurer à cette industrie, grâce à l'appui moral des Pouvoirs publics et à l'appui financier du Trésor, une situation privilégiée qui rendrait impossible toute concurrence de l'industrie privée ?

A-t-on envisagé la responsabilité morale qui résulterait pour l'État de son intervention, vis-à-vis des actionnaires ayant souscrit le capital de cette industrie ?

Il semble qu'avant de chercher à détruire ce qui existe, il serait bon de s'assurer que ce que l'on veut créer possédera tous les éléments indispensables de fonctionnement : les capitaux peuvent toujours se trouver en faisant une réclame appropriée ; il n'en est pas de même des compétences.

---

[25] A.N., F[12] 7708, Lettre de A. Poirrier, Sénateur et Président du Conseil d'administration de la S.A. des matières colorantes et produits chimiques de Saint-Denis, au Ministre du Commerce, 2 juin 1916.

Je serais d'ailleurs très désireux, Monsieur le Ministre, d'avoir un entretien avec vous a ce sujet et je vous demande de bien vouloir me fixer une audience le plus tôt qu'il vous sera possible.

Veuillez agréer, Monsieur le Ministre, l'expression de mes sentiments de haute considération.

[Signature : A. Poirrier

Sénateur]

Président du Conseil d'Administration.

Le ton de la lettre est clairement accusateur, mais les revendications de Poirrier étaient loin d'être sans fondements. Tout d'abord, personne ne pouvait nier l'importance de la S.A. Saint-Denis dans l'industrie française des colorants : non seulement c'était une entreprise renommée au niveau mondial qui avait marqué l'histoire de l'industrie des colorants dérivés du goudron de houille, mais elle était la seule firme française à s'être lancée dans la fabrication d'intermédiaires à la veille de la Première Guerre mondiale. Avec le déclenchement des hostilités, la position de la S.A. Saint-Denis se voyait donc renforcée et elle parvenait à fournir entre 20 et 30 % de la demande française en colorants[26]. Il aurait été tout naturel de s'adresser à elle si on s'intéressait à redresser l'industrie française des colorants. D'ailleurs, quand, en 1915, le ministère du Commerce effectua une enquête sur les politiques à envisager pour reconstruire ce secteur auprès des principales chambres de commerce du pays, à commencer par celle de Lyon qui était la région la plus forte consommatrice en colorants, la réponse fut unanime : tout devait être mis en œuvre pour aider la S.A. Saint-Denis à augmenter sa production. Cette solution apparaissait comme la seule viable à court terme[27]. La Chambre de commerce de Lyon envisagea pourtant aussi la collaboration de la SCUR, en sa qualité de premier industriel français de la chimie organique, en lui proposant de se lancer dans une production d'intermédiaires. Mais comme celle-ci se montrait particulièrement

---

[26] J. Gérard (ed.), *Dix ans d'efforts scientifiques et industriels*, vol. 2, Paris, 1929, p. 1230 ; A.N., F^{12} 7838, Lettre de G. Patard, directeur général de la Compagnie nationale de matières colorantes et de produits chimiques, au ministre du Commerce, 16 juillet 1918.

[27] A.N., F^{12} 7708, Chambre de commerce de Lyon, Rapport de la Société d'études pour la fabrication des matières colorantes, 12 juillet 1915 ; Lettre du Président de la Chambre de commerce de Paris au directeur de l'Office des produits chimiques et pharmaceutiques, 16 juillet 1915 ; Chambre de commerce de Lyon, Procès-verbal du Comité lyonnais des matières colorantes, séance du 30 juillet 1915.

réticente à revenir sur le segment des colorants[28], la Chambre de commerce ne vit pas d'autre solution que de jeter tous ses œufs dans un seul et même panier, celui de la S.A. Saint-Denis.

Les protestations de Poirrier arrivaient trop tard. Comme nous avons pu le voir dans la section précédente, la Commission des matières colorantes avait déjà bien avancé son étude de la politique de redressement, à commencer par la conclusion d'un accord avec la British Dyes Corporation Ltd. Dans la version finale de son projet (adopté le 15 juin[29]), la Commission n'accordait à la S.A. Saint-Denis qu'un rôle mineur de fabrication d'une partie des produits finis, et encore, sous la forme d'une filiale à créer qui se retrouverait en fait sous le contrôle plein et entier du gouvernement. On ne connaît pas les actions qu'entreprit Poirrier à cette annonce, mais on trouve des mentions intéressantes dans les procès-verbaux des conseils d'administration de la SCUR[30]. Lors de la séance du 28 août 1916, la proposition de créer avec la S.A. Saint-Denis une filiale commune pour fabriquer des colorants fut avancée et acceptée. Cependant, lors de la séance suivante (27 septembre), le projet fut abandonné. Pourquoi donc ? Nous entrons ici dans le domaine des suppositions. Pour contrer la nouvelle société qui bénéficiait de tout l'appui du gouvernement, la SCUR avait besoin de la S.A. Saint-Denis, mais les négociations achoppèrent vraisemblablement sur les conditions. Quoi qu'il en soit, avec l'échec de cette alliance entre les deux principaux acteurs de l'industrie chimique française, la position de la S.A. Saint-Denis restait trop faible pour négocier avec le gouvernement.

De leur côté, le ministère du Commerce ou le SNMC n'étaient pas inintéressés par le savoir-faire de la S.A. Saint-Denis ou de la SCUR. Clémentel répondit à la demande d'entrevue que Poirrier avait adressée dans sa lettre de protestation[31], et le SNMC continua à solliciter la participation des deux entreprises ci-dessus mentionnées et de Saint-Gobain. Dans les deux camps, les arguments divergeaient et il n'est pas toujours facile de s'y retrouver. Nous proposons cependant la logique suivante[32]. Une fois signé l'accord avec la British Dyes Corporation

---

[28] A.N., F[12] 7708, Chambre de commerce de Lyon, doc. cit. (12 juillet 1915).

[29] A.N., F[12] 7708, Compte rendu des travaux de la Commission des matières colorantes, séance du 15 juin 1916.

[30] Archives Rhône-Poulenc, P.-V. du Conseil d'administration de la Société chimique des usines du Rhône, séances des 28 août 1916 et 27 septembre 1916.

[31] A.N., F[12] 7708, Note de Clémentel, Ministre du Commerce, 11 avril 1917.

[32] A.N., F[12] 7708, Note du Service Technique sur le Syndicat national des matières colorantes, n° 3 & 4 ; Note de Clémentel, Ministre du Commerce, 11 avril 1917 ; Lettre de M. Chapuis, directeur général de la S.A. Saint-Denis, à M. Cotelle, prési-

Ltd., le SNMC demanda à la mi-juin ou au début juillet 1916 à la S.A. Saint-Denis d'investir 3 millions de francs dans la nouvelle société dont la structure avait déjà été définie dans ses grandes lignes, en échange d'un poste de président d'honneur[33], tandis qu'elle proposait à la SCUR d'y investir 5 millions de francs. Les deux refusèrent catégoriquement. Poirrier donna quatre raisons pour justifier sa position[34]. Tout d'abord, la S.A. Saint-Denis avait été tenue complètement à l'écart pendant tout le processus d'élaboration du projet. Ensuite, le poste de président d'honneur étant, comme son nom l'indique, purement honorifique, on ne lui conférait aucun pouvoir. En outre, le projet n'accordait à la S.A. Saint-Denis qu'un rôle accessoire de fabrication de produits finis pour la nouvelle entreprise, la reléguant ainsi au rang de simple sous-traitant à qui l'on interdisait de traiter directement avec ses autres clients. Enfin, la nouvelle entité restait peu ou prou sous le contrôle de l'État. La troisième raison était probablement celle qui fut décisive dans le refus de la S.A. Saint-Denis. D'ailleurs cette même raison fut également ment invoquée par la SCUR pour motiver son propre rejet du plan du SNMC[35]. Ainsi, même une entreprise comme la SCUR qui n'avait pratiquement aucun rapport avec le secteur des colorants craignait de perdre son indépendance en s'impliquant dans le projet du gouvernement.

La lettre de protestation qu'envoya Poirrier au Président du Conseil[36] est datée du 17 novembre 1916, c'est-à-dire qu'elle lui fut expédiée une fois que la décision de créer la Compagnie nationale avait été officiellement prise et que le contrat entre le SNMC et le ministère de l'Armement avait été dévoilé au grand jour[37]. On peut résumer l'argumentation de Poirrier en quatre points. Tout d'abord, il contestait la légalité du contrat. Il lui était en effet difficile de comprendre comment on avait pu signer un tel accord avec des groupes industriels qui n'avaient rien à voir avec les colorants, donc en se détournant ouvertement des entreprises qui avaient une grande expérience de la chimie

---

dent de cette société, 12 avril 1917 ; Lettre de M. Cotelle au Ministre du Commerce, 16 avril 1917.

[33] D'après les explications de la S.A. Saint-Denis, on comprend que le Syndicat national des matières colorantes lui demandait de créer une filiale pour fabriquer des matières premières avec un capital de 3 millions de francs.

[34] A.N., F^{12} 7708, Lettres de MM. Chapuis et Cotelle ; Note de M. Clémentel.

[35] Archives Rhône-Poulenc, P.-V. du Conseil d'administration de la Société chimique des usines du Rhône, séance du 27 juillet 1916.

[36] A.N., F^{12} 7708, Lettre de A. Poirrier au Président du Conseil.

[37] Notice du 13 novembre 1916 sur la formation de la Compagnie nationale de matières colorantes et de produits chimiques, *Bulletin des annonces légales obligatoires à la charge des sociétés financières*.

organique ou une longue histoire dans les secteurs connexes comme Saint-Gobain, Solvay, la SCUR, Poulenc Frères ou la S.A. Saint-Denis. Deuxièmement, le fait que le gouvernement s'arrogeait un droit de regard sur la nomination du directeur général et un droit de répartition des profits revenait à dire que l'État apportait clairement son soutien à l'entreprise, en en faisant une concurrente directe des intérêts privés existants. Troisièmement, le bruit courait que la Compagnie nationale serait autorisée à utiliser les usines réquisitionnées des pays ennemis. Si cela était vrai, cela reviendrait à freiner, voire à entraver le développement des fabricants de colorants existants, en donnant un avantage évident à un groupe sans expérience dans ce domaine. Enfin, l'utilisation du mot « national » dans le nom de la raison sociale portait à confusion, en ce qu'il laissait entendre que les actionnaires n'étaient que des entités publiques : la responsabilité morale du gouvernement était par là même engagée[38]. En conclusion, Poirrier expliqua qu'il serait plus efficace de mettre en place des mesures appropriées contribuant à la création d'un environnement favorable au développement de l'industrie chimique privée, comme ce fut le cas en Allemagne. Il poursuivit en disant qu'il ne voyait pas pourquoi on suivrait l'exemple de la politique britannique de reconstruction de l'industrie des colorants (à savoir la création d'une société nationale comme la British Dyes Corporation Ltd.), alors qu'elle n'avait pas encore donné des résultats concluants.

Les protestations de Poirrier étaient représentatives de ce que pensait l'industrie chimique en général, car, à l'exception des Établissements Kuhlmann, elle n'avait guère de raison de se réjouir de la création de cette nouvelle compagnie. Or, malgré cette forte opposition, la Compagnie nationale fut créée. Les protestations répétées de Poirrier, puis de son successeur Cotelle – gendre de Poirrier et vice-président de Section – portèrent-elles leurs fruits ? Toujours est-il que le sujet finit par être discuté au Sénat, comme nous l'avons vu plus haut, puis à la Chambre des députés[39]. Il n'est pas possible de suivre le déroulement des débats qui eurent lieu au Parlement, mais les archives de la banque Paribas[40]

---

[38] La S.A. Saint-Denis devait par la suite attaquer l'État en justice au sujet de l'appellation de l'entreprise dite « nationale », de même que sur la similitude avec sa propre raison sociale, pour la partie « de matières colorantes et de produits chimiques ».

[39] A.N., F[12] 7708, Chambre des députés, Session de 1917, Annexe au P.-V. de la séance du 3 avril 1917, Projet de loi tendant à la ratification du contrat conclu le 11 septembre 1916 entre le Ministre de la Guerre et le Syndicat national des matières colorantes.

[40] Archives Banque Paribas, 598 dossiers 22, Projets de lettre de la Compagnie nationale de matières colorantes au Ministre de l'Armement ; Copie du contrat de location de la Poudrerie d'Oissel à la Compagnie nationale, 1er octobre 1919.

nous indiquent que, le contrat n'ayant toujours pas été approuvé en juillet 1918, la Compagnie nationale porta l'affaire devant le Conseil d'État pour demander l'application immédiate des clauses du contrat. Un arrangement à l'amiable fut finalement trouvé entre les parties concernées, au terme duquel la Compagnie renonça à obtenir l'exécution du contrat tel que rédigé et l'on s'orienta vers la signature d'un nouveau contrat, cette fois-ci de location pour l'utilisation du site de la poudrerie d'Oissel. Cet accord fut signé le 1er octobre 1919. Les clauses étaient les suivantes : le loyer fut fixé à 250 000 francs pour les trois premières années, la durée du contrat de location serait de 18 années, l'État prendrait en charge les frais d'entretien uniquement des installations que la Compagnie nationale n'utiliserait pas. Dans ces conditions, la S.A. Saint-Denis ne devait rien trouver à redire. Mais ce résultat était en contradiction totale avec les principes sur lesquels reposait tout le projet de la Compagnie nationale, à savoir l'utilisation gratuite de la poudrerie d'Oissel.

Sur un autre point soulevé par Poirrier dans son courrier au Président du Conseil, l'utilisation des usines allemandes réquisitionnées, les choses n'avancèrent pas non plus comme l'avait espéré le gouvernement. La Commission des matières colorantes présidée par Clémentel avait en effet publié un communiqué recommandant la mise à disposition immédiate des usines appartenant à des groupes industriels allemands pour la Compagnie nationale[41], et le Service technique du ministère du Commerce avait entrepris les démarches nécessaires pour obtenir toutes les autorisations indispensables[42], mais il ne parvint pas à obtenir l'aval des autorités judiciaires. En fait, les raisons légales invoquées n'étaient qu'un prétexte. Comme le directeur général de la Compagnie nationale Georges Patard le souligne à juste titre, ces demandes d'autorisations ont coïncidé avec une vive campagne de protestation orchestrée par la S.A. Saint-Denis qui s'étala de février à mars 1917 : il ne fait aucun doute qu'elle fut en partie à l'origine de la décision négative des autorités judiciaires[43]. L'activisme de la S.A. Saint-Denis parvint de nouveau à entraver l'exécution du projet.

Tout cela montre que le lancement de la Compagnie nationale se fit dans la douleur. Dans l'impossibilité de bénéficier des installations allemandes implantées en France, alors qu'il était prévu initialement que

---

[41] A.N., F^{12} 7708, Compte rendu des travaux de la Commission des matières colorantes, séance du 15 juin 1916.

[42] A.N., F^{12} 7708, Service Technique au Ministère du Commerce, Rôle du Service Technique dans les matières colorantes, 7 février 1917, p. 5.

[43] A.N., F^{12} 7838, Lettre de G. Patard, directeur général de la Compagnie nationale, au Ministre du Commerce, 16 juillet 1918.

celles-ci formeraient le point d'ancrage de sa production (son premier choix se portait notamment sur l'usine Hoechst de Creil dans l'Oise qui fabriquait de l'indigo synthétique, et dont elle espérait beaucoup), la Compagnie nationale se résigna à démarrer une production expérimentale d'indigo synthétique dans une usine rénovée à proximité de celle de Creil. D'autres essais furent également tentés dans différentes usines de la région parisienne pour mettre au point divers procédés industriels – elle réussit d'ailleurs à maîtriser la fabrication industrielle de l'alizarine –, mais toutes ces usines étaient des sites de production temporaires[44]. Elle décida donc d'acheter un important terrain à Villers Saint-Paul, près de Creil, pour y construire son site principal de production d'indigo synthétique (capacité annuelle de 4 000 tonnes). L'offensive allemande de juin 1918 retarda cependant les travaux, si bien qu'elle ne fut opérationnelle qu'en juillet 1919, c'est-à-dire après la fin de la guerre[45]. Les chiffres du tableau 11-3 parlent d'eux-mêmes et illustrent les difficultés auxquelles était confrontée la Compagnie nationale à ses débuts. Alors qu'il existait une énorme demande latente pour les colorants, il fallut plusieurs années à la Compagnie nationale avant d'être sur orbite[46].

Les attaques de la S.A. Saint-Denis contre la Compagnie nationale ne furent pas sans conséquence pour leur auteur. Quand l'offensive allemande devint particulièrement pressante en juillet 1918, la S.A. Saint-Denis demanda en effet l'autorisation d'utiliser les usines allemandes réquisitionnées dans la région lyonnaise, demande soutenue d'ailleurs par les syndicats lyonnais et rouennais de fabricants de colorants[47]. Mais sa requête fut rejetée devant les protestations virulentes de la Compagnie nationale[48] – juste retour des choses. Cette rivalité eut pour conséquence de repousser la reconstruction de l'industrie française des colorants après le conflit. Dans la section suivante, nous nous pencherons sur son évolution dans la période qui suivit la Première Guerre mondiale.

---

[44] Archives Banque Paribas, 474 dossiers 8, Note sur la Compagnie nationale, 1918.

[45] A.N., 65 AQ P91, *Agence économique et financière*, 8 août 1923.

[46] Établissements Kuhlmann, *op. cit.*, p. 45-50.

[47] A.N., F[12] 7708, Lettres de M. Cotelle, président de la S.A. des Matières Colorantes et Produits Chimiques de Saint-Denis, au professeur Fleurent, directeur de l'Office des produits chimiques et pharmaceutiques, et au Ministre du Commerce, 5 juillet 1918 ; Lettre de la Chambre de commerce de Bolbec au Ministre du Commerce, 22 juillet 1918.

[48] A.N., F[12] 7838, Lettre de G. Patard, directeur général de la Compagnie nationale de matières colorantes, au Ministre du Commerce, 16 juillet 1918.

**Tableau 11-3. Résultats d'exploitation de la Compagnie nationale
de matières colorantes et de produits chimiques**

Exercice fiscal	Bénéfices bruts	Bénéfices nets	Immobilisations, Fonds de réserve	Dividendes (en francs)
1917	1 439	998	998	–
1918	2 676	1 804	1 576	–
1919	4 923	3 494	196	25
1920	17 538	12 509	625	72,91
1 921	8 864	3 803	190	25
1922	9.8254	5 926	4 846	–

Unité : millier de francs

Source : A.N., 65 AQ P91, *Agence économique et financière*, 8 août 1923.

IV. L'industrie française des colorants dans l'entre-deux-guerres

Le tableau 11-4 récapitule les volumes de production, de consommation, d'importations et d'exportations de colorants dérivés du goudron de houille dans les années 1920 : on découvre que l'industrie française des colorants connut alors un développement régulier qui lui permit de réaliser un redressement spectaculaire. À partir de 1925, la situation d'avant-guerre était complètement retournée, puisque ses exportations excédaient largement ses importations. En termes de volume du moins, la croissance du secteur fut exceptionnelle.

On se rendra compte à la lecture du tableau 11-5 du dynamisme de l'industrie française des colorants par rapport à celle des autres pays producteurs. En 1930, la France arrivait en 4e position derrière l'Allemagne, les États-Unis et l'Angleterre, dépassant, en termes de volume, la Suisse qui, avant la guerre, détenait une place prépondérante sur les marchés internationaux. Il convient cependant de souligner que les colorants offraient une fourchette de prix très large selon les produits, et l'industrie suisse qui s'était spécialisée dans des colorants « de luxe », nécessitant des techniques difficiles à maîtriser, dégageait un chiffre d'affaires plus important que la France ou même le Royaume-Uni[49]. Cependant l'industrie française poursuivit son développement dans les années 1920 en mettant petit à petit l'accent sur la qualité, et la part des produits faciles et bon marché comme les sulfates baissa progressivement, pour laisser la place à des produits plus sophistiqués[50]. Si on se limite aux deux tableaux 11-4 et 11-5, on peut donc en conclure

---

[49] A.N., F^{12} 8796, Conseil national économique, Rapport sur les industries chimiques, octobre 1932, p. 135.

[50] *Ibid.*, p. 136-138.

que l'industrie française des colorants avait réussi à se redresser de façon exemplaire dans les années 1920. Le rapport sur les industries chimiques du Conseil national économique souligna ce résultat : « Peu d'industries aussi jeunes que celle des colorants pourraient présenter un bilan aussi satisfaisant »[51]. Mais ces éloges sont-ils vraiment justifiés ? Nous nous proposons de suivre l'évolution de la Compagnie nationale, puis, à partir de 1924, des Établissements Kuhlmann, qui jouèrent un rôle moteur dans ce spectaculaire développement et d'analyser les problèmes auxquels l'industrie française des colorants fut confrontée dans l'entre-deux-guerres.

Nous avons vu dans la section précédente que la Compagnie nationale ne fut opérationnelle qu'à la fin de 1919, c'est-à-dire après la signature de l'armistice[52]. Il lui fallut ensuite encore trois ans pour pouvoir démarrer une production réellement industrielle. Mais par la suite, elle enregistra une croissance sans précédent, comme l'indiquent les chiffres du tableau 11-4. Dès 1920, elle fabriquait 4 550 tonnes de colorants, c'est-à-dire sept fois le volume de l'année précédente (600 tonnes). Elle devenait ainsi le premier fabricant de colorants en France, surpassant les volumes de production de la S.A. Saint-Denis. Quand, en 1925, son rachat par Kuhlmann fut digéré, le nouveau groupe produisit alors plus de 9 000 tonnes de colorants par an et détenait entre 60 et 75 % du marché intérieur. Kuhlmann se retrouvait donc en position de suprématie incontestée. Cependant l'analyse de la gestion de l'entreprise laisse entrevoir un certain nombre de problèmes.

Le premier concerne la situation financière de la Compagnie nationale. Comme le montre le tableau 11-3 dans la section précédente, entre 1917 et 1922, celle-ci n'arriva à dégager des bénéfices importants qu'en 1920, et à partir de 1922[53], la chute des prix de l'indigo, qui représentait une de ses principales productions, entraîna de nouveau l'impossibilité de verser des dividendes aux actionnaires. Les archives de la banque Paribas[54], qui était le principal bailleur de fonds de la

---

[51] *Ibid.*, p. 139.

[52] À la fin de 1919, la Compagnie nationale dispose de deux usines importantes, celle de Villers Saint-Paul dans l'Oise et celle d'Oissel en Normandie. Toute la production réalisée jusque-là dans des sites de petite taille dispersés sur toute la France fut donc regroupée dans ces deux usines. Oissel produisit essentiellement des intermédiaires et des colorants azoïques, tandis que Villers fut chargé des autres colorants, à commencer par l'indigo synthétique et l'alizarine, et accueillit également un laboratoire pour mener des activités de R&D. Établissements Kuhlmann, *op. cit.*, p. 46-47.

[53] A.N., 65 AQ P91, *Agence économique et financière*, 8 août 1923.

[54] Archives Banque Paribas, P.-V. du Conseil d'administration, séances des 12 avril 1921, 12 juillet 1921, 19 juillet 1921, 26 juillet 1921, 9 août 1921, 4 octobre 1921, 11 octobre 1921, 28 février 1922, 8 juin 1922, 27 juin 1922 et 4 juillet 1922.

Compagnie nationale, révèlent les étapes de la détérioration de sa situation financière. Alors qu'en avril 1921, la Compagnie nationale venait de se faire octroyer une ligne de crédit de 5 millions de francs, sous la forme d'une autorisation de découvert, elle obtint une augmentation de ce plafond à 13,5 millions dès juillet. L'augmentation de capital devenait inévitable : en août, la Compagnie nationale entama une procédure pour faire passer son capital de 71 à 100 millions de francs, soit une hausse de 29 millions. Mais le 4 octobre, juste avant que la transaction soit achevée, sa ligne de crédit fut relevée à 26,85 millions, soit à peu près la même somme que celle nécessaire pour réaliser l'augmentation de capital ! Malgré cet afflux d'argent, la situation financière de la Compagnie nationale ne s'améliora pas. En février 1922, elle bénéficia de nouveau d'un prêt de 7 millions de francs de la banque Paribas, et à la fin juin, avec l'arrivée de la Banque de l'Union parisienne[55] dans son pool financier, le prêt fut porté à 15 millions. Elle vint encore demander fin juin le soutien de Paribas pour émettre pour 35 millions de francs d'obligations, mais cette requête fut rejetée, sans doute à cause de l'opposition de Paribas et des Établissements Kuhlmann[56]. Ainsi, jusqu'à sa fusion avec Kuhlmann en 1923, la situation financière de la Compagnie nationale ne fit qu'empirer[57]. D'ailleurs la fusion s'explique en grande partie par ce contexte.

Un autre problème qui mérite d'être mentionné est l'attitude de la Compagnie nationale face à la recherche. Nous avons vu que la motivation première pour créer cette entreprise était de permettre à la France d'échapper à la domination allemande dans le secteur des colorants, et donc de participer à la formation d'une industrie française des colorants, grâce à une aide tant financière que technique. De ce fait, il aurait été naturel que soient consentis des efforts importants pour mettre sur pied une bonne structure de R&D. Pourtant, au lendemain de la guerre, en janvier 1921, la Compagnie nationale signa une convention avec une entreprise allemande, qui, en échange de redevances fort élevées, offrit

---

[55] La Banque de l'Union parisienne était une banque d'affaires créée en 1904 par des intérêts protestants de la haute banque, notamment Hottinguer et Mallet. Cf. Y. Gonjô, *op. cit.*, p. 166.

[56] Le conseil d'administration de la banque Paribas, dans sa séance du 27 juin 1922, décida de suspendre sa réponse concernant l'émission d'obligations pour 35 millions de francs jusqu'à ce que les entreprises concernées manifestent une attitude claire en faveur de cette collaboration.

[57] La principale raison de cette situation financière qui ne cesse d'empirer se trouve d'une part dans les sommes colossales investies dans les équipements et installations de l'usine d'Oissel, et d'autre part dans le contexte économique défavorable avec la crise de 1920-1921 et l'effondrement des prix des colorants en Extrême-Orient. Sur les 50 000 m^2 de surface bâtie sur le site d'Oissel en 1925, 20 000 m^2 le furent après la fin du contrat de location. Établissements Kuhlmann, *op. cit.*, p. 46.

son assistance technique[58]. Cet épisode rappelle étrangement celui de l'industrie de l'azote qui avait requis l'aide technique de BASF en échange de commissions et de droits d'utilisation de ses brevets particulièrement importants. Ces choix furent sans doute motivés par l'appréciation qu'il ne serait pas facile de rattraper le niveau technologique de l'Allemagne. La direction expliqua aux actionnaires de la Compagnie nationale, lors de l'assemblée générale de juin 1922, que l'accord permettait d'acquérir sur-le-champ les techniques allemandes les plus récentes, le fruit de plus de cinquante ans de recherches scientifiques[59]. On reste cependant quelque peu surpris par une décision qui paraît bien hâtive de la part d'une entreprise censée représenter des intérêts nationaux.

Or, d'après L.F. Haber, les Établissements Kuhlmann mirent un terme à cette convention dès qu'ils rachetèrent la Compagnie nationale[60]. Les raisons ne sont clairement mentionnées nulle part, mais on peut subodorer que Kuhlmann, fort de sa puissance industrielle, considérait pouvoir obtenir des entreprises allemandes des conditions bien plus avantageuses que celles stipulées dans la convention de 1921. Mais pour y parvenir, Kuhlmann devait d'abord fermement consolider sa position sur le marché français, ce que la fusion lui garantissait, puisque sa production enregistra une augmentation spectaculaire, avec 9 092 tonnes de colorants en 1924[61], soit 55 % du marché français. À cela s'ajouta en 1926-1927 la signature d'une alliance avec son éternel rival, la S.A. Saint-Denis[62], qui lui ouvrait les portes de son capital. Du coup, à partir de 1926, Kuhlmann, qui dominait désormais presque sans partage le paysage français des colorants, put se permettre d'engager de nouveau des négociations avec une entreprise allemande, en l'occurrence la toute

---

[58] H.G. Schröter, « The International Dyestuffs Cartel, 1927-1939, with Special Reference to the Developing Areas of Europe and Japan », in A. Kudô & T. Hara (eds.), *op. cit.*, p. 36 & 50 ; A. Kudô, *Politique d'I. G. Farben...*, *op. cit.*, p. 137.

[59] Cité par *Agence économique et financière*, 8 août 1923. A.N., 65 AQ P91.

[60] L.F. Haber, *The Chemical Industry, 1900-1930, op. cit.*

[61] Les 9 092 tonnes se répartissent entre les différentes catégories de produits grosso modo comme suit : 4 700 tonnes d'indigo synthétique, 3 000 tonnes de colorants azoïques et 1 400 d'alizarine et autres colorants. Archives Crédit Lyonnais (Direction des études économiques et financières), n° 38721, Compte rendu de l'Assemblée générale des actionnaires des Établissements Kuhlmann, séance du 16 juin 1925.

[62] Archives Crédit Lyonnais, doc. cit., séances des 27 mai 1927 et 7 juin 1928 ; A.N., 65 AQ P297, Compte rendu de l'Assemblée générale des actionnaires de la S.A. des matières colorantes et produits chimiques de Saint-Denis, Exercice 1927. Avec l'entrée de Kuhlmann dans le capital de la S.A. Saint-Denis, le président Donat Agache ainsi que J. Frossard, directeur du département de chimie organique des Établissements Kuhlmann, devinrent membres du conseil d'administration de la S.A. Saint-Denis à partir de 1927.

jeune I.G. Farben. Peu de temps après, elle signa une convention internationale avec la Suisse le 11 juin 1926, puis une autre, bilatérale, avec l'Allemagne le 13 novembre 1927, pour finalement réaliser un cartel à trois le 27 avril 1929[63]. D'après le compte rendu de l'Assemblée générale des actionnaires des Établissements Kuhlmann[64], le soutien prononcé du gouvernement français fut décisif dans la formation de ce cartel international.

Quelles furent les retombées de la convention bilatérale de 1927 et du cartel tripartite de 1929 sur l'industrie française des colorants dans l'entre-deux-guerres, désormais dominée par les Établissements Kuhlmann ? Ainsi que le souligne Maurice Fauque[65], à court terme, l'accord de 1927 entraîna une hausse des prix des colorants et stabilisa cette branche d'exploitation chez Kuhlmann. Il convient cependant de souligner que ces accords avaient plutôt été signés sur des bases relativement timides de « repli », voire de « régression ». En effet, avec la convention de 1927, « la France, désireuse d'obtenir des contingents importants pour ses colorants sulfurés à bas prix, accepta de stopper sa production de colorants de cuve (à l'exception de l'indigo synthétique) »[66], comme l'explique L.F. Haber. En d'autres termes, cela représentait un retour en arrière par rapport aux efforts jusque-là consentis pour assurer une fabrication française de colorants plus sophistiqués nécessitant des procédés techniques complexes. D'autre part, les deux conventions de 1927 et 1929 limitaient les débouchés de l'industrie française au territoire national et aux colonies françaises[67], ce qui eut pour effet de réduire considérablement les exportations, comme le montre le tableau 11-4 : en d'autres termes, l'industrie nationale se repliait sur le marché français. En échange d'une stabilité temporaire, l'industrie française des colorants renonçait, avec les conventions internationales, à son agressivité commerciale et scientifique. L'année 1930 marque l'arrêt d'une courbe ascendante. À partir de cette date, on entra dans une phase durable de récession : en 1938, la production était tombée à plus de la moitié de celle du Japon, comme l'indique le ta-

---

63 H.G. Schröter, art. cit., p. 36-38 ; J.-E. Léger, *op. cit.*, p. 92 ; A. Kudô, *op. cit.*, p. 123. D'après Schröter, le cartel tripartite répartissait les contingents de vente comme suit : 71,67 % pour l'Allemagne, 19,00 % pour la Suisse et 9,33 % pour la France.

64 Archives Crédit Lyonnais, doc. cit., séances des 7 juin 1928 et 30 mai 1929.

65 M. Fauque, *op. cit.*, p. 132.

66 L.F. Haber, *op. cit.*, p. 417-418.

67 Voir l'échange entre Schröter et Sakudô lors de la 18ᵉ Fuji Conference, notamment la réponse de Schröter aux commentaires de Sakudô sur sa communication. H.G. Schröter, art. cit., p. 55-56.

bleau 11-6[68]. Le redressement de l'après-guerre fut finalement de courte durée et ne réussit pas à répondre aux attentes du gouvernement.

Tableau 11-4. Évolution des volumes de production, de consommation, d'importations et d'exportations des colorants dérivés du goudron de houille par la France dans les années 1920

Exercice fiscal	Production	Importations	Exportations	Consommation	Production des Établissements Kuhlmann*
1919	4 523	2 600	240	6 883	600
1920	8 556	5 887	3 334	111 109	4 550
1921	7 369	1 148	2 698	5 819	3 846
1922	9 566	1 826	566	10 826	4 094
1923	12 468	1 371	2 114	11 725	5 964
1924	16 478	2 446	3 973	14 950	9 092
1925	16 054	1 451	4 937	12 568	8 727
1926	17 107	1 448	4 681	13 874	9 900
1927	14 015	1 541	5 082	10 474	8 000
1928	15 600	1 559	3 653	13 509	9 800
1929	16 431	1 518	3 066	14 883	non connu

Unité : tonne

* Jusqu'en 1923 les données indiquées sont celles de la Compagnie nationale.

Source : tableau réalisé à partir des données publiées dans *Chimie et Industrie*, 1931, p. 763 ; Archives Crédit Lyonnais (Direction des études économiques et financières), n° 38721, Compte rendu de l'Assemblée générale des actionnaires des Établissements Kuhlmann, 1922-1929 ; Établissements Kuhlmann, *Cent ans d'industrie chimique, les Établissements Kuhlmann, 1825-1925*, Paris, 1925, p. 48 & 57.

Tableau 11-5. Production de colorants à base de goudron de houille dans l'entre-deux-guerres par pays (1928-1930)

Pays	1928	1929	1930
Allemagne	75 745	75 000	non connu
États-Unis	43 500	50 283	40 770
Royaume-Uni	22 700	25 270	19 300
France	15 000	16 000	15 950
Suisse	18 900	19 900	13 700
Japon	10 000	non connu	non connu

Unité : tonne

Source : A.N., F[12] 8796, Conseil national économique, Rapport sur les industries chimiques, octobre 1932, p. 136.

---

[68] Cf. R. Richeux, *op. cit.*, thèse, chap. VI.

Tableau 11-6. Production de colorants dérivés du goudron de houille dans le monde à la veille de la Seconde Guerre mondiale (1938)

Pays	Production (en milliers de tonnes)	Production (en %)	Chiffre d'affaires (en %)
Allemagne	57,0	25,9	46,0
États-Unis	37,0	16,8	17,2
Suisse	8,0	3,6	10,6
URSS	35,0	15,9	8,7
Royaume-Uni	21,0	9,5	5,5
France	12,0	5,5	4,2
Japon	28,0	12,7	3,2
Italie	11,0	5,0	1,6
Autres pays	11,0	5,0	3,0
Total	220,0	100,0	100,0

Source : H. G. Schröter, « The International Dyestuffs Cartel, 1927-1939, with Special Reference to the Developing Areas of Europe and Japan », in A. Kudô & T. Hara (eds.), *International Cartels in Business History*, Tokyo, 1992, p. 35.

V. Synthèse

L'analyse ci-dessus montre que la reconstruction de l'industrie française des colorants, sujet considéré comme d'intérêt national pendant la Première Guerre mondiale, fut beaucoup plus difficile à réaliser que ne l'a laissé imaginer l'évaluation optimiste du Conseil national économique. Ce sont incontestablement dans les problèmes rencontrés pour mettre sur pied la Compagnie nationale de matières colorantes et de produits chimiques qu'il faut chercher la principale cause de cet échec. En poursuivant à tout prix un projet de reconstruction en solo, c'est-à-dire sans l'accord d'entreprises comme la SCUR ou la S.A. Saint-Denis qui, par leur expérience, auraient dû tout naturellement jouer un rôle moteur dans le redressement de l'industrie des colorants, ou encore de Saint-Gobain, qui aurait pu soutenir les efforts des deux firmes précédentes, la Compagnie nationale était vouée à se heurter à multiples obstacles. En ce sens, on peut reprocher au Ministère du Commerce d'avoir monté un projet trop simpliste. En outre, tout comme pour l'industrie de l'azote, le gouvernement a sous-estimé la capacité des entreprises françaises à surmonter la supériorité technologique de l'Allemagne. Cependant il faut aussi reconnaître que l'attitude de la S.A. Saint-Denis, de la SCUR ou de Saint-Gobain a une part de responsabilité dans cette affaire. En bref, la méfiance des entreprises face au gouvernement et vice-versa empêcha d'établir une atmosphère de concertation fructueuse.

L'exemple de l'industrie des colorants entre le début de la Première Guerre mondiale et les années 1930, objet du présent chapitre, illustre en quelque sorte la lutte entre le secteur privé et l'État pour le contrôle d'un secteur industriel[69]. Les entreprises, même si elles comprennent que le dirigisme d'État est indispensable en période de guerre pour assurer la production nécessaire à l'armée, restent dans l'ensemble très circonspectes et se méfient d'un dirigisme qui n'ose pas dire son nom dans un projet comme celui du ministère du Commerce pour reconstruire l'industrie des colorants. De son côté, l'État ne veut pas laisser des entrepreneurs individualistes agir à leur guise pour gérer un secteur qu'il considère comme stratégique pour la défense nationale. La même théorie peut parfaitement s'appliquer au secteur de l'azote dans l'entre-deux-guerres que nous avons étudié dans le chapitre précédent. La réticence des hauts fonctionnaires à utiliser la méthode Claude, estampillée française, ne venait pas seulement de leur conviction que le procédé allemand (en l'occurrence le procédé Haber) était supérieur, mais s'explique aussi par leur crainte de voir s'affaiblir le contrôle de l'État si la méthode Claude se généralisait. Quoi qu'il en soit, dans ces deux branches de la chimie où l'interventionnisme de l'État fut particulièrement actif dans l'entre-deux-guerres, le gouvernement ne parvint pas à réaliser son objectif qui était de créer une industrie nationale puissante capable de concurrencer l'Allemagne.

Par contre, l'exemple des Établissements Kuhlmann, qui cultivèrent leur réseau d'amitié au sein du gouvernement en lui apportant un soutien actif pour développer leur entreprise de façon spectaculaire, illustre une nouvelle tendance qu'il convient de souligner pour deux raisons. Avant la guerre, l'industrie chimique était structurée autour d'entreprises moyennes ayant une forte base régionale : Malétra en Normandie, Kuhlmann dans le Nord, la Compagnie des produits chimiques du Midi dans le Sud, Saint-Gobain à Lyon, etc. L'équilibre entre ces différentes entités régionales était maintenu grâce aux cartels négociés pour chaque catégorie de produits[70], à l'initiative de Saint-Gobain qui était alors le plus gros fabricant français. La croissance fulgurante de Kuhlmann pendant le conflit brisa donc les habitudes d'avant-guerre et mit fin au principe de régionalisme qui avait cours dans l'industrie des colorants.

D'autre part, Kuhlmann réussit pendant l'entre-deux-guerres à accueillir dans le cercle de ses dirigeants des hauts fonctionnaires de formation technique, tout en maintenant des relations privilégiées avec l'État. Son attitude était représentative d'un nouveau courant[71] qui

---

[69] Il ne faut pas oublier non plus le rôle des syndicats, notamment de la CGT, dans cette lutte pour le pouvoir. Pour plus de détails, cf. I. Hirota, *Mouvement…*, *art. cit.*

[70] Cf. J.-P. Daviet, *Un destin international…*, *op. cit.*

[71] Sur le mouvement en faveur du « redressement français » dans l'entre-deux-guerres, représentant une nouvelle catégorie de dirigeants, cf. T. Hatayama, « Le Concept du

commençait à s'affirmer à cette époque. On vit en effet apparaître un nouveau type de dirigeants, comme René-Paul Duchemin ou Raymond Berr, tous deux aux commandes chez Kuhlmann. Le premier fut élu président de la Confédération générale de la production française[72], et le second fut un des premiers à souligner la nécessité pour l'industrie des colorants de s'unir si elle voulait rivaliser avec I.G. Farben[73]. Tous deux avaient en commun la volonté de mettre en garde contre les dommages résultant d'un excès d'individualisme chez les entrepreneurs traditionnels français et d'insister sur l'importance primordiale qu'il y avait à créer une organisation forte des entreprises et des entrepreneurs. Avec de tels spécialistes de la gestion d'entreprise porteurs d'une vision nouvelle, les Établissements Kuhlmann ont courageusement tenté de réformer les secteurs de l'azote et des colorants, tout en maintenant de bonnes relations avec le gouvernement. Malheureusement, ironie du sort, leur situation financière s'aggrava à la fin des années 1920, alors qu'étaient florissants les résultats de L'Air Liquide ou de Rhône-Poulenc, deux entreprises qui s'étaient vivement opposées au projet de développement de leurs activités proposé par Kuhlmann. Les tableaux 11-7 et 11-8 indiquent en effet que Kuhlmann, qui avait détrôné Saint-Gobain de sa place de premier fabricant français de produits chimiques en termes de capital, enregistra de graves difficultés financières à partir de la deuxième moitié des années 1920 et n'arriva pas à dégager des bénéfices aussi importants que L'Air Liquide alors que cette dernière était d'une taille nettement plus modeste. Le cours de son action resta à un niveau bas (cf. tableau 11-8), reflétant clairement ses difficultés de gestion. La plus grande partie des archives des Établissements Kuhlmann ayant brûlé, il est difficile de connaître les causes exactes de cette crise, mais on peut supposer que les mauvais résultats enregistrés dans le secteur de l'azote, que nous avons vus au chapitre précédent, n'y sont pas étrangers. D'autre part, en 1931, une grave crise du textile frappa la France[74], donnant un coup d'arrêt au développement

---

redressement français et son mouvement (1)* », *Hôgaku Zasshi [Revue de droit]*, Université municipale d'Osaka, vol. 30, n° 2, 1984, p. 224-245.

[72] Sur la conception de Duchemin, voir son livre ci-dessous. D'après lui, l'individualisme français remonte à l'histoire de la Gaule. D'autre part, le nom de Confédération générale du patronat français fut adopté lors de l'Assemblée générale du 4 août 1936. Avant, l'organisation patronale française s'appelait la Confédération générale de la production française. R.-P. Duchemin, *Organisation syndicale patronale en France*, Paris, 1940.

[73] Cf. R. Berr, « Une Évolution nouvelle de l'industrie chimique », *Chimie et Industrie*, 1927, p. 3-20 ; R.-P. Duchemin, *Raymond Berr, sa vie, sa carrière, son œuvre*, Paris, 1945.

[74] Sur la crise du textile en France pendant l'entre-deux-guerres, cf. K. Koga, *Études...*, *op. cit.*

du secteur des colorants, qui avait dû se replier sur le marché intérieur avec la signature des conventions internationales de 1927 et 1929. Ainsi, si Kuhlmann avait connu son heure de gloire dans le monde industriel de l'entre-deux-guerres, les graines du déclin à venir après la Seconde Guerre mondiale[75] étaient déjà semées dès les années 1920, à partir du moment où la firme s'était lancée dans les secteurs de l'azote et des colorants en proposant de réaliser les objectifs gouvernementaux.

Tableau 11-7. Situation financière
des Établissements Kuhlmann (1919-1932)

Exercice fiscal	Bénéfice net	Dividendes	Capital	Passif
1919	9 427 944	12 %	60 000 000	71 798 886
1920	11 760 443	12 %	81 450 000	54 288 469
1921	131 935	0 %	90 000 000	43 636 274
1922	6 838 062	8 %	100 000 000	40 425 307
1923	20 315 124	12 %	150 000 000	77 404 441
1924	21 863 252	12 %	180 000 000	75 319 945
1925	24 239 812	12 %	180 000 000	93 995 513
1926	33 690 226	11 %	190 000 000	105 548 195
1927	31 017 855	11 %	200 000 000	202 189 481
1928	39 410 770	16 %	250 000 000	343 126 478
1929	48 651 382	16 %	312 000 000	207 867 799
1930	26 720 320	8 %	320 000 000	353 051 870
1931	26 813 342	8 %	320 000 000	317 833 280
1932	26 782 122	8 %	320 000 000	286 109 809

Unité : franc

Source : Tableau réalisé à partir des données publiées dans Archives Crédit Lyonnais, n° 38721, doc. cit., 1920-1933 ; Établissements Kuhlmann, *op. cit.*, p. 59.

---

[75] Les Établissements Kuhlmann fusionnèrent en 1966 avec Ugine pour créer Ugine-Kuhlmann, absorbé à son tour par Pechiney en 1971. Pendant un temps, l'entreprise s'appela Pechiney Ugine Kuhlmann, mais avec sa nationalisation sous la présidence de François Mitterrand, l'entreprise se sépara des activités chimiques de l'ex-Kuhlmann, notamment les colorants, vendues à des concurrents français ou étrangers. La société prend alors en 1983 le nom de Pechiney. Le nom et l'aura de Kuhlmann, dont les activités industrielles remontaient à 1835, disparaissent donc ainsi du paysage industriel français. Cf. J.-E. Léger, *op. cit.*, p. 269-276.

**Tableau 11-8 : Évolution de la situation financière
des principales entreprises chimiques française (1928-1930)**

	Capital (1914)	Capital (1929)	Capital (1930)	Bénéfices (1928)	Cours de l'action (juillet 1929)	Valeur nominale (en francs)
Kuhlmann	6 600	310 000	320 000	39 410	1 270	250
Saint-Gobain	60 000	225 000	225 000	58 000	8 035	500
Pechiney	16 800	208 000	262 500	57 988	3 925	500
Rhône-Poulenc	9 200	36 000	36 000	28 343	4 245	100
L'Air Liquide	11 000	66 000	88 000	50 530	1 940	100
S.A. Saint-Denis	4 375	40 000	40 000	8 413	1 623	250

Unité : milliers de francs

Source : Tableau réalisé à partir de : M. Lambert, « La Situation financière de l'industrie chimique française », *Chimie et Industrie*, vol. 23, n° 5, 1930, p. 1283-1285.

Conclusion

La réorganisation de l'industrie chimique française des années 1920

I. Introduction

Dans les pages qui précèdent, nous nous sommes efforcé de suivre en détail l'évolution de l'industrie chimique française entre la fin du XIXe siècle et les années 1920, en portant notre attention plus particulièrement sur les rôles respectifs de l'État et de l'industrie et sur leurs relations. La première partie du présent ouvrage s'est intéressée aux raisons de la faiblesse de l'industrie chimique organique avant la Première Guerre mondiale, en mettant en avant des facteurs structurels, comme le système éducatif, la législation sur les brevets d'invention ou le régime douanier, ou encore la politique économique inadaptée de l'État. L'historien américain R. F. Kuisel[1] a souligné qu'avant la Première Guerre mondiale, la France s'était engagée clairement sur la voie du libéralisme : les quelques exemples d'ingérence de l'État, notamment dans les domaines du chemin de fer et des PTT, avaient soulevé des critiques acerbes de la part d'économistes comme Paul Leroy-Beaulieu ou d'industriels spécialistes de la gestion des entreprises comme Henri Fayol. Reconnaissons cependant que le ministère du Commerce avant la guerre ne disposait ni de l'autorité, ni du budget, ni des ressources humaines nécessaires pour intervenir de façon déterminante dans le processus économique[2]. Cela dit, il est indubitable que le ministère du Commerce porta une attention toute particulière à l'essor de l'industrie française. Cela se traduisit par exemple par une évidente volonté de réforme de l'enseignement des sciences et des techniques[3]. Malheureusement, la réforme du système des brevets ou du régime douanier, condition *sine qua non* à un véritable développement industriel en France, ne faisait pas partie de ses compétences directes. La recommandation du Conseil consultatif des arts et manufactures pour augmenter les tarifs douaniers pour les produits intermédiaires dérivés du goudron de houille lors de la révision du régime douanier de 1910 fut complète-

---

[1]   R.F. Kuisel, *op. cit.*

[2]   *Ibid.*, p. 14-15

[3]   Cf. Ch.R. Day, *op. cit.*

ment ignorée, prouvant la faiblesse de la position du ministère du Commerce au sein du gouvernement de l'époque. Dans la deuxième partie, nous avons pu d'ailleurs constater que les difficultés que rencontrèrent la SCUR ou la S.A. Saint-Denis n'étaient pas étrangères aux choix prioritaires du gouvernement dans lesquels la chimie n'avait pas sa place. Pour parer à cette absence de soutien public, les efforts d'une entreprise comme la SCUR, qui, la première, investit dans la R&D, permirent cependant d'ouvrir la voie du redressement de l'industrie chimique organique française.

L'attitude du gouvernement face à l'industrie chimique changea pourtant du tout au tout avec le déclenchement des hostilités en 1914. Le ministère du Commerce, à la tête duquel fut nommé un homme dynamique et compétent : Clémentel, se lança dans une politique interventionniste très active, avec pour objectif affiché de faire de l'industrie chimique française un fleuron qui n'ait rien à envier aux entreprises allemandes. La volonté de soutenir les secteurs de l'azote et des colorants était au cœur du dispositif gouvernemental. Tout au long de la période de l'entre-deux-guerres, alors que le contrôle de l'État se desserrait sur l'industrie chimique en général avec le retour à la paix, les pouvoirs publics continuèrent à s'immiscer dans les affaires de ces deux secteurs. Mais l'analyse que nous avons proposée dans la troisième partie montre que l'entente entre l'État et l'industrie fut loin d'être parfaite. Qu'en fut-il de l'entente entre les différentes entreprises chimiques ? Il ne nous paraît pas inutile, pour comprendre l'évolution que connut l'industrie chimique française dans les années 1930 et après la Seconde Guerre mondiale, de nous attarder sur la restructuration de cette branche industrielle, amorcée dès les années 1920.

II. Caractéristiques de la réorganisation de l'industrie chimique française dans les années 1920

À la fin des années 1920, le mot « rationalisation » fit son apparition dans de nombreux discours – les termes « concentration », « intégration », « taylorisme » ou « standardisation » étaient d'ailleurs souvent utilisés de façon interchangeable[4]. En effet, le modèle américain de production, représenté par le système Ford ou le taylorisme, attirait l'attention des Français, tant dans l'industrie que dans les mouvements ouvriers. Cependant, si l'on en croit une récente étude par Isao Hirota[5], l'industrie française fut loin de s'engager corps et âme dans le processus

---

[4]   A.N., F^{12} 8796, Conseil national économique, Rapport sur les industries chimiques, octobre 1932, p. 208.

[5]   I. Hirota, *Aux origines…*, *op. cit.*, chap. 4.

de rationalisation. Même R.-P. Duchemin, président de la Confédération générale de la production française, considéré comme un ardent défenseur de la rationalisation, affichait sa méfiance envers le modèle américain[6], ce qui donne le ton de l'attitude du patronat français dans son ensemble. Quand on sait que les structures de production et les modes de consommation aux États-Unis étaient foncièrement différents de ce qui existait en France, il n'y a rien d'étonnant à ce que la France ait été réticente à introduire un système de production de masse par de grandes entreprises qui était à la base du développement industriel de l'Amérique. Pourtant, le sujet de la rationalisation de l'industrie chimique française fut débattu à partir de la deuxième moitié des années 1920, même si l'approche différait des thèses appliquées aux autres branches industrielles. Car dans les faits, c'est l'industrie allemande, géant du secteur qui dominait le marché mondial depuis avant la Première Guerre mondiale, qui déclencha l'offensive de la rationalisation internationale de l'industrie chimique.

Il n'est pas difficile d'imaginer que la firme I.G. Farben, créée en décembre 1925, était devenue le point de mire de tous les industriels de la chimie en Europe et aux États-Unis, qui voyaient en elle la menace absolue pour leurs activités. Même si la guerre avait porté un rude coup à l'industrie chimique allemande, I.G. Farben n'était-elle pas le résultat de l'association des 8 plus puissants fabricants d'outre-Rhin, dont les compétences techniques et la force de vente avaient laissé loin derrière eux tous leurs concurrents ?[7] Chacun concevait facilement que la rationalisation des réseaux commerciaux et de la production qu'entraînait cette union permettrait à l'industrie chimique allemande, dont les bases scientifiques étaient solides, de retrouver tout son dynamisme. Mais ce que ses concurrents craignaient le plus était probablement le rétablissement d'une puissante structure de R&D[8]. Et de fait, I.G. Farben, qui employait plus de 1 000 chimistes à temps plein, consacra des sommes colossales à la recherche – entre 7 et 13 % (1926-1931) de son chiffre d'affaires –, afin de conserver sa supériorité technique et d'avoir toujours une longueur d'avance sur la concurrence[9].

---

[6] *Ibid.*, p. 181-182.

[7] Sur la formation d'I.G. Farben, A. Kudô, *Politique...*, *op. cit.*, chapitres 5 & 6 ; L.F. Haber, *The Chemical Industry, 1900-1930, op. cit.*

[8] H. Sales, « La Recherche-développement dans la stratégie des grandes entreprises chimiques de l'entre-deux-guerres : Du Pont de Nemours, Imperial Industries, I.G. Farben », *Revue d'économie politique*, 94ᵉ année, n° 4, 1984, p. 446-464.

[9] *Ibid.*, p. 453-456. D'après Reader, les frais de recherche d'I. G. Farben, convertis en livres sterling, entre 1927 et 1939, furent ceux indiqués dans le tableau après.

Pour être en mesure de relever ce défi scientifique de l'industrie allemande qui consolidait toujours plus ses structures de R&D, la firme Imperial Chemical Industries (ICI) fut créée en Angleterre en 1926 : elle était le résultat de la fusion entre les 4 principales firmes chimiques nationales. D'après les travaux de W.J. Reader, ICI, juste après sa fondation et grâce à la volonté affichée d'Alfred Mond de mettre la recherche au centre des priorités, elle s'engagea dans une politique de renforcement du secteur de la R&D, et y consacra chaque année, à l'exception des années de crise 1931 à 1934, près d'un million de livres sterling. Les investissements en ressources humaines furent également notables, puisque, entre 1932 et 1936, ICI recruta 361 chimistes dans les 24 universités du pays, auxquels s'ajoutèrent 6 chimistes étrangers diplômés d'établissements d'enseignement supérieur canadiens, australiens et néo-zélandais[10]. Ces importants efforts financiers consentis pour la recherche portèrent leurs fruits, comme le montre la découverte du polyéthylène, véritable symbole du dynamisme scientifique britannique, et eut pour effet de réduire progressivement l'écart avec l'industrie allemande, comme le souligne à juste titre Reader[11]. Grâce à une politique de R&D qui privilégia le secteur des colorants[12] à partir des années 1930, ICI parvint à mettre au point des produits porteurs[13]. Quand on se souvient de l'accouchement difficile de la British Dyes Corporation Ltd. en son temps, considérée avec une extrême circonspection par les firmes concernées, on imagine le chemin parcouru.

Mais l'Angleterre ne fut pas le seul pays à organiser la riposte face à l'industrie chimique allemande. Du Pont de Nemours, que la Première

**Tableau : Frais de recherche et de développement
et effectifs de chimistes chez I.G. Farben entre 1927 et 1938**

Exercice fiscal	Frais de recherche (£)	Nombre de chimistes employés	Exercice fiscal	Frais de recherche (£)	Nombre de chimistes employés
1927	7,5 millions	1 000	1933	3,3 millions	1 000
1928	6,9 millions	1 050	1934	3,4 millions	1 000
1929	6,7 millions	1 100	1935	4,7 millions	1 020
1930	4,9 millions	1 100	1936	5,5 millions	1 060
1931	4,4 millions	1 050	1937	6,7 millions	1 100
1932	2,75 millions	1 000	1938	7,6 millions	1 150

Source : W.J. Reader, *Imperial Chemical Industries, A History*, vol. 2, Londres, 1975, p. 34.

[10] W.J. Reader, *op. cit.*, p. 81-93.

[11] *Ibid.*, p. 94.

[12] A.D. Chandler, *Organisation et performance des entreprises*, Paris, 1992-1993.

[13] Les frais de R&D passent de £26 960 en 1931 à £262 064 en 1937, soit une multiplication par 10. Cela représentait un quart du budget total (£1 034 339) de l'entreprise. Cf. W.J. Reader, *op. cit.*, p. 88.

Guerre mondiale avait subitement transformé en une grande société touchant à tous les secteurs de la chimie, décida d'investir les importants bénéfices réalisés pendant le conflit dans la recherche-développement. À la fin des années 1930, elle était en mesure de rivaliser avec ICI[14] : quelques années plus tard, sa découverte du nylon et de ses applications industrielles qui allaient révolutionner l'industrie textile l'amenait définitivement à jouer dans la cour des grands[15]. Ainsi, dans les années 1920, c'est en renforçant leurs structures de R&D qu'ICI ou Du Pont devinrent les champions nationaux de la chimie au Royaume-Uni et aux États-Unis. Mais leur offensive ne s'arrêta pas là : des accords croisés de licences entre les deux firmes, signés en 1929, leur permirent d'opposer un front uni à la concurrence allemande[16]. Le rôle que joua cet accord pour le développement de l'industrie chimique anglaise et américaine dans les années 1930 fut loin d'être négligeable[17].

En Belgique et en Italie aussi, bien que dans des proportions plus modestes, la réorganisation de l'industrie chimique suivit son cours. En 1928, à l'initiative de Solvay, l'Union chimique belge vit le jour, en réunissant les différentes PME de chimie lourde. L'année suivante, elle va même jusqu'à racheter une filiale de la société française Progil, illustrant le dynamisme du vent de rationalisation industrielle en Belgique sous l'impulsion de Solvay, qui n'hésita pas à entraîner la France dans la tourmente[18]. En Italie enfin, Montecatini se métamorphosa en un grand complexe chimique : parallèlement à sa production traditionnelle de chimie lourde, l'entreprise se lança dans les années 1920 dans le secteur des engrais azotés et des colorants dérivés du goudron de houille, affichant clairement son objectif de « devenir une grande firme chimique surpassant toutes les autres »[19].

La création de I.G. Farben et de ICI ne pouvait qu'entraîner des répercussions importantes en France, troisième pays producteur et exportateur de produits chimiques derrière l'Allemagne et l'Angleterre. Ce sujet revint régulièrement dans les journaux économiques et revues spécialisées de l'époque, de même qu'il nourrit les débats des conseils

---

[14] W.J. Reader, *op. cit.*, p. 94.

[15] Sur la politique de R&D de Du Pont dans l'entre-deux-guerres, cf. H. Itô, « La stratégie internationale d'entreprise de Du Pont de Nemours : d'une politique de recherche de diversification de la production à une politique d'internationalisation* », *Keiei Shigaku*, vol. 12, n° 3, 1979, p. 90-104.

[16] Cf. W.J. Reader, *op. cit.*, p. 506-513.

[17] H. Itô, art. cit., p. 100.

[18] J.-P. Daviet, *La Compagnie de Saint-Gobain de 1830 à 1939*, thèse d'État, vol. 5, Université de Paris I, 1981, p. 1325.

[19] L.F. Haber, *op. cit.*, p. 466-467.

d'administration des principales entreprises chimiques : l'intérêt qu'y portait l'industrie française était plus que naturel. Mais quelle attitude adopta-t-elle pour contrer l'offensive d'I.G. Farben ? Trois scénarios s'offraient à elle. Elle pouvait choisir à son tour de créer un « champion national » à l'image de ce qui s'était passé en Allemagne, au Royaume-Uni et aux États-Unis. Pour cela, la fusion entre les deux grands de la chimie française, Saint-Gobain et les Établissements Kuhlmann, était indispensable. Ensuite il fallait racheter au moins une des deux firmes pharmaceutiques d'envergure internationale, à savoir soit la SCUR, soit Poulenc Frères. Avec la SCUR dans le groupe, on trouverait dans la corbeille des mariés, à travers sa filiale Rhodiaceta, le Comptoir des textiles artificiels qui avait le monopole de la rayonne en France, ainsi que le soutien de la puissante famille Gillet qui gérait les intérêts du Comptoir ainsi que des entreprises affiliées à Gillet. Ce serait donc un puissant groupe industriel qui verrait ainsi le jour[20]. Le deuxième scénario était de réorganiser l'ensemble de l'industrie autour de Saint-Gobain ou des Établissements Kuhlmann – un projet qui paraissait plus facile à réaliser. Enfin, le troisième scénario consistait à restructurer la filière avec le soutien d'une entreprise étrangère suffisamment puissante. Mais un tel projet se heurterait inévitablement à l'opposition du gouvernement, si bien que ce scénario apparaissait comme celui où les obstacles seraient les plus nombreux. Quel fut donc le scénario retenu ? Pour reprendre une expression du président du conseil d'administration de la SCUR, en 1927, « on assistait à une effervescence en faveur d'une concentration de l'industrie chimique française »[21], si bien que l'on chercha à réaliser les trois scénarios en parallèle, malgré la complexité du processus !

La première initiative date de 1927 avec la formation du Comité des industries chimiques de France[22], qui rassemblait une vingtaine des plus importantes entreprises du secteur, pour la plupart membres de l'Union des industries chimiques, créée en 1921 pour défendre les intérêts professionnels de la branche. Conçu sur le modèle du Comité des Forges[23], le Comité des industries chimiques de France avait vu le jour sous l'impulsion de Raymond Berr, président de Kuhlmann, dans une volonté clairement affichée de réorganiser l'industrie chimique française, ainsi que le souligne J.-P. Daviet[24]. L'idée derrière cette initiative était de

---

[20] Sur les comptoirs, cf. la note 26 du chapitre II.

[21] Archives Rhône-Poulenc, P.-V. du Conseil d'administration de la Société chimique des usines du Rhône, séance du 21 février 1927.

[22] A.N., F[12] 8796, Conseil national économique, doc. cit., p. 29.

[23] Archives Rhône-Poulenc, doc. cit., séance du 21 février 1927.

[24] J.-P. Daviet, *op. cit.*, p. 1338-1339.

réaliser un trust chimique capable de rivaliser avec I.G. Farben. Dans un article publié en janvier 1927 dans la revue *Chimie et Industrie*[25], Berr présenta en détail la menace que constituait l'établissement d'I.G. Farben et les mesures prises pour y faire face dans les différents pays, puis conclut sur la nécessité d'unir les forces publiques et privées en France aussi pour répondre au défi, et insista sur l'urgence qu'il y avait à organiser l'industrie chimique française, si ce n'est sous la forme d'un grand trust ou d'une communauté d'intérêt, au moins sous la forme d'une entente garantissant des actions communes. Pourtant, toujours d'après Daviet, le président Bosch, d'I.G. Farben, fut invité par le Comité peu de temps après sa formation pour parler d'une possible union européenne de l'industrie chimique, capable de faire front au développement spectaculaire des entreprises américaines ! Mais dans les faits, l'opposition continue de Saint-Gobain[26] empêcha le Comité des industries chimiques de France de fédérer toute l'industrie chimique française : dans ces conditions, il n'était pas question d'envisager sérieusement une union européenne !

Le deuxième épisode qui mérite d'être mentionné est la fusion en 1928 entre la SCUR et les Établissements Poulenc Frères. Ces deux entreprises étaient des fleurons de l'industrie pharmaceutique de l'époque. La fusion, qui donna naissance à un nouveau groupe baptisé Rhône-Poulenc, reposait sur une analyse de la situation internationale de la branche. « Depuis quelque temps, on assiste à de nombreux rapprochements et unions qui sont le fruit d'une tendance mondiale à la rationalisation industrielle, terme très à la mode en ce moment. Étant donné la forte concurrence sur les marchés nationaux et internationaux, la fusion représente une condition *sine qua non* pour réussir une concentration des sites de production et une spécialisation qui permettront d'améliorer la qualité de nos produits et de faire des économies d'échelle sur l'achat de matières premières** »[27]. En fait, au cours des négociations, il avait été question d'inclure aussi Saint-Gobain dans la formation du nouveau groupe : le Conseil d'administration de Poulenc Frères en particulier avait exprimé à l'unanimité sa volonté de voir Saint-Gobain participer au projet[28]. Au terme des tractations entre les trois sociétés, on laissa le

---

[25] R. Berr, « Une évolution nouvelle de l'industrie chimique », *Chimie et Industrie*, janvier 1927, p. 3-20.

[26] J.-P. Daviet, *op. cit.*, p. 1338-1340.

[27] A.N., 65 AQ P288, Compte rendu de l'Assemblée générale des actionnaires de la Société chimique des usines du Rhône, séance du 21 juin 1927.

[28] Archives Rhône-Poulenc, P.-V. du Conseil d'administration des Établissements Poulenc Frères, séance du 2 mars 1927.

choix à Saint-Gobain de participer ou non à la fusion[29], mais elle opta finalement pour rester en dehors. Nous ne disposons malheureusement d'aucune archive expliquant les raisons du refus. On peut supposer qu'elle préféra privilégier la stratégie conservatrice qui avait toujours été la sienne – s'efforcer de maintenir la position dominante de Saint-Gobain par le truchement de cartels – plutôt que de se lancer dans une alliance qui lui ferait perdre son autonomie[30].

Quant au troisième scénario envisageant une union internationale, il se profile avec la création de la Société d'études et d'applications chimiques, lancée par le belge Solvay et le français Saint-Gobain en 1927. La nouvelle entreprise lança un appel à participation l'année suivante à la SCUR et aux Établissements Poulenc (Rhône-Poulenc), à Pechiney[31], à Progil et au Comptoir des textiles artificiels, si bien qu'elle rassembla les principales entreprises chimiques françaises, à l'exception des Établissements Kuhlmann[32]. Cette Société d'études créée à l'initiative de Solvay[33] garantissait l'indépendance de chacun des membres, tout en affichant comme objectif le renforcement des liens industriels et financiers entre les affiliés au groupe, et la prise en commun de moyens d'action efficaces à chaque fois que nécessaire. Mais là encore, l'expérience se solda par une absence de résultats notoires. L'idée d'une union franco-belge n'était apparemment pas mûre pour porter ses fruits.

En bref, à l'exception du rapprochement d'envergure limitée que constitua la fusion entre la SCUR et Poulenc Frères, le vent de rationalisation qui avait soufflé sur la France à la fin des années 1920 ne déboucha sur aucun résultat notable. Mais cela n'était pas dû à un excès d'individualisme de la part des dirigeants des principales entreprises françaises comme on l'a souvent dit. Raymond Berr fut un ardent promoteur du rapprochement entre les différentes entreprises nationales, visant à créer une union capable de rivaliser avec I.G. Farben. La fusion

---

[29] *Ibid.*

[30] Cf. J.-P. Daviet, *Un Destin...*, *op. cit.* ; *id.*, *Une Multinationale...*, *op. cit.*

[31] À cette époque, la raison sociale de l'entreprise était en fait Compagnie de produits chimiques et électrométallurgiques, Alais, Froges et Camargue. Bien entendu, l'électrométallurgie représentait la principale activité de Pechiney, pionnier de la fabrication moderne d'aluminium, mais l'entreprise avait également mis l'accent sur les produits chimiques par électrolyse. De plus, dans les années 1920, elle s'était aussi lancée dans le secteur de l'ammonium synthétique. Archives Crédit Lyonnais (Direction des études économiques et financières), Études Économiques, Supplément au *Moniteur officiel du commerce et de l'industrie*, 25 mars 1933 – « Pechiney » ; C.-J. Gignoux, *op. cit.*

[32] Archives Rhône-Poulenc, P.-V. du Conseil..., Poulenc Frères, séance du 17 janvier 1928 ; P.-V. du Conseil..., Usines du Rhône, séance du 28 janvier 1928.

[33] J.-P. Daviet, *La Compagnie...*, *op. cit.*, p. 1239.

entre la SCUR et Poulenc Frères envisageait également la participation de Saint-Gobain. À chaque fois, ce fut l'attitude extrêmement prudente de Saint-Gobain qui empêcha de concrétiser les projets. Pour mieux comprendre les enjeux, il convient de ne pas oublier que Saint-Gobain était non seulement un des deux plus grands groupes chimiques français avec Kuhlmann, mais également l'initiateur de l'union mondiale de l'industrie vitrière. La convention vitrière internationale de 1904 et l'accord avec Pilkington qui s'ensuivit, de même que la convention internationale dans les années 1930 permettant la formation d'un pool de brevets avec les entreprises américaines afin de promouvoir le développement de la fibre de verre, furent autant de réussites à mettre sur le compte de Saint-Gobain. Cette active politique de rapprochement avec d'autres sociétés conférait ainsi à Saint-Gobain un statut et une image de fédérateur d'intérêts industriels[34]. En d'autres termes, si Saint-Gobain refusa de participer à une alliance générale de l'industrie chimique, c'est qu'elle considérait que ce n'était pas dans son intérêt. Si elle se rapprochait avec d'autres entreprises chimiques sans faire très attention aux conditions imposées par de tels accords, elle risquait de perdre son statut de première entreprise vitrière au monde. La réticence à réorganiser l'industrie chimique, dont ne se départit jamais Saint-Gobain, s'explique sans doute par ce contexte plus général.

III. Synthèse

Ainsi, le mouvement dynamique de rationalisation de l'industrie chimique française à la fin des années 1920 n'eut pratiquement aucune réalisation tangible, à l'exception de la création de Rhône-Poulenc. Cette situation contraste avec la formation à l'étranger de groupes puissants, notamment en Allemagne, géant incontesté de la chimie, qui vit la concentration efficace des structures de R&D avec la naissance d'I.G. Farben, ou encore en Angleterre et aux États-Unis, avec l'apparition de « champions nationaux » comme ICI et Du Pont de Nemours. Si l'industrie chimique française dans l'entre-deux-guerres ne s'organisa pas autour d'un grand conglomérat national capable d'affronter les trusts étrangers, on assista cependant dans les années 1920, comme dans d'autres branches, à la formation de holdings industriels détenant des participations financières dans d'autres sociétés du même secteur, comme ce fut le cas des Établissements Kuhlmann ou de Saint-Gobain[35].

---

[34] Cf. J. Sakudô, Compte rendu de Jean-Pierre Daviet, *Un destin international. La Compagnie de Saint-Gobain de 1830 à 1939*, *Keiei Shigaku*, vol. 25, n° 3, 1990, p. 92-98.

[35] Si on prend l'exemple des Établissements Kuhlmann, en 1929, le montant total des participations financières dans d'autres sociétés s'élevait à 177 millions de francs,

À travers la création de filiales communes et l'envoi croisé de dirigeants dans les conseils d'administration des partenaires, un réseau complexe d'intérêts communs vit le jour. Par exemple, le groupe Gillet, bien implanté dans le monde de l'industrie chimique lyonnaise, était ainsi relié à Saint-Gobain, Kuhlmann, Solvay, Rhône-Poulenc et Pechiney, à travers sa filiale Progil ou via le Comptoir des textiles artificiels où il avait une influence notoire. Ce type de rapprochement industriel est tout à fait caractéristique de la France, mais ce n'est pas l'objet du présent ouvrage d'analyser les atouts et les inconvénients d'une telle stratégie. Quoi qu'il en soit, la rationalisation de l'industrie chimique à laquelle on assista à travers le monde à partir de la deuxième moitié des années 1920 eut incontestablement pour effet de favoriser une concentration des efforts de R&D, illustrée par l'exemple particulièrement représentatif d'I.G. Farben. De même, si ICI n'avait pas vu le jour, la recherche sur les colorants se serait probablement poursuivie chichement en Angleterre chez British Dyes Corporation Ltd. et n'aurait certainement pas entraîné les découvertes historiques des années 1930. À l'inverse, si Kuhlmann avait investi dans la recherche les sommes colossales qu'ICI attribua à la R&D, le déclin de l'industrie française des colorants n'aurait peut-être pas eu lieu dans les années 1930. Vue sous cet angle, l'incapacité de la France à organiser sa R&D « à la mode allemande », alors que le contexte mondial était à la rationalisation de l'industrie chimique, lui coûta cher. Il fallut attendre la formation de la CEE après la Seconde Guerre mondiale pour qu'elle s'engage enfin dans cette voie.

---

soit à peu près la moitié de son propre capital (312,5 millions). M. Lambert, « La Situation financière de l'industrie chimique française en 1929 », *Chimie et Industrie*, vol. 23, n° 5, 1930, p. 1282.

Sources

I. Archives nationales

1. Archives du ministère du Commerce

F^{12} 5155-5269, Légion d'honneur, Propositions individuelles : Frits Koechlin, Isaac Koechlin, Daniel Koechlin, Nicolas Koechlin, Nicolas Schlumberger, Jean Schlumberger, Henri Schlumberger, J.-A. Schlumberger.

F^{12} 5242, Légion d'honneur, 1815-1916, Propositions individuelles, dossier de Gaston Poulenc.

F^{12} 6852, Douanes : dossiers sur le régime douanier de l'Oxydinitrodiphénylamine.

F^{12} 6852, Douanes : Comité consultatif des arts et manufactures, Révision du régime douanier des produits chimiques dérivés du goudron de houille, 24 février 1909.

F^{12} 6852, Douanes : Chambre des Députés, Proposition de loi tendant à fixer le régime douanier du benzol et de la benzoline, 23 novembre 1908.

F^{12} 6916, Chambre syndicale de la grande industrie chimique, Note résumant les Rapports de la Chambre syndicale de la grande industrie chimique, en réponse au questionnaire du Conseil supérieur du commerce et de l'industrie, au point de vue des droits demandés, juin 1890.

F^{12} 6916, Chambre de commerce de Marseille : Réponses au questionnaire du Conseil supérieur du commerce et de l'industrie, 1890.

F^{12} 7707, Lettres de M. Béhal, Directeur de l'Office des produits chimiques et pharmaceutiques, octobre 1914 et 28 novembre 1914.

F^{12} 7708, Rapports de M. Knight, attaché commercial pour l'Extrême-Orient.

F^{12} 7708, Projet de loi tendant à la ratification du contrat conclu le 11 septembre 1916 entre le Ministre de la Guerre et le Syndicat national des matières colorantes.

F^{12} 7708, Décret sur la création de l'Office des produits chimiques et pharmaceutiques à Bordeaux, 17 octobre 1917.

F^{12} 7708, Service technique, Rôle du Service technique dans les matières colorantes, 7 février 1917.

F^{12} 7708, Office des produits chimiques et pharmaceutiques, Rapport sur la reconstruction de l'industrie des matières colorantes en France.

F^{12} 7708, Service technique, Note sur le Syndicat national des matières colorantes.

F^{12} 7708, P.-V. de la première séance de la Commission des matières colorantes, 30 avril 1916.

F^{12} 7708, Compte rendu des travaux de la Commission des matières colorantes.

F^{12} 7708, Service Technique, Compte rendu de la réunion du 18 novembre 1916 qui concerne la constitution de la Compagnie nationale des matières colorantes.

F^{12} 7708, Documents parlementaires – Sénat, 25 avril 1917.

F^{12} 7708, Lettre de A. Poirrier, Sénateur et Président du Conseil d'administration de la S.A. des Matières Colorantes de Saint-Denis, au Ministre du Commerce, 2 juin 1916 ; Lettre de A. Poirrier au Président du Conseil, 17 novembre 1916.

F^{12} 7708, Chambre de commerce de Lyon, Rapport de la Société d'études pour la fabrication de matières colorantes, 12 juillet 1915.

F^{12} 7708, Chambre de commerce de Lyon, P.-V. du Comité lyonnais des matières colorantes, séance du 30 juillet 1915.

F^{12} 7708, Lettre du Président de la Chambre de commerce de Paris au directeur de l'Office des produits chimiques et pharmaceutiques, 16 juillet 1915.

F^{12} 7708, Lettre de la Chambre de commerce de Lyon, à M. le directeur des Douanes, 22 janvier 1916.

F^{12} 7708, Service Technique : Note de M. Clémentel, Ministre du Commerce, 11 avril 1917.

F^{12} 7708, Lettre de M. Chapuis, Directeur général de la S.A. de Saint-Denis, à M. Cotelle, Président de cette société, 12 avril 1917.

F^{12} 7708, Lettre de M. Cotelle, Président de la S.A. de Saint-Denis, au Ministre du Commerce, 16 avril 1917 ; Lettres de M. Cotelle au Professeur Fleurent, Directeur de l'Office des produits chimiques et pharmaceutiques, et au Ministre du Commerce, 5 juillet 1918.

F^{12} 7708, *Supplément Quotidien économique et financier*, 20 juin 1917.

F^{12} 7708, Chambre des députés, session de 1917, annexe au P.-V. de la séance du 3 avril 1917.

F^{12} 7708, Lettre de la Chambre de Commerce de Bolbec au Ministre du Commerce, 22 juillet 1918.

F^{12} 7710, État de la fabrication de l'indigo à la date du 15 mai 1915.

F^{12} 7711, Rapport : Commission des mesures douanières de l'Office des produits chimiques et pharmaceutiques, 1re partie.

F^{12} 7711, Projet de loi tendant à modifier le tableau A annexé à la loi du 11 janvier 1892 (produits chimiques), présenté au nom de M. Raymond Poincaré, 1919.

F^{12} 7838, Lettre de G. Patard, Directeur général de la Compagnie nationale des matières colorantes, au Ministre du Commerce, 16 juillet 1918.

F^{12} 8048, Comité consultatif des arts et manufactures : Rapports de MM. Louis Marlio et Lindet pour la publication d'un *Rapport général sur l'industrie française*, 1917-1920.

F^{12} 8048 et 8055, Comité consultatif des arts et manufactures : Rapports réunis en vue de la publication d'un *Rapport général sur l'industrie française*, 1917-1920.

F^{12} 8703, Légion d'honneur, Propositions individuelles 1890-1939, dossier de Louis Pradel.

F^{12} 8796, Conseil national économique, Rapport de M. Fleurent sur « les industries chimiques », 15 octobre 1932.

2. Archives d'entreprises (Archives nationales du monde du travail, Roubaix)

65 AQ P4, Rapports des Assemblées générales de l'Air Liquide, 1902-1930.

65 AQ P91, Statut de la Compagnie nationale des matières colorantes et de produits chimiques ; *Agence économique et financière*, 8 août 1923.

65 AQ P269, Compte rendu de l'Assemblée générale des actionnaires des Établissements Poulenc Frères, 1900-1928.

65 AQ P288, Compte rendu de l'Assemblée générale des actionnaires de la Société chimique des usines du Rhône, 1896-1928.

65 AQ P297, Compte rendu de l'Assemblée générale des actionnaires de la S.A. des matières colorantes et produits chimiques de Saint-Denis, 1881-1927 ; *Le Bulletin financier ; La petite cote de la Bourse*, 1921.

3. Papiers A. Thomas

94 AP 105, Note pour M. Albert Thomas, Acide sulfurique.

94 AP 105, Note pour le Sous-secrétariat d'État de l'Artillerie et des Munitions, 28 août 1915.

94 AP 105, Note de M. Albert Thomas pour le Capitaine Exbrayat, 1er février 1916.

4. Archives du Conseil économique

CE3, Conseil national économique, La protection et les encouragements à donner par les pouvoirs publics aux diverses branches de l'économie nationale, 1936.

II. Archives Rhône-Poulenc

R.-P., P.-V. du Conseil d'administration de la Société chimique des usines du Rhône, du 18 juillet 1896 au 26 juin 1928.

R.-P., P.-V. du Conseil d'administration des Établissements Poulenc Frères, du 2 juillet 1900 au 17 juillet 1928.

A. R.-P., P.-V. du Conseil d'administration de la Société des usines chimiques Rhône-Poulenc, du 26 juin 1928 au 18 mars 1930.

Compte rendu de l'Assemblée générale des actionnaires de la Société chimique des usines du Rhône, 1896-1928.

Compte rendu de l'Assemblée générale des actionnaires des Établissements Poulenc Frères, 1900-1928.

Compte rendu de l'Assemblée générale des actionnaires de la Société des usines chimiques Rhône-Poulenc, 1929-1932.

Histoire de la S.A. les Établissements Poulenc Frères, documents dactylographiés, 4 vols.

III. Archives Banque Paribas

P.-V. du Conseil d'administration de la Banque Paribas, 1916-1930.

474 dossiers 8, Chimie :

– Correspondances, Syndicat national des matières colorantes.

– Note technique sur « British Dyes Ltd. ».

– Contrat entre le Ministre de la Guerre et le Syndicat national des matières colorantes, 11 septembre 1916.

– Contrat entre la Banque Paribas et le Syndicat national des matières colorantes, 10 octobre 1916.

– Note sur la Compagnie nationale, 1918.

474 dossiers 10, P.-V. de la Société des ingénieurs civils de France, séance du 30 juillet 1915.

598 dossiers 22, Matières colorantes :

– Note du Professeur M. E. Fleurent sur le projet de création en France d'une industrie de matières colorantes, 2 février 1916.

– Projets de lettres de la Compagnie nationale de matières colorantes au Ministre de l'Armement.

– Copie du Contrat de location de la Poudrerie d'Oissel à la Compagnie nationale, 1er octobre 1919.

IV. Archives Saint-Gobain

Boîte n° 4, P.-V. et Minutes du Conseil d'administration : Produits chimiques, 1913-1915.

Boîte n° 36, Notes d'information sur le Conseil d'administration : Produits chimiques, 1913.

V. Archives de la Direction des études économiques et financières du Crédit Lyonnais

N. 38721, Compte rendu de l'Assemblée générale des actionnaires des Établissements Kuhlmann, 1920-1933.

Outre les archives mentionnées ci-dessus, nous avons consulté les comptes rendus des assemblées générales des actionnaires de la S.A. Saint-Denis, de Pechiney et L'Air Liquide, ainsi que les publications financières de l'époque disponibles à la Direction des études économiques et financières du Crédit Lyonnais, afin de compléter les données manquantes dans les Archives nationales.

VI. Archives L'Air Liquide

Discours de M. Georges Claude à l'occasion du vingt-cinquième anniversaire de L'Air Liquide, 13 octobre 1927.

Centenaire de la naissance de G. Claude, 1970.

Discours de M. Paul Delorme à l'occasion du vingt-cinquième anniversaire de L'Air Liquide, le 13 octobre 1927.

Société L'Air Liquide, *Cinquantenaire de la Société L'Air Liquide, octobre 1902-octobre 1952*, 1952.

Chronologie des implantations de L'Air Liquide dans le monde.

P.-V. de la Conférence de Yves Mercier, 29 octobre 1956.

L'Air Liquide, une histoire inventive.

Nation belge, 1923-1924.

Histoire de la Maison A. Poirrier, brochure présentée au jury international de l'Exposition universelle de 1878.

VII. Documents sur les Expositions universelles à Paris (Bibliothèque Nationale de France)

Exposition universelle internationale de 1867 à Paris, Rapports du jury international : Classe 44, Sections VI et VII, Paris, 1867.

Exposition universelle internationale de 1878 à Paris, Rapports du jury international : Produits chimiques et pharmaceutiques, Paris

Exposition universelle internationale de 1889 à Paris, Rapports du jury international : Classe 45, Produits chimiques et pharmaceutiques, Paris.

Exposition universelle internationale de 1900 à Paris, Rapports du jury international : Groupe XIV, Industrie chimique, t. I & t. II, Paris, 1902.

VIII. Publications officielles

Ministère des Finances, *Bulletin de statistique et de législation comparée*, t. 9 (mai 1881), t. 11 (1882), t. 31 (1892).

Ministère du Commerce, *Rapport général sur l'industrie française, sa situation et son avenir*, t. II, Paris, 1919.

Association nationale d'expansion économique, *Enquête sur la production française et la concurrence étrangère*, t. III, 1917.

Syndicat général des produits chimiques, *L'Industrie chimique et les droits de douane. Résultats de l'enquête ouverte par le Syndicat général des produits chimiques sur la modification à apporter au régime douanier français*, Paris, 1918.

Comptes-rendus des séances du Congrès international de la propriété industrielle, tenu à Paris en 1878, Palais du Trocadéro, Paris, 1879.

Rapport général sur les travaux du Conseil d'hygiène publique et de salubrité du Département de la Seine, depuis 1862 jusqu'à 1866 inclusivement, Paris, 1870.

Bibliographie

I. Histoire de l'industrie chimique

1. Travaux en français ou en anglais

Appleton, J., « La Situation juridique de la saccharine », *Chimie et Industrie*, vol. 10, n° 3, 1923, p. 568-573.

Baud, P., *Les Industries chimiques régionales en France*, Paris, 1922.

Baud, P., *L'Industrie chimique en France*, Paris, 1932.

Beer, J.J., *The Emergence of the German Dye Industry*, Urbana, 1959.

Bernard, Ed., *Le Problème de l'azote en France*, Paris, 1933.

Berr, R., « Une Évolution nouvelle de l'industrie chimique », *Chimie et Industrie*, janvier 1927, p. 3-20.

Bruneau, L., *L'Allemagne en France*, Paris, 1914.

Carlioz, J., « La Fabrication de l'ammoniaque synthétique par le procédé Haber-Bosch », *Chimie et Industrie*, vol. 11, n° 1, 1924, p. 170-175.

Cayez, P., *Métiers Jacquard et hauts fourneaux. Aux origines de l'industrie lyonnaise*, Lyon, 1978.

Cayez, P., *Crise et croissance de l'industrie lyonnaise, 1850-1900*, Lyon, 1980.

Cayez, P., *Rhône-Poulenc 1895-1975. Contribution à l'étude d'un groupe industriel*, Paris, 1988.

Chadeau, E., « International Cartels in the Interwar Period : Some Aspects of the French Case », in Kudô, A. & Hara, T. (eds.), *International Cartels in Business History*, Tokyo, 1992, p. 98-113.

Choffel, J., *Saint-Gobain*, Paris, 1960.

Claude, G., « Une conséquence importante de la synthèse de l'ammoniac », *Chimie et Industrie*, vol. 2, n° 8, 1919, p. 98-113.

Claude, G., « Comment j'ai réalisé la synthèse de l'ammoniaque par les hyper-pressions », *Chimie et Industrie*, vol. 11, n° 6, 1924, p. 1055-1056.

Claude, G., *Ma vie et mes inventions*, Paris, 1950.

Daviet, J.-P., « Trade Associations or Agreements and Controlled Competition in France, 1830-1939 », in Yamazaki, H., & Miyamoto, M. (eds.), *Trade Associations in Business History*, Tokyo, 1988, p. 269-295.

Daviet, J.-P., *La Compagnie de Saint-Gobain de 1830 à 1939, une entreprise française à rayonnement international*, thèse de doctorat d'État d'histoire, Université de Paris I, 1981.

Daviet, J.-P., *Un Destin international, la Compagnie de Saint-Gobain de 1830 à 1939*, Paris, 1988.

Daviet, J.-P., *Une Multinationale à la française, Saint-Gobain, 1665-1989*, Paris, 1989.

Detœuf, A., « L'Avenir de l'industrie des produits pharmaceutiques », *Chimie et Industrie*, vol. 2, n° 2, 1919, p. 221-224.

Duchemin, R.-P., *Raymond Berr, sa vie, sa carrière, son œuvre*, Paris, 1945.

Établissements Kuhlmann, *Cent ans d'industrie chimique. Les Établissements Kuhlmann, 1825-1925*, Paris, 1925.

Fabre, R. & Dillemann, G., *Histoire de la Pharmacie*, Paris, 1963.

Fauque, M., *L'Évolution économique de la grande industrie chimique en France*, thèse, Strasbourg, 1932.

Firch, R., *Les Industries chimiques de la région lyonnaise*, Paris, 1923.

Fleurent, E., « Les Grandes industries chimiques à l'exposition universelle de 1900 », *Annales du Conservatoire des arts et métiers*, 3ᵉ série.

Fontaine, A., *L'Industrie française pendant la guerre*, Paris, 1925.

Fourneau, E., « À propos du projet de loi sur l'exercice de la pharmacie », *Chimie et Industrie*, vol. 8, n° 2, 1922, p. 71-72.

Fourneau, E., « Sur la question des brevets en matière de produits chimiques », *Chimie et Industrie*, vol. 8, n° 5, 1922.

Fourneau, E., « L'Organisation des recherches de chimiothérapie », *Chimie et Industrie*, vol. 9, n° 6, 1923, p. 241-249.

George, F., *La Rénovation de l'industrie chimique française*, Paris, 1919.

Gérard, J. (ed.), *Dix ans d'efforts scientifiques et industriels*, 2 vols., Paris, 1926.

Gignoux, C.-J., *Histoire d'une entreprise française*, Paris, 1955.

Godfrey, J. F., *Capitalism at War. Industrial Policy and Bureaucracy in France, 1914-1918*, New York, 1987.

Grandmougin, E., *L'Enseignement de la chimie industrielle en France*, Paris, 1917.

Grandmougin, E., *L'Essor des industries chimiques en France*, Paris, 1917.

Grandmougin, E. & P., *La Réorganisation de l'industrie chimique en France*, Paris, 1918.

Guérin, M., *Les Aspects économiques de la législation des brevets d'inventions dans l'industrie des produits chimiques*, thèse, Paris, 1922.

Haber, L. F., *The Chemical Industry during the Nineteenth Century*, Oxford, 1958.

Haber, L. F., *The Chemical Industry, 1900-1930*, Oxford, 1971.

Hugon, P., *De l'Étatisme industriel en France et des Offices nationaux en particulier*, thèse, Amiens, 1930.

Ihde, A. J., *The Development of Modern Chemistry*, New York, 1964.

Laferrère, M., *Lyon, ville industrielle*, Paris, 1960.

Lambert, M., « La Situation financière de l'industrie chimique française », *Chimie et Industrie*, vol. 23, n° 5, 1930, p. 1283-1285.

Léger, J.-E., *Une Grande Entreprise dans la chimie française, Kuhlmann, 1825-1982*, Paris, 1988.

Li, J. M., « L'Air Liquide, Pioneer of French Industrial Presence in Japan Between 1910 and 1945 », in Yuzawa, T., & Udagawa, M. (eds.), *Foreign Business in Japan before World War II*, Tokyo, 1990, p. 221-238.

Liebenau, J., « Industrial R & D in Phamaceutical Firms in the Early Twentieth Century », *Business History*, 1984, p. 335-340.

Lormand, Ch., « Sur la fabrication de l'ammoniaque synthétique », *Chimie et Industrie*, vol. 9, n° 1, 1923, p. 183-187.

Lormand, Ch., « La Fabrication de l'ammoniaque », *Chimie et Industrie*, vol. 11, n° 5, 1924, p. 1001-1002.

Lucas, J.-H., « L'industrie des produits azotés en 1928 », *Chimie et Industrie*, vol. 22, n° 5, 1929, p. 1013-1019.

Lucas, J.-H., « Le Marché de l'azote va-t-il s'équilibrer ? », *Chimie et Industrie*, vol. 24, n° 6, 1930, p. 1472-1476.

Matagrin, A., *L'Industrie des produits chimiques et ses travailleurs*, Paris, 1925.

Morsel, H., « Les Industries électrotechniques dans les Alpes françaises du Nord de 1869 à 1921 », in Pierre Léon *et al.* (eds.), *L'Industrialisation en Europe au XIXe siècle : cartographie et typologie*, Lyon, 1972, p. 557-592.

Morsel, H., « Contribution à l'histoire des ententes industrielles (à partir d'un exemple, l'industrie des chlorates) », *Revue d'histoire économique et sociale*, n° 1, 1976, p. 118-129.

Moureau, C., *La Chimie et la guerre, science et avenir*, Paris, 1920.

Quarré, Fr., *Rhône-Poulenc, ma vie*, Paris, 1988.

Reader, W. J., *Imperial Chemical Industries, A History*, 2 vols., Londres, 1970, 1975.

Richeux, R., *L'Industrie chimique en France : structure et production, 1850-1957*, thèse de doctorat de sciences économiques, Université de Paris, 1958.

Robson, M., « The British pharmaceutical industry and the First World War », in Liebenau, J. (ed.), *The Challenge of New Technology. Innovation in British Business since 1850*, Aldershot, 1988.

Rosset, A., « Les Petits Débuts d'une grande société : L'Air Liquide », *Histoire, informations et documents*, 1970, p. 122-126.

Roux, E. & Douffiagues, J.-A., *La Politique française de l'azote*, extrait des *Annales des Mines*, 1935.

Sales, H., « La Recherche-développement dans la stratégie des grandes entreprises chimiques de l'entre-deux-guerres : Du Pont de Nemours, Imperial Chemical Industries, I. G. Farben », *Revue d'Économie Politique*, 94e année, n° 4, 1984, p. 446-464.

Schröter, H. G., « The International Dyestuffs Cartel, 1927-1939, with Special Reference to the Developing Areas of Europe and Japan », in Kudô, A. & Hara, T. (eds.), *International Cartels in Business History*, Tokyo, 1992, p. 33-52.

Slinn, J., *A History of May and Baker, 1834-1934*, Cambridge, 1984.

Smith, J. G., *The Origins and Early Development of the Heavy Chemical Industry in France*, Oxford, 1979.

Société des usines chimiques Rhône-Poulenc, *Laboratoires de recherches de Vitry-sur-Seine, Centre Nicolas-Grillet*, Paris.

Thépot, A., « Frédéric Kuhlmann, industriel et notable du Nord, 1803-1881 », *Revue du Nord*, n° 265, 1985, p. 527-546.

2. Travaux en japonais (titres traduits en français)

Itô, H., « La Stratégie internationale d'entreprise de Du Pont de Nemours : d'une politique de recherche de diversification de la production à une politique d'internationalisation », *Keiei-shigaku*, vol. 12, n° 3, 1979, p. 90-104.

Kaku, S., *Introduction à l'histoire de l'industrie chimique allemande*, Kyoto, Éditions Minerva, 1986.

Kudô, A., « La politique d'I. G. Farben envers le Japon : les matières colorantes », *Shakai Kagaku Kiyô*, Université de Tokyo, n° 36, 1987, p. 95-101.

Kudô, A., *Histoire des relations entre les entreprises allemandes et japonaises*, Tokyo, Yûhikaku, 1992.

Kudô, A., *La politique d'I. G. Farben envers le Japon : histoire des relations entre les entreprises allemandes et japonaises pendant la guerre*, Tokyo, Tôkyô Daigaku Shuppankai, 1992.

Miyajima, H., « Politique industrielle et industrie chimique lourde dans les années 1920 : le cas des colorants », in *Nenpô Kindai Nihon Kenkyû [Données annuelles. Études sur le Japon moderne]*, Tokyo, Éditions Yamakawa, 1991, p. 79-111.

Nishizawa, T., « L'Enseignement des sciences et techniques au Royaume-Uni au XIXe siècle : réflexions sur le « retard » par rapport à l'Allemagne », *Keizai-gaku Zasshi*, Université municipale d'Osaka, vol. 90, n°s 5 & 6, 1990, p. 31-58.

Ooshio, T., *Étude sur le conglomérat Nihon Chisso*, Tokyo, Nihon Keizai Hyôron-sha, 1989.

Sakudo, J., « Jean-Pierre Daviet, *Un Destin international, La Compagnie de Saint-Gobain de 1830 à 1939* », *Keiei Shigaku*, vol. 25, n° 3, 1990, p. 92-98.

Sakudo, J., « Caractéristiques de l'activité industrielle française au XIXe siècle : réflexions sur la conception des industriels en matière de gestion », *Keiei-shigaku*, vol. 25-4, 1991, p. 29-58.

Shimodani, M., *Réflexions historiques sur l'industrie chimique japonaise : étude sur la diversification des entreprises chimiques avant la guerre*, Tokyo, Ochanomizu Shobô, 1982.

Suzuki, T., *Débat historique sur l'industrie japonaise du sulfate d'ammonium*, Kurume, Kurume Daigaku Sangyô Keizai Kenkyûjo, 1985.

Suzuki, T., « Création et fusion de Miike Chisso [Azote de Miike] et Tôyô Kôatsu [Hautes tensions d'Extrême-Orient] », *Keiei-shigaku*, vol. 20, n° 4, 1986, p. 1-28.

Takanashi, K., *Biographie de Katsutarô Inabata*, Osaka, Inabata Denki Hensan-kai, 1938.

Taniguchi, Y., « Création d'une industrie japonaise de colorants synthétiques pendant la Première Guerre mondiale », *Shakai Keizai Shigaku*, vol. 48, n° 6, 1983, p. 22-50.

Uchida, H., « La Formation de l'industrie pétrochimique américaine (1)~(4) – Études sur l'histoire de l'industrie chimique dans le monde, 1re partie », *Sangyô Bôeki Kenkyû*, n°s 26 à 30, 1965-1966.

Watanabe, H., & Takeuchi, Y., *Histoire complète de la chimie*, Tokyo, Tôkyô Shoseki, 1987.

Yamashita, Y., « La création d'une industrie japonaise des colorants : la Société anonyme japonaise des colorants et Katsutarô Inabata, quelques réflexions du point de vue de l'histoire des entreprises », *Shôgaku Ronsan*, Université Chûô, vol. 3, n° 3, vol. 4, n° 1, vol. 5, n°s 5 & 6, 1963-1964.

Yonekawa, S., « Création et problématique de la British Dyes Corporation Ltd. », *Hitotsubashi Ronsô*, Université Hitotsubashi, vol. 64, septembre 1970, n° 3, p. 23-45.

II. Travaux généraux sur l'économie française

1. Travaux en français et en anglais

Barjot, D. (dir.), *Les Patrons du Second Empire. Anjou, Normandie, Maine*, Paris, 1991.

Bloch-Lainé, Fr. & Bouvier, J., *La France restaurée, 1944-1954. Dialogue sur les choix d'une modernisation*, Paris, 1986.

Bouvier, J., *Le Crédit Lyonnais de 1863 à 1882 : les années de formation d'une banque de dépôt*, Paris, 1961.

Bouvier, J., *L'impérialisme à la française d'avant 1914*, Paris-La Haye, 1976.

Bouvier, J., Girault, R. et Thobie, J., *L'impérialisme à la française 1914-1960*, Paris, 1986.

Bussière, E., *La France, la Belgique et l'organisation économique de l'Europe, 1918-1932*, Paris, 1992.

Cameron, R. E., « Economic Growth and Stagnation in France, 1815-1914 », *Journal of Modern History*, 30, 1958, p. 1-13.

Cameron, R. E., *La France et le développement économique de l'Europe, 1800-1914*, Paris, 1971.

Cameron, R. E. & Freedeman, Ch. E., « French Economic Growth : A Radical Revision », *Social Science History*, vol. 7, n° 1, 1983, p. 3-30.

Caron, Fr., *Histoire de l'exploitation d'un grand réseau. La Compagnie de chemin de fer du Nord, 1846-1937*, Paris, 1973.

Caron, Fr., *Histoire économique de la France, XIXe-XXe siècles*, Paris, 1981.

Caron, Fr., *Le Résistible Déclin des sociétés industrielles*, Paris, 1985.

Carré, J.-J., Dubois, P. & Malinvaud, Éd., *La Croissance française : un essai d'analyse économique causale de l'après-guerre*, Paris, 1972.

Chandler, A. D., *Organisation et performance des entreprises*, Paris, 1992-1993.

Clapham, J. H., *The Economic Development of France and Germany, 1815-1914*, Cambridge, 1921.

Clère, J. (ed.), *Les Tarifs de douane. Tableaux comparatifs*, Paris, 1880.

Clough, S. B., « Retardative Factors in French Economic Development in the Nineteenth and Twentieth Centuries », *Journal of Economic History*, Supplement 6, 1946, p. 91-102.

Day, Ch. R., *Les Écoles d'Arts et Métiers, L'enseignement technique en France, XIXe-XXe siècles*, Paris, 1992.

Duchemin, R.-P., *Organisation syndicale patronale en France*, Paris, 1940.

Freedeman, Ch. E., *Joint-Stock Enterprise in France, 1807-1867. From Privileged Company to Modern Corporation*, Chapel Hill, 1979.

Fridenson, P. & Straus, A. (dir.), *Le Capitalisme français, XIXe-XXe siècles. Blocages et dynamismes d'une croissance*, Paris, 1987.

Fujimura, D., « Schneider et Cie et son plan d'organisation administrative de 1913 : analyse et interprétation », *Histoire, économie et société*, avril-juin 1991, p. 269-276.

Gonjô, Y., *Banque coloniale ou banque d'affaires : la Banque de l'Indochine sous la IIIe République*, Paris, 1993.

Hau, M., *L'industrialisation de l'Alsace (1803-1939)*, Strasbourg, 1987.

Heywood, C., *The Development of the French Economy, 1750-1914*, Londres, 1992.

Histoire de l'industrie et du commerce en France, t. III, Paris, 1926.

Hotta, T., *L'Industrie du pétrole en France des origines à 1934*, thèse, Université de Paris X, 1990.

Kemp, T., « Structural Factors in the Retardation of French Economic Growth », *Kyklos*, 15, 1962, p. 325-350.

Kuisel, R. F., *Le capitalisme et l'État en France. Modernisation et dirigisme au XXe siècle*, Paris, 1984.

Landes, D. S., « French Entrepreneurship and Industrial Growth in the Nineteenth Century », *Journal of Economic History*, 9, 1949, p. 45-61.

Landes, D. S., « French Business and the Businessman, A Social and Cultural Analysis », in Earle, E. M. (ed.), *Modern France : Problems of the Third and Fourth Republics*, Princeton, 1951, p. 334-353.

Lévy-Leboyer, M., *Les Banques européennes et l'industrialisation internationale dans la première moitié du XIXe siècle*, Paris, 1964.

Lévy-Leboyer, M., « Le processus de l'industrialisation : le cas de l'Angleterre et de la France », *Revue Historique*, n° 239, 1968, p. 281-298.

Lévy-Leboyer, M., « Le Patronat français a-t-il été malthusien ? », *Le Mouvement Social*, n° 88, 1974, p. 3-50.

Lévy-Leboyer, M., « Histoire économique et histoire de l'administration », in G. Thuillier et J. Tulard (dir.), *Histoire de l'administration française depuis 1800. Problèmes et méthodes*, Genève, 1975, p. 61-74.

Lévy-Leboyer, M., « Innovations and Business Strategies in the 19th and 20th Century France », in Carter, E. C. II, Forster, R. & Moody, J. N. (eds.), *Enterprise and Entrepreneurs in Nineteenth- and Twentieth-Century France*, Baltimore-Londres, 1976, p. 87-135.

Lévy-Leboyer, M. (ed.), *La Position internationale de la France. Aspects économiques et financiers, XIXe-XXe siècles*, Paris, 1977.

Lévy-Leboyer, M. *et al.*, « Le patronat français a-t-il échappé à la loi des trois générations ? », *Le Mouvement Social*, n° 132, 1985, p. 3-7.

Lévy-Leboyer, M. & Bourguignon, Fr., *L'Économie française au XIXe siècle. Analyse macro-économique*, Paris, 1985.

Lévy-Leboyer, M. & Casanova, J.-C. (eds.), *Entre l'État et le marché, l'Économie française des années 1880 à nos jours*, Paris, 1991.

Marczewski, J. (ed.), *Histoire quantitative de l'économie française, Cahiers de l'Institut des Sciences Économiques Appliquées*, 13 vols., 1961-1976.

Mitchell, B. R. (ed.), *International Historical Statistics*, Londres, 1981-1983, 3 vols.

Nakajima, T., « Les Machines françaises aux Expositions internationales, 1851-1911 », *KSU Economic and Business Review*, Université Kyôto-Sangyô, n° 14, 1987, p. 23-45.

Nakayama, H., « Le marché financier de Paris de la fin du XIXe siècle au début du XXe siècle : sur la structure dualiste de la Bourse », *Bulletin de la Société franco-japonaise d'études économiques*, n° 9, 1985, p. 19-40.

Nakayama, H., « Le fonctionnement du marché parisien à la fin du XIXe siècle et au début du XXe siècle », *Tôhô Gakuen Daigaku Tanki Daigaku-bu Kiyô*, n° 5, p. 35-65.

Nye, J. V., « Firm Size and Economic Backwardness : A New Look at the French Industrialization Debate », *Journal of Economic History*, 47, 1987, p. 649-669.

Nye, J. V., « The Myth of Free-Trade Britain and the Fortress France : Tariffs and Trade in the Nineteenth Century », *Journal of Economic History*, 51, 1991, p. 23-46.

O'Brien, P. K. & Keyder, C., *Economic Growth in Britain and France, 1780-1914 : Two Paths to the Twentieth Century*, Londres, 1978.

Pollard, S., *Peaceful Conquest. The Industrialization of Europe, 1760-1970*, Oxford, 1981.

Porter, M. E., *L'avantage concurrentiel des nations*, Paris, 1993.

Roehl, R., « French Industrialization : A Reconsideration », *Explorations in Economic History*, 13, 1976, p. 233-281.

Sauvy, A., *Histoire économique de la France entre les deux guerres*, 3 vols., Paris, 1984.

Sawyer, J. E., « The Entrepreneur and the Social Order, France and the United States », in Miller, W. (ed.), *Men in Business*, Cambridge, 1952, p. 7-22.

Smith, M. S., *Tariff Reform in France, 1860-1900. The Politics of Economic Interest*, Ithaca & Londres, 1980.

Soutou, G.-H., *L'or et le sang : les buts de guerre économique de la Première Guerre mondiale*, Paris, 1989.

2. Travaux en japonais (titres traduits en français)

Chiba, M., « La Politique financière des banques françaises à la fin du XIXe siècle et l'opposition de la société : analyse des débats à l'Assemblée Nationale sur la reconduction des privilèges accordés au secteur bancaire en 1897 », *Tochi Seido Shigaku*, n° 98, 1983.

Chiba, M., « La politique du taux de l'escompte des banques françaises entre 1873 et 1913 », *Tochi Seido Shigaku*, n° 136, 1992, p. 19-36.

Endô, T., « Historique de la Révolution industrielle en France », in Takahashi K. (ed.), *Études sur la Révolution industrielle*, Tokyo, Iwanami Shoten, 1965, p. 149-167.

Endô, T. (ed.), *État et économie : études sur le dirigisme français*, Tokyo, Tôkyô Daigaku Shuppankai, 1982.

Fujimura, D., « Stratégie des dirigeants de l'entreprise Schneider et organigramme de l'encadrement (1913) : structure de la gestion d'une grande entreprise à la française », *Keiei-shigaku*, vol. 17, n° 4, 1983, p. 1-30.

Fujimura, D., « Dynamique de croissance et organisation de la direction dans l'entreprise Schneider (1913) », *Keiei-shigaku*, vol. 19, n° 2, 1985, p. 1-37.

Fujimura, D., « Réflexions historiques et comparatives sur l'organisation des entreprises françaises à la fin du XIXe siècle et au début du XXe siècle », *Keiei-shigaku*, vol. 23, n° 4, 1989, p. 24-54.

Hara, T. (ed.), *Histoire de la gestion des entreprises en France*, Tokyo, Yûhika-ku, 1980.

Hara, T., *Le capitalisme français : formation et développement*, Tokyo, Nihon Keizai Hyôron-sha, 1986.

Hatayama, T., « Le concept du Redressement français et son mouvement (1) », *Hôgaku Zasshi*, Université municipale d'Osaka, vol. 30, n° 2, 1984, p. 224-245.

Hattori, H., *Études sur la Révolution industrielle en France*, Tokyo, Miraisha, 1965.

Hirota, I., « La restructuration de l'économie française après la Première Guerre mondiale : le *Rapport général sur l'industrie française* du ministère du Commerce et les autres sources », *Keizai-gaku Ronshû*, Université de Tokyo, vol. 50, n° 4, 1985.

Hirota, I., « Le projet d'intégration économique européenne de la France pendant la guerre », in Akimoto, E., Hirota, I. & Fujii T. (eds.), *Marché et régionalisme : une approche historique*, Tokyo, Nihon Keizai Hyôron-sha, 1993, p. 261-292.

Hirota, I., *La formation de la France d'aujourd'hui : économie et société dans l'entre-deux-guerres*, Tokyo, Tôkyô Daigaku Shuppankai, 1994.

Histoire de l'industrie et du commerce des colorants et des pigments, Osaka, Osaka Enogu Senryô Dôgyô Kumiai, 1938.

Inabata, 88 années d'histoire, Osaka, Inabata & Co., Ltd., 1978.

Ishizaka, A., « Zones industrielles et frontières nationales : études de cas illustrant le processus de formation des zones industrielles frontalières en Allemagne, au Bénélux, en France et en Suisse », *Keizai-gaku Kenkyû*, Université de Hokkaidô, vol. 43, n° 4, 1994, p. 19-34.

Kikuchi, T., « La structure des échanges commerciaux en France dans les années 1930, analyse statistique », *Keizai Gakubu Kiyô*, Université d'économie et de droit d'Akita, vol. 7, 1987, p. 63-106

Kimoto, T., *Études sur l'histoire de la gestion des entreprises allemandes modernes*, Tokyo, Senbundô, 1984, Suppléments 1 et 2.

Koda, R., *Les débuts de l'industrie de la machine-outil en Allemagne*, Tokyo, Éditions Taga, 1994.

Koga, K., *Analyse historique de l'industrie française moderne*, Tokyo, Gakubun-sha, 1983.

Koga, K., *Études sur l'histoire économique de la France au XXe siècle*, Tokyo, Dôbunkan, 1988.

Matsubara, T., « Le développement de l'industrie moderne de la soierie en France », *Keizaigaku Ronshû*, Université de Fukuoka, vol. 17, n° 2, 1972.

Matsubara, T., « La systématisation de la mécanisation dans l'industrie de la soierie en France », in Kôbe Daigaku Seiyô Keizaishi Kenkyûshitsu, *Vie quotidienne et économie face au progrès en Europe*, Kyoto, Kôyo Shôbo, 1984, p. 133-151.

Matsubara, T., « Les débouchés pour l'industrie moderne de la soierie en France : un marché demandeur, 1870-1914 », *Kokumin Keizai Zasshi*, vol. 152, n° 5, 1985.

Nakagawa, Y., *Études sur l'histoire financière de la France : l'absence d'un marché financier en expansion*, Tokyo, Éditions de l'Université Chûô, 1994.

Nakajima, T., « L'essor de l'industrie mécanique parisienne à la fin du XIXe siècle et au début du XXe siècle », *Tochi Seido Shigaku*, n° 111, 1986, p. 38-55.

Nakajima, T., « Progrès technologique et formation technique dans l'industrie mécanique parisienne au XIXe siècle », *Shakai Keizai Shigaku*, vol. 52, n° 2, p. 62-79.

Nakayama, H., « L'emprunt russe pour les investisseurs français de 1888 à 1913 », *Roshia-shi Kenkyû*, n° 44, p. 57-76.

Oomori, H., « Les mutations structurelles de l'industrie sidérurgique en France entre 1800 et 1914 : l'exemple de la Lorraine », *Shakai Keizai Shigaku*, vol. 52, n° 2, 1986, p. 35-71.

Oomori, H., « Naissance et croissance de ce qu'on a appelé la grosse métallurgie (1)-(3) : analyse de l'industrie sidérurgique française à la Belle Époque », *Keizai-kei*, Université Kantô-Gakuin, n°s 147, 148 et 150, 1986-1987.

Sakudô, J., « Le développement des sociétés par actions dans la France du XIXe siècle (1807-1867) (II) : à propos des travaux de C. E. Freedeman », *Keizai-gaku Ronshû*, Université de Kobé, vol. 13, n°s 1 & 2, 1981, p. 159-206.

Sakudô, J., « L'industrie de la teinture textile en France pendant la période proto-industrielle : l'exemple des usines de Jouy », in Kôbe Daigaku Seiyô Keizaishi Kenkyûshitsu, *Vie quotidienne et économie face au progrès en Europe*, Kyoto, Kôyo Shôbo, 1984.

Shimizu, K., « L'industrie française du coton juste avant la libéralisation des échanges, d'après les résultats de l'enquête de 1860 », *Keizai Ronsô*, Université de Kyôto, vol. 130, n°s 1 & 2, 1982, p. 72-96.

Shimizu, K., « Le traité commercial franco-britannique et l'industrie lainière française, d'après les résultats de l'enquête de 1860 », *Keizai Ronsô*, Université de Kyôto, vol. 138, n°s 1 & 2, 1986, p. 21-43.

Statistiques économiques à long terme 10 : Industrie minière et métallurgique, Tokyo, Tôyô Keizai Shinpô-sha, 1972.

Takahashi, H., *Histoire de la politique industrielle de l'Allemagne moderne*, Tokyo, Yûhikaku, 1986.

Takeoka, Y., « Au sujet de la croissance économique de la France au XIXe siècle », *Kokumin Keizai Zasshi*, vol. 152, n° 5, 1985, p. 23-50.

Tamura, Y., *Récits de Kyotoïtes en France*, Tokyo, Shinchôsha, 1984.

Tanaka, T., « Les intérêts anglais dans les sociétés de chemins de fer sous la Monarchie de Juillet », *Keizai-gaku Ronshû*, Université de Fukuoka, vol. 21, n° 1, 1976.

Tanaka, T., « Réflexions sur le groupe des dirigeants des sociétés de chemins de fer sous la Monarchie de Juillet et son contrôle véritable : études de base pour l'analyse des capitaux français et anglais », *Keiei-shigaku*, vol. 14, n° 2, 1979.

Tsugita, K., « La construction du chemin de fer français au XIXe siècle I, II », *Osaka Daigaku Keizai-gaku*, vol. 22, n°s 1 et 2, 1972.

20 ans de la Nihon Senryô, Osaka, Nihon Senryô Seizô Kabushiki-gaisha, 1936.

Watanabe, H., *La Révolution industrielle le long du Rhin : le processus de formation d'une zone économique originale*, Tokyo, Tôyô Keizai Shinpô-sha, 1987.

Yago, K., « La gestion de la Caisse des Dépôts et Consignations en France au lendemain de la Première Guerre mondiale (1919-1928) (1) (2) : la politique des placements financiers », *Keizaigaku Ronshû*, Université de la Ville de Tôkyô, vol. 60, n°s 2 & 3, 1994.

Yoshii, A., « Le régime français de la double imposition de 1892 : vers un retour au protectionnisme commercial », *Seiyôshi Kenkyû*, vol. 12, 1983.

Bibliographie complémentaire

par Patrick Fridenson

Nous indiquons ici les principales références dans les langues occidentales parues sur des points abordés par Jun Sakudo depuis la rédaction du texte japonais du livre.

Werner Abelshauser *et al.*, *German industry and global enterprise. BASF : the history of a company*, Cambridge, Cambridge University Press, 2004.

Franco Amatori e Bruno Bezza (a cura di), *Montecatini, 1888-1966 : capitoli di storia di una grande impresa*, Bologne, Il Mulino, 1990.

Klaus Ammann et Christian Engler, « Les archives historiques Roche : quelle mémoire d'entreprise ? », in Mauro Cerutti, Jean-François Payet et Michel Porret (dir.), *Penser l'archive. Histoires d'archives, archives d'histoire*, Lausanne, Éditions Antipodes, 2006, p. 171-180.

Ashish Arora, Ralph Landau, Nathan Rosenberg (dir.), *Chemicals and long-term economic development : insights from the chemical industry*, New York, Wiley, 1998.

Rémi Baillot, *Georges Claude, le génie fourvoyé*, Les Ulis, EDP Sciences, 2009.

Bruno Belhoste, *La Formation d'une technocratie. L'École polytechnique et ses élèves de la Révolution au Second Empire*, Paris, Belin, 2003.

Bernadette Bensaude-Vincent et Isabelle Stengers, *Histoire de la chimie*, Paris, La Découverte, 2001.

Yoel Bergman, *Development and production of smokeless military propellants in France, 1884-1919*, PhD thesis, Université de Tel-Aviv, 2008.

Kenneth Bertrams, « Converting Academic Expertise into Industrial Innovation : University-based Research at Solvay and Gevaert, 1900-1970 », *Enterprise & Society*, 8, December 2007, p. 807-841.

Hubert Bonin, *Histoire de la Société générale*, t. I : *1864-1890. Naissance d'une banque*, Genève, Droz, 2006.

Georges Brams (dir.), *La chimie dans la société : son rôle, son image*, Paris, L'Harmattan, 1995.

Patrice Bret, « La guerre des laboratoires : Poincaré, Le Chatelier et la Commission scientifique d'étude des poudres de guerre (1907-1908) », communication au colloque Henry Le Chatelier, Nancy, 2002, accessible sur www.crhst.cnrs.fr/membres.

Patrice Bret, « Les laboratoires français et l'étude des munitions et matériels allemands pendant la Grande Guerre », *Cahiers du CEHD*, n° 33, 2008, p. 7-32.

Thomas Busset, Andrea Rosenbusch et Christian Simon (dir.), *Chemie in der Schweiz. Geschichte der Forschung und Industrie*, Bâle, Christoph Merian Verlag, 1997.

Éric Bussière, *Paribas, l'Europe et le monde, 1872-1992*, Anvers, Fonds Mercator, 1992.

Ludovic Cailluet, *Stratégies, structures d'organisation et pratiques de gestion de Pechiney des années 1880 à 1971*, thèse de doctorat d'histoire, Université Lyon II, 1995.

Stephen D. Carls, *Louis Loucheur 1872-1931 : ingénieur, homme d'État, modernisateur de la France*, Villeneuve-d'Ascq, Presses universitaires du Septentrion, 2000.

François Caron, « Le rapport Clémentel », *Entreprises et Histoire*, n° 3, mai 1993, p. 127-129.

Alfred D. Chandler, Jr., *Shaping the Industrial Century : The Remarkable Story of the Evolution of the Modern Chemical and Pharmaceutical Industries*, Cambridge, Mass., Harvard University Press, 2005.

Alain Chatriot, *La démocratie sociale à la française. L'expérience du Conseil national économique, 1924-1940*, Paris, La Découverte, 2002.

Alain Chatriot, « Les Offices en France sous la Troisième République. Une réforme incertaine de l'Administration », *Revue française d'administration publique*, n° 120, 2006, p. 635-650.

Sophie Chauveau, *L'invention pharmaceutique : la pharmacie entre l'État et la société*, Paris, Les Empêcheurs de penser en rond, 1999.

Marianne Chouteau, « Histoire croisée des textiles et de la chimie en région lyonnaise », 2007, www.millenaire3.com (consulté le 16 août 2009).

Richard Coopey and Peter Lyth (dir.), *Business in Britain in the twentieth century*, Oxford, Oxford University Press, 2009.

Tobias Cramer, *Die Rückkehr ins Pharmageschäft. Marktstrategien der Farbenfabriken vrm. Friedri. Bayer & Co. in Lateinamerika nach dem Ersten Weltkrieg*, Berlin, Wissenschaftlicher Verlag, 2010.

Bernard Crugnola, *Études historiques sur les industries chimiques en Maurienne de 1890 à nos jours*, thèse de doctorat d'histoire, CNAM, 1993.

Jean-Claude Daumas *et al.* (dir.), *Dictionnaire historique des patrons français*, Paris, Flammarion, 2010.

Jean-Pierre Daviet, « An impossible merger ? The French chemical industry in the 1920s », in Youssef Cassis, François Crouzet, Terry Gourvish (dir.), *Management and business in Britain and France : the age of corporate economy*, Oxford, Oxford University Press, 1995, p. 171-190.

Christine Debue-Barazer, « Les implications scientifiques et industrielles du succès de la Stovaïne : Ernest Fourneau (1872-1949) et la chimie des médicaments en France », *Gesnerus*, 64, 2007, p. 24-53.

Bernard Desjardins *et al.* (dir.), *Le Crédit Lyonnais, 1863-1986. Études historiques*, Genève, Droz, 2003.

Marc Drouot, André Rohmer et Nicolas Stoskopf, *La Fabrique de produits chimiques Thann et Mulhouse*, Strasbourg, La Nuée bleue, 1991.

Clotilde Druelle-Korn, *Un laboratoire réformateur, le département du Commerce en France et aux États-Unis de la Grande Guerre aux années vingt*, thèse de doctorat d'histoire, Institut d'Études Politiques de Paris, 2004.

Nicole Duchon et Jean Lebert, *Auguste Béhal, de Lens à Mennecy*, Le Mée-sur-Seine, Éditions Amatteis, 1991.

Gérard Emptoz, « La création de L'Air Liquide au début du XXe siècle », in Jacques Marseille (dir.), *Créateurs et créations d'entreprises de la Révolution industrielle à nos jours*, Paris, ADHE, 2000, p. 677-692.

Karine Fabre, « De la diversité des pratiques comptables à l'objet de la comptabilité : le cas de L'Air Liquide (1902-1939) », *Entreprises et Histoire*, n° 57, décembre 2009, p. 96-110.

Ulrike Fell, *Disziplin, Profession und Nation. Die Ideologie der Chemie in Frankreich vom Zweiten Kaiserreich bis in die Zwischenkriegszeit*, Leipzig, Leipziger Universitätsverlag, 2000.

Claude Ferry, *Les Blanchisseries et teintureries de Thaon, 1872-1914*, Nancy, Presses universitaires de Nancy, 1991.

Jean Fombonne, *Personnel et DRH. L'affirmation de la fonction Personnel dans les entreprises (France, 1830-1990)*, Paris, Vuibert, 2001.

Fondation DHS, *Dictionnaire historique de la Suisse*, Hauterive, Éditions Gilles Attinger, 9 vols. sur 13 parus depuis 2002 (version e-dhs accessible en ligne sur www.hls.dhs.ch).

Claudine Fontanon et André Grelon (dir.), *Les professeurs du Conservatoire national des arts et métiers, 1794-1955*, Paris, INRP-CNAM, 1994.

Patrick Fridenson, « France : the relatively slow development of big business », in Alfred D. Chandler Jr., Franco Amatori and Takashi Hikino (eds.), *Big business and the wealth of nations*, Cambridge, Cambridge University Press, 1997, p. 207-245.

Louis Galambos, Takashi Hikino and Vera Zamagni (dir.), *The global chemical industry in the age of the petrochemical revolution*, Cambridge, Cambridge University Press, 2006.

Gabriel Galvez-Behar, *La République des inventeurs. Propriété et organisation de l'invention en France (1791-1922)*, Rennes, Presses Universitaires de Rennes, 2008.

André Grelon (dir.), « La chimie, ses industries et ses hommes », *Culture technique*, n° 23, 1991.

Ivan Grinberg, *L'aluminium. Un si léger métal*, Paris, Gallimard, 2003.

Jean-Claude Guédon, « Conceptual and institutional obstacles to the emergence of unit operations in Europe », in William F. Furter (dir.), *History of chemical engineering*, Washington, American Chemical Society, 1980, p. 45-75.

Jean-Claude Guédon, « From unit operations to unit processes. Ambiguities of success and failure in chemical engineering », in John Parascandola and James C. Whorton (dir.), *Chemistry and modern society. Historical essays in honor of Aaron J. Ihde*, Washington, American Chemical Society, 1983, p. 43-60.

Heinrich Hartmann, *Organisation und Geschäft. Unternehmensorganisation in Frankreich und Deutschland 1890-1914*, Göttingen, Vandenhoeck & Ruprecht, 2010.

Armand Hatchuel, « La naissance de l'ingénieur généraliste. L'exemple de l'École des Mines de Paris », *Réalités industrielles*, novembre 2006, p. 13-24.

Ernst Homburg, « The emergence of research laboratories in the dyestuffs industry, 1870-1900 », *British Journal for the History of Science*, 25, 1992, p. 91-111.

Alain Jemain, *Les conquérants de l'invisible : Air Liquide, 100 ans d'histoire*, Paris, Fayard, 2002.

Hervé Joly, *Diriger une grande entreprise française au XXe siècle : modes de gouvernance, trajectoires et recrutement*, mémoire inédit d'habilitation à diriger les recherches en histoire, EHESS, 2008.

Hervé Joly, « Les relations entre les entreprises françaises et allemandes dans l'industrie chimique des colorants des années 1920 aux années 1950, entre occupation, concurrence, collaboration et coopération », in Jean-François Eck, Sylvain Schirmann et Stefan Martens (dir.), *L'économie, l'argent et les hommes. Les relations franco-allemandes de 1871 à nos jours*, Paris, Comité pour l'histoire économique et financière de la France, 2009, p. 225-241.

Hervé Joly, Alexandre Giandou, Muriel Le Roux, Anne Dalmasso, Ludovic Cailluet (dir.), *Des barrages, des usines et des hommes. L'industrialisation des Alpes du Nord entre ressources locales et apports extérieurs. Études offertes au professeur Henri Morsel*, Grenoble, Presses Universitaires de Grenoble, 2002.

Geoffrey Jones and Jonathan Zeitlin (dir.), *The Oxford handbook of business history*, Oxford, Oxford University Press, 2008.

David Knight and Helge Kragh (dir.), *The making of the chemist. The social history of chemistry in Europe, 1789-1914*, Cambridge, Cambridge University Press, 1998.

Christopher Kobrak, *National cultures and international competition : the experience of Schering AG, 1851-1950*, Cambridge, Cambridge University Press, 2002.

Bruce Kogut, « Evolution of the large firm in France in comparative perspective », *Entreprises et Histoire*, n° 19, octobre 1998, p. 113-151.

Pierre Lamard et Nicolas Stoskopf (dir.), *L'industrie chimique en question*, Paris, Picard, 2010.

Erik Langlinay, « L'usine chimique de la Seconde Révolution Industrielle », in Pierre Lamard et Nicolas Stoskopf (dir.), *L'industrie chimique en question*, Paris, Picard, 2010, p. 183-194.

Erik Langlinay, « Apprendre de l'Allemagne ? Les scientifiques et industriels français de la chimie et l'Allemagne entre 1871 et 1914 », in Jean-François Eck, Stefan Martens et Sylvain Schirmann (dir.), *L'économie, l'argent et les hommes. Les relations franco-allemandes de 1871 à nos jours*, Paris, Comité pour l'histoire économique et financière de la France, 2009, p. 113-130.

Erik Langlinay, « Kuhlmann at War (1914-1924) », in Roy MacLeod and Jeffrey A. Johnson (dir.), *Frontline and Factory : Comparative Perspectives on the chemical industry at war, 1914-1924*, Dordrecht, Springer, 2007, p. 145-166.

Erik Langlinay, « Technology, Territories and Capitalism : The First World War and the Reshaping and of the French Chemical Industry », in Isabel Malaquias, Ernst Homburg, M. Elvira Callapez (dir.), *Chemistry, Technology and Society, Proceedings of the 5th International Conference on the History of Chemistry, 6-10 September 2005*, Lisbonne, Sociedade Portuguesa de Quìmica, 2006, p. 454-466.

Erik Langlinay, « The Construction of a National Chemical Industry in France, c. 1914-28. The Role of Public Policy in Franco-German Technology Transfers », *International Economic History Congress*, Helsinki, 21-25 August 2006, Session 80 Second Industrial Revolution and the Emergence of Contemporary Science and Technology Policies. Publication en ligne : www.helsinki.fi/iehc2006/papers2/Langlinay.pdf.

Loïc Leclercq, « La chimie française vers les mécanismes réactionnels (1800-1930) », *L'Actualité chimique*, 329, avril 2009, p. 42-50.

John E. Lesch (dir.), *The German chemical industry in the twentieth century*, Dordrecht, Kluwer, 2000.

Laurence Lestel (dir.), *Itinéraires de chimistes : 1857-2007, 150 ans de chimie en France avec les présidents de la SFC*, Les Ulis, EDP Sciences Éditions, 2007.

Michel Letté, *Henry Le Chatelier (1850-1936) ou la science appliquée à l'industrie*, Rennes, Presses Universitaires de Rennes, 2004.

Maurice Lévy-Leboyer (dir.), *Histoire de la France industrielle*, Paris, Larousse, 1996.

Roy MacLeod, « "L'Entente chimique" : l'échec de l'avenir à la fin de la guerre, 1918-1922 », *14-18 aujourd'hui*, n° 6, 2003.

Roy MacLeod and Jeffrey A. Johnson (dir.), *Frontline and Factory : Comparative Perspectives on the chemical industry at war, 1914-1924*, Dordrecht, Springer, 2007.

Séverine-Antigone Marin et Georges-Henri Soutou (dir.), *Henri Hauser (1866-1946). Humaniste, historien, républicain*, Paris, Presses de l'Université Paris-Sorbonne, 2006.

Geneviève Massard-Guilbaud, *Histoire de la pollution industrielle. France, 1789-1914*, Paris, Éditions de l'EHESS, 2010.

Johann Peter Murmann, *Knowledge and Competitive Advantage : The Coevolution of Firms, Technology, and National Institutions*, Cambridge, Cambridge University Press, 2003.

Pap Ndiaye, *Du nylon et des bombes. Du Pont de Nemours, le marché et l'État américain*, Paris, Belin, 2001.

Cédric Neumann, « Le recrutement et la gestion des ingénieurs à Alais, Froges et Camargue durant l'entre-deux-guerres », *Le Mouvement Social*, n° 228, juillet-septembre 2009, p. 57-73.

Anne Nieberding, *Unternehmenskultur im Kaiserreich. J.M. Voith und die Farbenfabriken vorm. Friedr. Bayer & Co*, Munich, Beck, 2003.

Jean-Louis Peaucelle *et al.*, *Henri Fayol, inventeur des outils de gestion : textes originaux et recherches actuelles*, Paris, Fayol, 2003.

Jean-Louis Peaucelle (dir.), Henri Fayol, *Entreprises et Histoire*, n° 34, décembre 2003.

Muriel Petit-Konczyk, « Le financement d'une start-up : L'Air Liquide 1898-1913 », *Finance Contrôle Stratégie*, octobre-décembre 2003, p. 25-58.

Rolf Petri (Hg.), *Technologietransfer aus der deutschen Chemieindustrie (1925-1960)*, Berlin, Duncker & Humblot, 2004.

Hans Conrad Peyer, *Roche. Histoire d'une entreprise 1896-1996*, Bâle, Roche, 1996.

Gottfried Plumpe, *Die I.G. Farbenindustrie AG. Wirtschaft, Technik und Politik 1904-1945*, Berlin, Duncker und Humblot, 1990.

Viviane M. Quirke, « Les relations franco-britanniques et l'industrie pharmaceutique : une perspective internationale sur l'histoire de Rhône-Poulenc », in Robert Fox & Bernard Joly (dir.), *Échanges franco-britanniques entre savants depuis le XVIIIe siècle*, Londres, King's College Publications, 2010, p. 297-318.

Viviane M. Quirke et Judy A. Slinn (dir.), *Perspectives on 20th century pharmaceuticals*, Oxford, Peter Lang, 2010.

Anne Rasmussen, « Les enjeux d'une histoire des formes thérapeutiques : la galénique, l'officine et l'industrie (XIXe-début du XXe siècle) », *Entreprises et Histoire*, n° 36, octobre 2004, p. 12-28.

Carsten Reinhardt et Anthony S. Travis, *Heinrich Caro and the creation of modern chemical industry*, Dordrecht, Kluwer, 2000.

Michael Robson, *The pharmaceutical industry in Britain and France, 1919-1939*, PhD thesis, History, London School of Economics, 1993.

Stéphanie Salmon, *Le coq enchanteur. Pathé, une entreprise pour l'industrie et le commerce de loisirs (1896-1929)*, thèse de doctorat d'histoire, Université Paris I, 2007.

Michael S. Smith, *The emergence of modern business enterprise in France, 1800-1930*, Cambridge (Mass.), Harvard University Press, 2006.

Kathryn Steen, « Confiscated commerce : American importers of German synthetic chemicals, 1914-1929 », *History and Technology*, vol. 12, 1995, p. 261-284.

Kathryn Steen, *Wartime Catalyst. The Making of the U.S. Synthetic Organic Chemicals Industry, 1910-1930*, Chapel Hill, University of North Carolina Press, 2010.

André Thépot, *Les ingénieurs des Mines du XIXe siècle, histoire d'un corps technique d'État, 1810-1914*, Paris, Eska, 1998.

Anthony S. Travis, *The rainbow makers : the origins of the synthetic dyestuff industry in Western Europe*, Bethlehem, Pa., Lehigh University Press, 1993.

Anthony S. Travis, « Colour makers and consumers : Heinrich Caro's British network », *Journal of the Society of Dyers and Colourists*, n° 108, October 2008, p. 311-316.

Henk Van den Belt, « Why monopoly failed : the rise and fall of Société La Fuchsine », *British Journal of the History of Science*, 25, 1992, p. 45-63.

Patrick Verley, *L'échelle du monde. Essai sur l'industrialisation de l'Occident*, Paris, Gallimard, 1997.

René Vigon, *Les industries chimiques de la banlieue nord de Paris*, thèse de doctorat de 3e cycle de géographie, Université de Paris, 1961.

Fabienne Waks, *100 ans de conquêtes. L'aventure d'Air Liquide*, Paris, Éditions Textuel, 2002.

Index

Agache-Kuhlmann, Donat, 224, 225, 227, 239
AGFA (A.G. für Anilinfabrikation), 111
Alby United Carbide Factories Limited, 194
Amemiya, Akihiko, 184
American Cyanamide, 199
Association nationale d'expansion économique, 110, 112, 113, 126, 262
Azogeno, 207
Badische Anilin und Soda Fabrik (BASF), 45, 111, 112, 113, 126, 139, 140, 197, 200, 201, 203, 206, 239
Banque de l'Indochine, 20
Banque de l'Union parisienne, 238
Banque Paribas, 61, 63, 64, 219, 221, 222, 226, 227, 233, 235, 237, 238, 260, 276
Banque privée industrielle, commerciale et coloniale Lyon-Marseille, 158
Bardy, Charles, 86
Bayer, 60, 112, 125, 147, 179
Béhal, Auguste, 148, 221, 224, 277
Berr, Raymond, 244, 252, 253, 254, 263, 264
Beuth, Peter Christian Wilhelm, 72
Billon, Francis, 164, 165, 166, 168, 169
Birkenland, Kristian, 195
Blazeix, Henri, 221, 224
Bosch, Carl, 253
Bourguignon, François, 19, 117, 269
Bouvier, Jean, 20, 21, 23, 83, 92, 93, 94, 96, 267
British Dyes Corporation, 218, 219, 225, 231, 233, 250, 256, 267
Brunner, Mond & Co., 41

Burroughs, Wellcome & Co., 157, 167, 176
Caron, François, 20, 80, 104, 174, 268, 276
Carré, Jean-Jacques, 20, 268
Cartier, Jean-Marie, 133, 134, 144, 145
Casale, Luigi, 14, 203, 205, 207, 208, 209
Cayez, Pierre, 31, 32, 76, 77, 83, 84, 86, 87, 89, 90, 93, 94, 95, 96, 97, 111, 112, 133, 158, 177, 263
Chambre de commerce de Lyon, 114, 125, 158, 230, 231, 258
Chambre syndicale de la grande industrie chimique, 103, 105, 106, 108, 109, 110, 115, 257
Chandler, Alfred D., 13, 14, 250, 268, 276, 277
Chapuis, 231, 232, 258
Chiba, Masanori, 29, 270
Clapham, John Harold, 104, 268
Claude, Georges, 14, 44, 74, 75, 194, 195, 197, 198, 201, 202, 203, 205, 206, 207, 208, 209, 243, 261, 263, 275
Clavel, Alexandre, 90
Clément-Désormes, Nicolas, 24
Clémentel, Étienne, 35, 36, 53, 66, 117, 129, 195, 197, 204, 205, 221, 222, 223, 224, 225, 228, 231, 232, 234, 248, 258, 276
Clovis, 17
Cochin, Denys, 222, 224
Comité consultatif des arts et manufactures, 35, 36, 43, 45, 49, 113, 115, 247, 257, 259
Comité des Forges, 252
Comité des industries chimiques de France, 252, 253

Commission des matières colorantes, 224, 225, 231, 234, 258
Compagnie de produits chimiques et électrométallurgiques, Alais, Froges et Camargue, 213, 254
Compagnie de Saint-Gobain, 15, 24, 31, 42, 45, 46, 47, 86, 163, 197, 201, 202, 203, 204, 205, 206, 207, 222, 223, 231, 233, 242, 243, 244, 246, 251, 252, 253, 254, 255, 256, 263, 264, 266
Compagnie des mines d'Aniche, 207
Compagnie des mines de Béthune, 201, 203, 207, 213
Compagnie des mines de Toulouse, 213
Compagnie des mines de Vicoigne et de Nœux, 226
Compagnie des mines et d'ammoniaque de Lens, 213
Compagnie des produits chimiques du Midi, 243
Compagnie nationale de matières colorantes et de produits chimiques, 14, 132, 201, 220, 226, 227, 228, 230, 232, 233, 234, 235, 236, 237, 238, 242
Comptoir de l'azote, 211
Comptoir des textiles artificiels, 252, 254, 256
Comptoir national d'escompte, 135
Confédération générale de la production française, 244, 249
Confédération générale du patronat français, 244
Conseil national économique, 48, 183, 187, 188, 190, 208, 214, 237, 241, 242, 259, 276
Conseil supérieur du commerce et de l'industrie, 103, 105, 108, 257
Conservatoire national des arts et métiers, 12, 64, 73, 187, 221, 277
Cotelle, Émile, 231, 232, 233, 235, 258
Coupier, Théodore, 111
Courrières-Kuhlmann, 213
Crédit Lyonnais, 83, 91, 92, 93, 94
Curie, époux, 167

Curie, Marie, 75
Curie, Pierre, 75
Dalsace, 122, 123, 131
Daviet, Jean-Pierre, 9, 24, 31, 32, 42, 47, 86, 163, 201, 202, 203, 204, 205, 207, 209, 210, 211, 212, 243, 251, 252, 253, 254, 255, 263, 264, 266, 276
Day, Charles R., 80, 247, 268
Delorme, Paul, 74, 75, 202, 261
Depouilly, Paul, 87, 88, 89
Dolfus, Georges, 90
Du Pont de Nemours, 249, 250, 251, 255
Dubois, Paul, 20, 268
Duchemin, René-Paul, 244, 249, 264, 268
Durand, Louis, 90, 92
Durand-Huguenin, 90
École centrale des arts et manufactures, 73
École de chimie de Bordeaux, 12
École de chimie de Mulhouse, 12, 78
École de pharmacie de Paris, 155
École de physique et de chimie industrielle de Paris, 72, 74, 75, 76, 80, 81
École des arts et métiers, 73, 80
École des mines de Paris, 278
École normale supérieure, 9, 78
École polytechnique, 12, 72, 80, 275
École royale de chimie, 84
École technique de La Martinière, 76, 77, 79, 85
Endô, Teruaki, 18, 25, 29, 270
Établissements Kuhlmann, 14, 15, 31, 32, 201, 203, 204, 205, 207, 223, 224, 225, 226, 227, 233, 235, 237, 238, 239, 240, 241, 243, 244, 245, 246, 252, 254, 255, 256, 261, 264
Établissements Poulenc Frères, 53, 61, 145, 150, 155, 156, 157, 158, 159, 160, 161, 163, 165, 168, 172, 175, 176, 177, 178, 179, 233, 252, 253, 254, 255, 259, 260
Eyde, Sam, 195

Fauque, Maurice, 101, 110, 130, 240, 264
Fayol, Henri, 87, 92, 247, 280
Fleurent, Émile, 59, 63, 64, 77, 80, 187, 190, 221, 235, 258, 259, 260, 264
Fourneau, Ernest, 165, 166, 168, 169, 170, 264
Franc, H., 87, 92
Freedeman, Charles Elder, 19, 22, 91, 268, 272
Friedel, Charles, 77
Fries and Brothers, 135
Frossard, Joseph, 239
Fujii, Takashi, 224, 271
Fujimura, Daijirô, 30, 270
Gay-Lussac, Louis-Joseph, 24, 72
Geigy, 139
Gerber-Keller, Jean, 88, 89, 90, 98
Germain, Henri, 92, 93, 94, 96
Gillet et Fils, 201, 227
Gillet, Edmond, 252, 256
Gilliard, Marc, 97, 133, 134, 144, 145
Gonjô, Yasuo, 20, 29, 238, 268
Grandmougin, Eugène, 42, 80, 101, 110, 113, 264
Grillet, Nicolas, 150, 151
Guérin, Maurice, 87, 88, 89, 98, 264
Guinon, frères, 111
Guinon, Marnas et Bonnet, 90
Guinon, Philippe, 76, 79, 85
Haber, Lutz-Fritz, 14, 31, 41, 47, 73, 78, 79, 83, 88, 89, 138, 180, 197, 198, 200, 201, 202, 203, 205, 206, 209, 210, 239, 240, 243, 249, 251, 264
Haller, Albin, 59, 63, 66, 77, 80, 81, 164
Hara, Terushi, 25, 29, 30, 65, 211, 239, 242, 263, 266, 270
Hatayama, Toshio, 243, 270
Hattori, Haruhiko, 29, 271
Hauser, Henri, 35, 57, 63, 279
Heath, Richard Child, 176
Heywood, Colin, 19, 22, 268
Hirota, Isao, 18, 30, 35, 57, 224, 243, 248, 271

Hoechst, 60, 111, 112, 114, 138, 139, 146, 175, 179, 221, 235
Hofmann, August Wilhelm von, 84, 86, 88
Hotta, Takashi, 9, 30, 268
Huguenin, Édouard, 90
I. G. Farben, 24, 54, 239, 240, 244, 249, 250, 251, 252, 253, 254, 255, 256, 265, 266
Imperial Chemical Industries (ICI), 15, 218, 250, 251, 255, 256, 265
Inabata, Katsutarô, 76, 85, 128, 129, 218, 267
Institut allemand d'analyse sur l'or et l'argent, 139
Institut de chimie de Lille, 12
Institut de chimie de Nancy, 12, 63
Institut Pasteur, 134, 165
Institut supérieur de pharmacie de Paris, 156
Itô, Hiroto, 251, 266
Kaku, Sachio, 24, 62, 66, 68, 73, 83, 125, 127, 129, 139, 140, 167, 266
Kimoto, Tomio, 66, 83, 271
Koda, Ryoichi, 19, 271
Koetschet, Joseph, 139, 143, 150, 151, 152, 164
Koga, Kazufumi, 30, 35, 36, 244, 271
Kudô, Akira, 24, 25, 54, 207, 211, 239, 240, 242, 249, 263, 266
Kuhlmann, Frédéric, 12, 31, 266
Kuisel, Richard F., 66, 247, 268
L'Ammoniaque Synthétique, 207, 213
La Fuchsine (SARL), 83, 91, 92, 93, 94, 95, 96, 97, 103, 131, 133, 281
Laferrère, Michel, 83, 84, 85, 86, 87, 90, 96, 265
Laire, de, 92
Lambert, Émile, 201
Landes, David S., 17, 18, 21, 268, 269
Lauth, Charles, 59, 72, 73, 74, 75, 77, 78, 81, 86, 122
Lavoisier, Antoine-Laurent de, 23, 72
Le Chatelier, Henry, 201, 275, 279

Leblanc, Nicolas, 23, 41
Leopold Cassella & Co., 111, 114
Leroy-Beaulieu, Paul, 247
Levinstein Ltd., 218
Lévy-Leboyer, Maurice, 9, 19, 21, 22, 27, 111, 117, 269, 279
Lheure, Louis-Albert, 205, 209
Liebenau, Jonathan, 148, 157, 265
Liebig, Justus von, 12, 24, 72, 73
Loucheur, Louis, 206, 276
Lyon-Caen, Gérard, 93
Maison Poirrier, 84, 86, 93, 122, 123, 124, 126, 128, 131, 261
Malétra, 243
Malinvaud, Edmond, 20, 268
Mallet, 238
Marles-Kuhlmann, 213
Marnas, Étienne, 85, 90
Martin, Claude, 77
Matsubara, Takehiko, 30, 85, 271
May & Baker, 147, 167, 176, 177
Merck, 179
Meslans, Maurice, 157, 161, 164, 167
Ministère du Commerce, 26, 28, 30, 35, 38, 39, 40, 41, 42, 44, 47, 48, 49, 50, 51, 52, 53, 54, 55, 104, 113, 114, 117, 156, 186, 195, 199, 200, 217, 221, 222, 224, 225, 230, 231, 234, 242, 243, 247, 248, 262, 271
Mitchell, Brian Redmann, 42, 47, 269
Mitterrand, François, 245
Miyajima, Hideaki, 218, 266
Moissan, Henri, 44, 157, 164
Mond, Alfred, 250
Mondange, 92
Monnet, Prosper, 60, 84, 88, 89, 92, 97, 133, 134, 135, 137, 143, 144, 150
Montecatini, 251, 275
Morsel, Henri, 31, 43, 265, 278
Motte, Eugène, 26
Nakagawa, Yôichirô, 29, 271
Nakajima, Toshikatsu, 9, 29, 80, 269, 272
Nakayama, Hiroshi, 29, 269, 272

Nihon Chisso Hiryo Kabushiki-kaisha [S.A. Engrais Azotés du Japon], 195, 200
Nihon Senryô-sha [Société japonaise des colorants], 218
Nishizawa, Tamotsu, 121, 218, 266
Nölting, Emilio, 97
Oberschlesische Kokswerke und Chemische Fabrik AG, 138
Office des produits chimiques et pharmaceutiques, 35, 36, 62, 115, 148, 219, 220, 221, 230, 235, 257, 258
Office national industriel de l'azote, 203, 206, 208, 209, 210, 211, 212, 213, 214, 215, 216
Oomori, Hiroyoshi, 29, 272
Ooshio, Takeshi, 200, 207, 266
Pasteur, Louis, 12
Patard, Georges, 205, 209, 230, 234, 235, 258
Pathé Frères, 147, 148, 280
Pechiney, 177, 201, 245, 246, 254, 256, 261, 276
Pechiney Ugine Kuhlmann (PUK), 245
Perkin, William, 84, 85
Perret et Olivier, 86
Perret, Claude, 86
Pertsch, Gustav, 134, 136, 137, 143, 144, 145
Pfräger, 139
Picard, Charles, 44
Piemonte Carbide, 199
Pilkington, 255
Poincaré, Raymond, 116, 220, 258, 275
Poirrier, Alcide, 98, 124, 125, 222, 228, 229, 230, 231, 232, 233, 234, 258
Porter, Michael E., 52, 270
Poulenc, Camille, 157, 158, 161, 162, 163, 164, 166, 167, 178, 180
Poulenc, Émile, 157, 158, 180
Poulenc, Étienne, 155, 156
Poulenc, Francis, 157
Poulenc, Gaston, 156, 157, 158, 159, 161, 162, 164, 257

Pouyer-Quertier, Augustin, 26
Pradel, Louis, 158, 162, 259
Produits chimiques Alais et
  Camargue, 201
Progil, 31, 251, 254, 256
Raffard, 86
Raulin, Joseph, 76, 77
Read Holliday & Sons Ltd, 218
Reader, William Joseph, 41, 218,
  249, 250, 251, 265
Renard, frères, 87, 88, 89, 90, 91, 92,
  93, 94, 97, 133
Reumaux, Élie, 201
Reverdin, Frédéric, 97
Rhodiaceta, 252
Richeux, Robert, 31, 117, 187, 241,
  265
Roché, Georges, 157, 161
Runciman, Lord Walter, 218
Saccharine Corporation Limited, 135
Sainte-Claire Deville, Henri, 86
Sakudo, Jun, 9, 11, 12, 13, 266, 275
Sawyer, John E., 17, 18, 19, 21, 270
Schering, 179, 278
Schneider, 30, 201, 227, 270
Schröter, Harm G., 25, 239, 240,
  242, 266
Senderens, Jean-Baptiste, 167
Serre Père et Fils, 172, 173, 175
Shimodani, Masahiro, 218, 266
Smith, John Graham, 23, 81, 266
Smith, Michael Stephen, 26, 102,
  106, 270, 280
Societa Italiana per il Carburo di
  Calcio, 194, 199
Société anonyme allemande des
  engrais azotés, 199
Société anonyme des matières
  colorantes et produits chimiques
  de Saint Denis, 150
Société anonyme des matières
  colorantes et produits chimiques
  de Saint-Denis, 14, 51, 69, 84,
  114, 115, 122, 124, 125, 126, 127,
  128, 129, 130, 131, 133, 139, 152,
  157, 193, 218, 220, 222, 223, 226,
  228, 229, 230, 231, 232, 233, 234,
  235, 237, 239, 242, 246, 248

Société centrale de dynamite, 144
Société chimique Anzin-Kuhlmann,
  213
Société chimique CIBA, 90, 112,
  114, 115
Société chimique de la Grande
  Paroisse, 202, 205, 207, 213
Société chimique des usines du
  Rhône (SCUR), 45, 46, 53, 60, 61,
  97, 113, 114, 115, 133, 134, 135,
  136, 137, 138, 139, 140, 141, 142,
  143, 144, 145, 146, 147, 148, 149,
  150, 151, 152, 153, 155, 157, 159,
  160, 162, 163, 164, 167, 168, 171,
  173, 174, 175, 177, 178, 179, 180,
  194, 201, 204, 222, 223, 230, 231,
  232, 233, 242, 248, 252, 253, 254,
  255, 259
Société d'électrochimie, 201
Société d'études de l'azote, 201, 203
Société d'études et d'applications
  chimiques, 254
Société de Commentry,
  Fourchambault et Decazeville,
  207, 213
Société de production d'azote de
  Bavière, 199
Société de production de matières
  colorantes de Lyon, 114
Société des colorants de Paris, 114,
  221
Société des Houillères de Saint-
  Étienne, 207, 213
Société des ingénieurs civils de
  France, 61, 63, 260
Société des mines de Lens, 201, 227
Société des produits azotés, 199, 201
Société des produits chimiques, 213
Société des usines chimiques Rhône-
  Poulenc, 97, 133, 156, 157, 164,
  180, 260, 266
Société française de désinfection,
  135
Société générale, 14, 141, 143, 144,
  145, 150, 152, 162
Société générale des nitrures, 201
Société houillère de Sarre et de
  Moselle, 213

Société hydraulique de Dalmatie, 199
Société L'Air Liquide, 44, 74, 75, 177, 194, 195, 196, 197, 198, 201, 202, 207, 244, 246
Société La Cyanamide d'Europe du Nord-Ouest, 199
Solvay, 41, 42, 203, 233, 251, 254, 256
Soret, Lucien, 161
Soudières de la Meurthe, 42
Stockholms Superfosfat Fabriks Aktiebolag, 194, 199
Suzuki Shoten, 207
Suzuki, Tsuneo, 207, 218, 267
Syndicat général des produits chimiques, 56, 57, 62, 65, 66, 67, 68, 69, 98, 101, 106, 262
Syndicat industriel des produits azotés, 211
Syndicat national des matières colorantes, 51, 91, 219, 222, 223, 224, 225, 226, 228, 231, 232, 233, 257, 260
Takahashi, Hideyuki, 72, 272
Takahashi, Kôhachirô, 29, 270
Takanashi, Kôji, 76, 129
Takeuchi, Yoshito, 84, 267
Tamura, Yoshiko, 76, 272
Tanaka, Toshihiro, 29, 30, 272
Thépot, André, 31, 266, 281

Thomas, Albert, 204, 205, 222, 223, 225, 228, 259
Thomas, frères, 111
Thomson-Houston, 74
Tsugita, Kensaku, 29, 30, 272
Tsunoyama, Sakae, 67
Ugine, 245
Ugine-Kuhlmann, 245
Union chimique belge, 251
Union des industries chimiques, 66, 252
Université de Giessen, 72, 73, 79
Université de Göttingen, 73
Université de Lyon, 76, 77, 86
Université de Nancy, 63, 77, 81, 157
Université de Paris, 77, 157
Verein zur Wahrung der Interessen der chemischen Industrie Deutschlands, 66
Verguin, François-Emmanuel, 76, 79, 85, 87, 88, 89, 97
Vignon, Léo, 111
von Baeyer, Adolf, 138
Watanabe, H., 84, 91, 267, 273
Weiler-ter-Meer, 112, 136
Wittmann et Poulenc jeune, 155
Wittmann, Pierre, 155, 156
Wurtz, Adolph, 90
Yamashita, Yukio, 218, 267
Yoshii, Akira, 102, 273
Zentralverband Deutscher Industrieller, 66

Tabula gratulatoria

ABE Takeshi
ABE Etsuo
AKASAKA Yoshihiro
AMAKAWA Jyunjirou
AMAMIYA Akihiko
AMANO Masatoshi
ANDO Seiichi
ASAJIMA Syouiti
FUJII Kazuo
FUJIMOTO Takashi
FUJITA Nobuhisa
FUJITA Teiitirou
GONJO Yasuo
HARA Terushi
HARADA Toshimaru
HATAKEYAMA Hideki
HIDEMURA Senzo
HIRAI Gakuya
HIROTA Isao
HOTTA Ryuji
IMAKUBO Satio
IMAZU Kenji
INOUE Tadakatu
ISHIKAWA Kenjiro
ITIKAWA Fumihiko
ITO Toshio
ITO Susumu
IWAHASHI Seiiti
KAJIMOTO Motonobu
KAWAGOE Osamu
KAWAKATU Heita
KAWANO Aizaburou

KITA Masami
KITAMURA Jiiti
KITUKAWA Takeo
KIUTI Kaiti
KIYAMA Minoru
KOBAYAKAWA Youiti
KOBAYASHI Kesaji
KOBAYASHI Masaaki
KOBAYASHI Yoshiaki
KOJIMA Ken
KOUDA Ryouiti
KUBO Fumikatu
KUDO Akira
KUSANO Masahiro
KUWAHARA Tetuya
MATSUSHITA Shirou
MATUBARA Takehiko
MATSUMOTO Takanori
MIKAMI Atufumi
MINOMIYA Hiroyuki
MISHIMA Yasuo
MIWA Munehiro
MIYAMOTO Matao
MIZUHARA Masamiti
MORI Yasuhiro
MORIKAWA Hidemasa
MORITA Katunori
NAKAGAKI Katuomi
NAKAMURA Miyuki
NAKAMURA Seishi
NAKAYAMA Hiroshi
NEGISHI Shin

NISHIZAWA Tamotu
NONAKA Izumi
OGAWA Isao
OKADA Masuzo
OKAMOTO Yukio
OKAYAMA Reiko
OKUNISHI Takashi
OONO Akira
OZAWA Kazuo
SAITO Osamu
SAITO Takenori
SAKAMOTO Takuji
SAMURA Terutoshi
SATO Hidetatu
SAWAI Minoru
SEOKA Makoto
SHIBA Takao
SHIGETOMI Kimio
SHIMOKAWA Kouiti
SHIOJI Hiromi
SUEHIRO Nahoko
SUGIHARA Kawaru
SUGIMOTO Kimihiko
SUGIYAMA Shinya
SUNAGA Kinzaburou
SUZUKI Takeo
SUZUKI Toshio
TAKAHASHI Hideyuki
TAKASHIMA Masaaki
TAKEOKA Yykiharu
TAKETI Kyouzou
TAKEUTI Tuneyoshi
TANAKA Toshihiro
TANIGUCHI Akitake
TERATI Takashi
TIBA Masanori
TOMITA Masahiro
TOYOHARA Jirou

TUNOYAMA Sakae
TURUTA Masaki
UDA Tadashi
UDAGAWA Masaru
UEKAWA Yosimi
UEMURA Masahiro
UEMURA Syouji
UMENO Naotoshi
UTIDA Katutoshi
WADA Kazuo
WAKIMURA Haruo
WATANABE Kihiti
WATANABE Hisashi
WATANABE Tadao
YAGO Kazuhiko
YAMADA Takehisa
YAMAGUTI Kazuomi
YAMASHITA Yukio
YAMAZAKI Hikoaki
YANAGI Atushi
YASUI Syuji
YASUOKA Shigeaki
YONEKURA Seiichiro
YONEYAMA Takao
YOSHIDA Hiroyuki
YUZAWA Takeshi

Collection « Économie et Histoire »

Titres parus

N° 1 – Cécile OMNÈS, *La gestion du personnel au Crédit lyonnais de 1863 à 1939. Une fonction en devenir (genèse, maturation et rationalisation)*, 2007, ISBN 978-90-5201-358-9

N° 2 – Antoin E. MURPHY, *John Law. Économiste et homme d'État*, 2007, ISBN 978-90-5201-366-4

N° 3 – Antonella ALIMENTO, *Réformes fiscales et crise politique dans la France de Louis XV. De la taille tarifée au cadastre général*, 2008, ISBN 978-90-5201-414-2

N° 4 – Bertrand BLANCHETON & Hubert BONIN (dir.), *La croissance en économie ouverte (XVIIIᵉ-XXIᵉ siècles). Hommages à Jean-Charles Asselain*, 2009, ISBN 978-90-5201-498-2

N° 5 – Jun SAKUDO, *Les entreprises de la chimie en France de 1860 à 1932*, 2011, ISBN 978-90-5201-768-6